Repetitorium
Regelungstechnik

Band 1

von
Hanns Peter Jörgl

Mit 240 Abbildungen, 6 Tabellen,
77 Beispielen und 86 Aufgaben

Zweite Auflage

R. Oldenbourg Verlag Wien München 1995

Die Deutsche Bibliothek — CIP-Einheitsaufnahme

Jörgl, Hanns P.:
Repetitorium Regelungstechnik / von Hanns Peter Jörgl. –
2. Aufl. – Wien ; München : Oldenbourg
Bd. 1 (1995)
    ISBN 3-486-23324-6 (München)
    ISBN 3-7029-0402-6 (Wien)

© 1995. R. Oldenbourg Verlag Ges. m. b. H. Wien

Umschlagentwurf: Mendell & Oberer, München
Herstellung: Druckhaus Grasl, Bad Vöslau

ISBN 3-7029-0402-6 R. Oldenbourg Verlag Wien
ISBN 3-486-23324-6 R. Oldenbourg Verlag München

Vorwort zur zweiten Auflage

Mit der nunmehr vorliegenden zweiten Auflage von Band 1 des Repetitoriums Regelungstechnik wird das Ziel verfolgt, den Studierenden die Grundlagen der konventionellen Regelung von Eingrößensystemen zu vermitteln und ihnen eine Hilfe für die Prüfungsvorbereitung zur Verfügung zu stellen. Gegenüber der ersten Auflage wurden keine grundsätzlichen Änderungen, sondern nur eine Fehlerberichtigung vorgenommen.

Dieser Band soll nicht als Lehrbuch angesehen werden. Es wird vorausgesetzt, daß der Leser sich mit dem Stoff in entsprechenden Lehrveranstaltungen vertraut gemacht hat. Auf Herleitungen angegebener Beziehungen sowie auf Beweise von Sätzen wurde bewußt verzichtet. Die angegebene Liste von Lehrbüchern der Regelungstechnik sowie von Büchern über mathematische Modellierung dynamischer Systeme, jeweils mit ausführlichen Literaturzitaten, sollte es dem interessierten Leser ermöglichen, seine dahingehenden Wünsche zu befriedigen. Dem Charakter eines Repetitoriums entsprechend wurde eine große Anzahl durchgerechneter Beispiele sowie Aufgaben samt Lösungen (im Lösungsteil am Ende des Buches) aufgenommen. Dabei wurden die Annahmen und Zahlenwerte vorwiegend nach didaktischen Aspekten ausgewählt. Die Voraussetzungen, die ein Leser für ein erfolgreiches Arbeiten mit diesem Repetitorium mitbringen muß, sind genau jene, die ein Maschinenbau-Student der TU-Wien im 5. Semester erfüllt. Es sind dies Grundkenntnisse auf den Gebieten Mathematik, Mechanik, Elektrotechnik und technische Wärmelehre.

Auf die zahlreich existierenden Softwarepakete zur rechnergestützten Analyse und Synthese von Regelsystemen wird in diesem Repetitorium nicht eingegangen, da diese zwar ein sehr nützliches Hilfsmittel darstellen, zum theoretischen Verständnis der Zusammenhänge jedoch keinen nennenswerten Beitrag liefern. Die Studierenden der TU-Wien werden in den regelungstechnischen Übungen exemplarisch in den Umgang mit derartigen Programmpaketen eingeführt.

Der Band 2 des Repetitoriums Regelungstechnik ist 1994 erschienen. In Ergänzung zu Band 1 werden darin die Wurzelortskurven-Methode, die Grundlagen der Analyse und des Entwurfs von linearen Eingrößensystemen im Zustandsraum sowie die Analyse nichtlinearer Regelsysteme behandelt und eine Einführung in die digitale Regelung gegeben.

Danken möchte ich meinen ehemaligen Mitarbeitern, den Herren Dr. Reinhold Engelbrecht, Dr. Christian Hanser und Dr. Gregor Puchhammer sowie meinen derzeitigen Mitarbeitern am Institut für Maschinen- und Prozeßautomatisierung der TU-Wien, den Herren Dipl.-Ing. Ensio Hokka, und Dipl.-Ing. Peter Wurmsdobler für das Korrekturlesen, die Kapiteldurchsicht und die Lösung der Beispiele und Aufgaben. Schließlich gilt mein Dank Herrn Dr. Thomas Cornides vom Oldenbourg Verlag für die Einladung, dieses Repetitorium zu verfassen.

Wien, im Jänner 1995   H. Peter Jörgl

Inhalt

1. Grundbegriffe der Regelungstechnik

1.1 Einführung

Die Aufgabe einer automatischen Regelung oder kurz Regelung ist es, physikalische Grössen in einer technischen Anlage (Prozeß, Maschine), der sogenannten *Regelstrecke*, auf einem konstanten Wert zu halten oder diesen einen bestimmten zeitlichen Verlauf zu geben. Dies soll möglichst unabhängig von auf den Prozeß (die Strecke) einwirkenden Störgrößen mit größtmöglicher Genauigkeit geschehen. Diese Aufgabe wird im folgenden anhand zweier Einführungsbeispiele demonstriert.

Beispiel 1.1: In Bild 1.1 ist schematisch die Temperaturregelung eines Wärmetauschers dargestellt. Hier ist die Temperatur des aufzuheizenden Mediums T die zu regelnde physikalische Größe, die *Regelgröße*. Durch Verstellen des Ventils in der Dampfleitung soll diese auf einen gewünschten Wert gebracht bzw. auf diesem Wert gehalten werden. Der Hub H des Dampf-

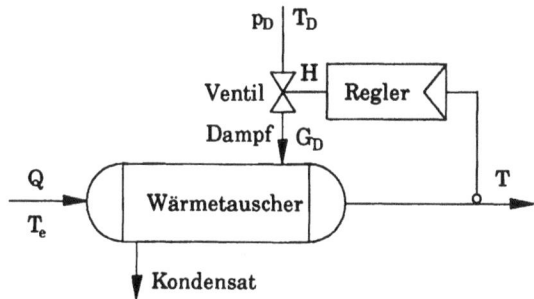

Bild 1.1: Temperaturregelung eines Wärmetauschers

ventils, mit dem der Dampfmassenstrom G_D verändert wird, wird als *Stellgröße* bezeichnet. Auf die Strecke wirkende *Störgrößen* sind die Dampftemperatur T_D, der Dampfdruck p_D, die Eintrittstemperatur des aufzuheizenden Mediums T_e sowie dessen Volumenstrom Q. Zur automatischen Regelung wird die Austrittstemperatur T gemessen, dem *Regler* zugeführt und dort mit dem Sollwert verglichen. Als Folge dieses Vergleiches, nämlich der Bildung der *Regeldifferenz* (des *Regelfehlers*), wird sodann das Dampfventil, im Sinne einer Angleichung des Istwertes der Regelgröße an ihren Sollwert, mehr oder weniger geöffnet.

Man erkennt anhand dieses Beispiels das wesentliche Charakteristikum einer Regelung, nämlich den *geschlossenen Wirkungsablauf* innerhalb des *Regelkreises*. Eine Änderung der Austrittstemperatur bewirkt über den Regler eine Änderung der Dampfventilstellung, diese wiederum bewirkt eine Änderung der Wärmezufuhr und damit eine Änderung der Austrittstemperatur.

Beispiel 1.2: Bild 1.2 zeigt das Schema der Drehzahlregelung einer Dampfturbine. Regelgröße ist hier die Drehzahl N der Turbine, die den Generator antreibt. Stellgröße ist wieder der Hub H des Ventils in der Dampfleitung. Als Störgrößen wirken einerseits das veränderliche Generator-Lastmoment M_L und andererseits der unter Umständen schwankende Dampfdruck p_D sowie der Turbinengegendruck p_G. Auch hier ist deutlich der geschlossene Wirkungsablauf der Regelung ersichtlich. Die Aufgabe der Regelung besteht darin, die Turbinendrehzahl trotz möglicherweise auftretender Änderungen der Störgrößen so gut wie möglich konstant zu halten.

Alternativ zu der in Beispiel 1.1 besprochenen *Regelung* könnte man einen konstanten Austrittstemperaturverlauf auch durch eine *Steuerung* erzielen. Betrachtet man z.b. die Änderung der Eintrittstemperatur des aufzuheizenden Mediums als Hauptstörgröße, so kann man, wie in Bild 1.3 dargestellt, mit Hilfe eines *Steuergerätes* das Dampfventil verstellen. Dazu ist notwendig, daß man den genauen Zusammenhang zwischen der Änderung von T_e und der zur Konstanthaltung von T erforderlichen Ventilhubänderung kennt. Der Nachteil einer derartigen Steuerung besteht darin, daß die Auswirkungen auf T, verursacht durch die anderen Störungen, dadurch nicht beseitigt werden. Der Vorteil der Steuerung ist, daß sie schneller arbeitet als die in Bild 1.1 dargestellte Regelung. Das Charakteristikum einer Steuerung ist, daß sie einen *offenen Wirkungsablauf* besitzt.

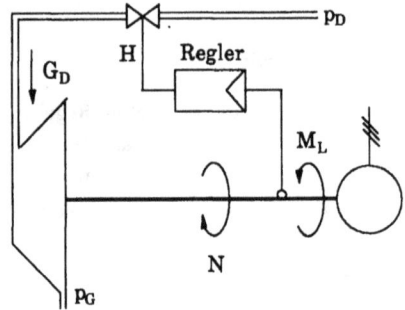

Bild 1.2: Drehzahlregelung einer Dampfturbine

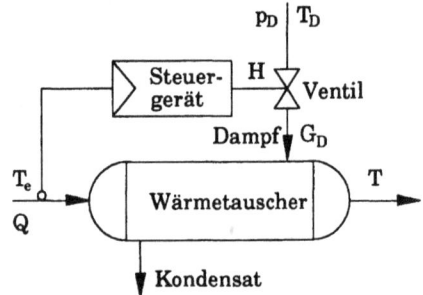

Bild 1.3: Temperatursteuerung

Im weiteren Verlauf dieses Repetitoriums werden ausschließlich Regelungen betrachtet. Grundsätzlich können Regelungen grob wie folgt unterschieden werden:

Ist man bei einer Regelung nur an einer Regelgröße interessiert, dann spricht man von einer *Eingrößenregelung*. Da der Eingriff in das System aufgrund einer einzigen Rückkopplungsschleife erfolgt, spricht man dann von einem *einschleifigen Regelkreis*. Beispiele dafür sind die oben besprochene Temperaturregelung und Drehzahlregelung. Im Gegensatz dazu spricht man von einer *Mehrgrößenregelung*, wenn mehrere untereinander gekoppelte Größen gleichzeitig geregelt werden, dazu mehrere Eingriffe in das System und daher auch mehrere Rückkopplungsschleifen notwendig sind. Mehrgrößenregelungen treten sehr häufig in verfahrenstechnischen Anlagen auf, wo z.B. Drücke, Temperaturen und Durchflüsse gleichzeitig geregelt werden. Im Rahmen dieses Repetitoriums werden ausschließlich Eingrößenregelungen behandelt.

Von der Aufgabenstellung her unterscheidet man zwischen *Festwertregelungen* und *Führungs- oder Folgeregelungen*. Bei einer Festwertregelung bleibt der Sollwert der Regelgröße konstant. Das Regelsystem hat hier die Aufgabe, die Wirkung auftretender Störungen auf die Regelgröße so klein wie möglich zu halten. Beispiele für Festwertregelungen sind die oben besprochenen Temperatur- und Drehzahlregelungen. Im Falle einer Führungs- oder Folgeregelung ändert sich der Sollwert (die Führungsgröße) mit der Zeit. Die Aufgabe der Regelung besteht darin, die Regelgröße der Führungsgröße so gut wie möglich nachzuführen. Beispiele für Führungsregelungen sind z.B. das geregelte Positionieren einer Antenne auf einem Satelliten oder die geregelte Fahrt eines Fahrzeuges entlang einer vorgegebenen Bahn.

1.2 Blockschaltbilddarstellung

Um die Zusammenhänge zwischen den einzelnen in einem Regelkreis auftretenden physikalischen Größen deutlicher zu machen, wird jedes einzelne Übertragungsglied symbolisch durch einen Block dargestellt:

Eingangsgröße in den das Übertragungsglied symbolisierenden Block ist die *Ursache*. Dessen Ausgangsgröße ist die *Wirkung*. Die Pfeile an den Eingangs- und Ausgangslinien eines Blockes zeigen die Richtung des

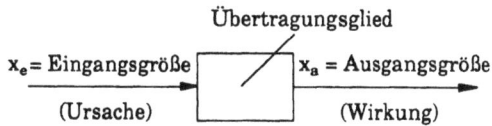

Bild 1.4: Blockdarstellung eines Übertragungsgliedes

Signalflusses an. Dieser erfolgt immer nur in der eingezeichneten Richtung. Tritt eine Rückwirkung der Ausgangs- auf die Eingangsgröße auf, so muß diese durch einen eigenen Block dargestellt werden. Ein Block kann ein Gerät, ein Bauteil, eine Gruppe von Bauteilen, den Regler, die Regelstrecke, aber auch den gesamten Regelkreis symbolisieren.

Um aus Einzelblöcken ein Blockschaltbild aufbauen zu können, müssen Signale einerseits addiert bzw. subtrahiert, andererseits aber auch verzweigt werden können. Bild 1.5 zeigt die dafür verwendeten Symbole.

Die Verknüpfung von Einzelblöcken zu einem Gesamtblockschaltbild geschieht durch die drei in Bild 1.6 dargestellten Grundschaltungsarten:

<ul style="list-style:none">
<li>a) Serienschaltung,</li>
<li>b) Parallelschaltung,</li>
<li>c) Rückkopplungsschaltung.</li>
</ul>

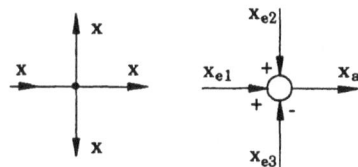

Bild 1.5: Verzweigungs- und Summationsstelle

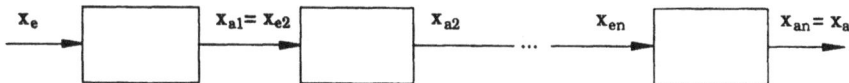

a)

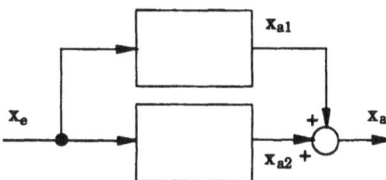

b)

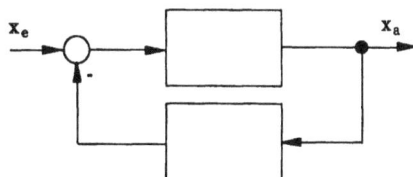

c)

Bild 1.6: Grundschaltungsarten

Zusammenfassend kann gesagt werden, daß Blockschaltbilder nicht nur eine übersichtlichere Darstellung der Signal- bzw. Informationsflüsse in komplexeren Systemen erlauben als z.b. ein Anlagenschema, sondern auch die in Kapitel 5 präsentierte sehr klare Darstellung der dynamischen Zusammenhänge durch Übertragungsfunktionen gestatten. Sie stellen für den Regelungstechniker ein unverzichtbares Hilfsmittel dar.

Beispiel 1.3: Für den Drehzahlregelkreis aus Bild 1.2 soll eine Blockschaltbilddarstellung angegeben werden.

Lösung: Als die durch eigene Blöcke darzustellenden Bauteile werden die Turbine mit den Eingangsgrößen (Ursachen) G_D, p_G und M_L sowie der Ausgangsgröße (Wirkung) N, das Dampfventil mit den Eingangsgrößen H und p_D sowie der Ausgangsgröße G_D und schließlich der Regler mit den Eingängen N und N_{soll} sowie dem Ausgang H gewählt. Damit kann das in Bild 1.7 dargestellte Blockschaltbild gezeichnet werden.

Bei dem so erhaltenen Blockschaltbild des Drehzahlregelkreises handelt es sich natürlich um eine sehr grobe Darstellung. Es wurde außerdem der Generator nicht als eigener Block berücksichtigt.

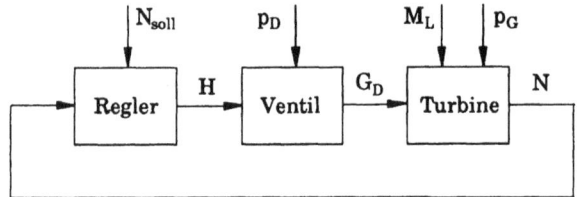

Bild 1.7: Blockschaltbild der Drehzahlregelung

1.3 Begriffe und Bezeichnungen im Regelkreis

Die Begriffe und Bezeichnungen im *Regelkreis*, der im wesentlichen aus dem *Regler* und der *Regelstrecke* besteht, sollen nunmehr an Hand des Einführungsbeispieles 1.2 "Drehzahlregelung einer Dampfturbine" ausführlich besprochen werden.

Die Eingangsgröße in den Regler ist die mittels der *Meßeinrichtung*, bestehend aus *Sensor* und *Meßumformer*, gemessene und in ein Einheitssignal gewandelte *Regelgröße*. Der Meßumformer ist in vielen Fällen mit einem *Meßverstärker* zu einem Bauteil zusammengefaßt. Im vorliegenden Beispiel wird die Turbinendrehzahl mit einem Drehzahlsensor erfaßt und sodann in ein Einheitssignal (z.b. 0-10 V oder 0-20 mA für den gesamten Drehzahlmeßbereich) umgeformt. Dem Regler wird durch den *Sollwertgeber* der *Sollwert* der Regelgröße bzw. die *Führungsgröße* vorgegeben. Im Regler wird die *Regeldifferenz* (der *Regelfehler*), d.h. die Differenz zwischen dem Istwert und dem Sollwert der Regelgröße gebildet. Ausgangsgröße des Reglers ist die aufgrund des *Regelalgorithmus* bestimmte und als Einheitssignal ausgegebene *Stellgröße*.

Die Regelstrecke besteht aus dem betrachteten Prozeß (Anlage, Maschine) sowie der *Stelleinrichtung (Stellantrieb* und *Stellglied)*. Mit Hilfe des Stellgliedes wird die Regelgröße durch Änderung eines Energie- oder Massenstromes beeinflußt. Im vorliegenden Beispiel wird über einen Stellantrieb (z.b. elektro-pneumatisch) der Hub des Stellgliedes Ventil und damit der Dampfmassenstrom in die Turbine verändert, der schließlich zu einer Änderung der interessierenden Regelgröße Drehzahl führt. Die Stelleinrichtung wird deswegen zur Regelstrecke gezählt, weil hier bereits Störgrößen angreifen können, wie z.B. der veränderliche Dampfdruck im betrachteten Beispiel. An der Regelstrecke greifen noch andere Störgrößen an, wie z.B. der Turbinengegendruck und das vom Generator herrührende Lastmoment. Die oben definierten Begriffe zusammen mit den verwendeten Bezeichnungen sind in Bild 1.8 im Blockschaltbild des Regelkreises zusammengefaßt.

w   Führungsgröße, Sollwert
y   Regelgröße
e   Regeldifferenz
u   Stellgröße
z_i Störgrößen

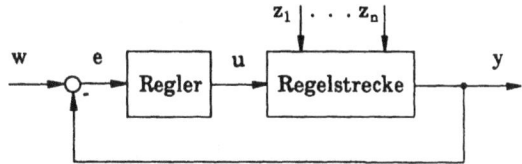

Bild 1.8: Blockschaltbild des Regelkreises

Anmerkungen: Die in diesem Repetitorium verwendeten Bezeichnungen entsprechen nicht der DIN 19226. Die in Bild 1.8 eigens dargestellte Regeldifferenzbildung geschieht eigentlich im Regler. Die gewählte Darstellung ist jedoch in der Literatur üblich.

Da die Übertragungseigenschaften der Regelstrecke in bezug auf die Stellgröße und die Störgrößen in der Regel unterschiedlich sind, wird dies, wie im Blockschaltbild in Bild 1.9 für die Störgröße z_i dargestellt, durch entsprechende Übertragungsblöcke berücksichtigt. Man bezeichnet diese Art von Block-

Bild 1.9: Standardblockschaltbild des Regelkreises

schaltbild als *Standardblockschaltbild* des Eingrößenregelkreises. Eine derartige Überlagerung von Stell- und Störwirkung ist gemäß dem Überlagerungsprinzip nur für lineare bzw. linearisierte Systeme zulässig (siehe Kapitel 3).

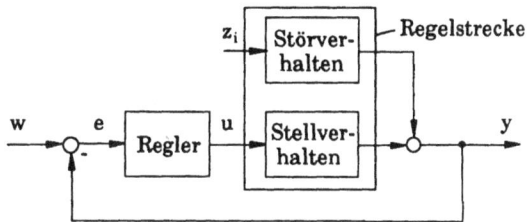

1.4 Anforderungen an ein Regelsystem

Die allgemeinen Anforderungen an das statische und dynamische Verhalten eines Regelsystems, d.h. des geschlossenen Regelkreises, können wie folgt formuliert werden:

* Das Regelsystem muß grundsätzlich stabil sein, d.h. alle dynamischen Vorgänge im Regelkreis müssen abklingendes Verhalten haben.

* Das Regelsystem muß eine gewisse statische Genauigkeit erfüllen, d.h. die stationäre Abweichung der Regelgröße von ihrem Sollwert (der stationäre Regelfehler) muß nach Sollwertänderungen und nach dem Auftreten von Störungen Null sein oder wenigstens eine vorgegebene Größe nicht überschreiten.

* Das Regelsystem muß ausreichend schnell sein, d.h. die dynamischen Vorgänge im Falle einer Sollwertänderung und nach dem Auftreten einer Störung müssen nach einer akzeptablen Zeit abgeschlossen sein.

- Die Antwort des Regelsystems auf eine Führungsgrößenänderung bzw. auf das Auftreten einer Störung muß ausreichend gedämpft erfolgen, d.h. es muß eine gewisse relative Stabilität garantiert werden.

- Das Regelsystem soll möglichst unempfindlich (robust) gegenüber Änderungen in den Regelstreckenparametern sein.

Die Forderungen nach einer guten statischen Genauigkeit bzw. Schnelligkeit einerseits und einer vernünftigen relativen Stabilität andererseits sind jedoch widersprüchlich. Beim Entwurf eines Regelsystemes ist man daher zu einem Kompromiß bezüglich dieser Anforderungen gezwungen.

1.5 Aufgaben des Regelungstechnikers

In einem Regelkreis sind das Stell- und Störverhalten der Regelstrecke normalerweise als fix vorgegeben zu betrachten, d.h. die Regelstrecke existiert bereits. Nur in Ausnahmefällen wird der Regelungstechniker auf konstruktive Details der Strecke Einfluß im Sinne der gestellten Regelungsaufgabe nehmen können. Ausgehend von dieser Situation ist der Regelungstechniker mit folgenden Aufgabenstellungen konfrontiert:

Modellierung der Regelstrecke

Die Modellierung der Regelstrecke umfaßt die Erstellung ihres mathematischen Modells sowie dessen Verifikation. Das Ziel dabei ist, mit Hilfe dieses Modells das statische und dynamische Verhalten der Strecke der Aufgabenstellung entsprechend hinreichend genau zu beschreiben. Die Modellierung kann entweder durch eine theoretische Systemanalyse oder aber durch die sogenannte Identifikation, d.h. mittels experimenteller Methoden, geschehen.

Entwurf des Regelsystems

Um ein Verhalten des geschlossenen Regelkreises entsprechend den oben beschriebenen Anforderungen zu erreichen, d.h. um das Regelsystem zu entwerfen, muß demnach ein geeigneter Regler gefunden werden. Der Entwurf des Reglers wird im Normalfall einer durch Analyse sein, d.h. nachdem ein Regler in Struktur und Parametern festgelegt wurde, wird das Verhalten des geschlossenen Regelkreises dahingehend überprüft, ob es den gestellten Anforderungen entspricht. Beim Entwurf muß immer die Tatsache im Auge behalten werden, daß dieser für das gewählte mathematische Modell der Strecke durchgeführt wird. Eine Verifikation des tatsächlichen Regelverhaltens kann nur am Prozeß selbst, d.h. an der Maschine oder in der Anlage, erfolgen.

Synthese des Regelsystems

Unter Synthese versteht man die direkte mathematisch-analytische Bestimmung des Regelalgorithmus. Als Beispiel sei hier die Theorie der Optimierung linearer Systeme genannt. In diesem Repetitorium wird auf direkte Synthesemethoden nicht eingegangen.

Implementierung und Verifikation

Nach der hardwaremäßigen Implementierung des Regelalgorithmus kann der Regelkreis geschlossen und die Entwurfsspezifikationen am Prozeß bzw. an der zu regelnden Maschine selbst überprüft werden.

2. Modellierung dynamischer Systeme

2.1 Mathematische Modelle

Zur Bearbeitung einer Regelungsaufgabe ist im allgemeinen die Kenntnis eines mathematischen Modells des zu regelnden Systems (der Regelstrecke) erforderlich. Unter einem mathematischen Modell versteht man die Abbildung der Zusammenhänge zwischen den physikalischen Größen des Systems durch mathematische Strukturen, wie z.B. algebraische Gleichungen, partielle oder gewöhnliche Differentialgleichungen bzw. Systeme von gewöhnlichen Differentialgleichungen.

2.1.1 Statische Modelle

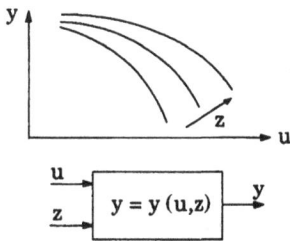

Bild 2.1: Statische Modelle

Der im Beharrungszustand zwischen den Eingangsgrößen u und z (Ursachen) und der Ausgangsgröße y (Wirkung) eines Übertragungssystems herrschende Zusammenhang wird als statisches Modell bezeichnet. Das statische Modell kann entweder in Form einer Kennlinie bzw. einer Kennlinienschar vorliegen oder durch eine algebraische Gleichung gegeben sein. Das statische Modell ist immer im dynamischen Modell enthalten. Beispiele für rein statische Modelle sind die Kennlinienfelder von Turbomaschinen, Motoren und Generatoren.

2.1.2 Dynamische Modelle

Wird die Eingangsgröße eines Übertragungsgliedes rasch geändert, dann wird die Änderung der Ausgangsgröße auf Grund von Speicherwirkungen verzögert oder sogar oszillatorisch erfolgen. Dieser Übergangsvorgang eines dynamischen Systems von einem zum anderen Beharrungszustand wird durch eine Differentialgleichung beschrieben. Man spricht in diesem Fall von einem parametrischen dynamischen Modell. Der Übergangsvorgang kann jedoch auch durch den zeitlichen Verlauf der Ausgangsgröße auf eine bestimmte Eingangsgröße beschrieben werden, wie z.B. in Bild 2.2 durch die Sprungantwort. Man spricht dann von einem nichtparametrischen dynamischen Modell.

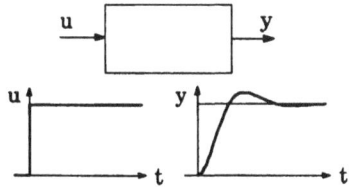

Bild 2.2: System-Sprungantwort

Ein nichtparametrisches Modell, wie z.B. die Sprungantwort, wird am physikalischen System durch ein Experiment ermittelt. Das parametrische Modell in Form einer Differentialgleichung hingegen wird aus den Anlagedaten unter Anwendung der relevanten Bilanzgleichungen (Masse-, Impuls- und Energiebilanz), physikalisch-chemischer Zustandsgleichungen sowie etwaiger phänomenologischer Gleichungen bestimmt. Das statische Modell ergibt sich aus dem dynamischen Modell durch das Nullsetzen der zeitlichen Ableitungen der Ein- und Ausgangsgröße.

2.2 Klassifizierung der Übertragungssysteme

Im folgenden wird vorausgesetzt, daß es sich bei den in den zu behandelnden Systemen
auftretenden physikalischen Größen bzw. Signalen um *deterministische Größen* handelt,
daß also keine stochastischen (regellosen) Größen vorkommen. Weiters wird angenommen,
daß es sich um *kontinuierliche Größen* handelt, man es folglich mit kontinuierlichen und
deterministischen Systemen zu tun hat. Diese Systeme werden im allgemeinen durch *partielle Differentialgleichungen* beschrieben, die aber in vielen Anwendungsfällen örtlich
diskretisiert und damit zu *gewöhnlichen Differentialgleichungen* vereinfacht werden können. Systeme, die durch gewöhnliche Differentialgleichungen beschreibbar sind, heißen
Systeme mit konzentrierten Parametern im Gegensatz zu *Systemen mit verteilten Parametern*, welche durch partielle Differentialgleichungen modelliert werden. Weitere wichtige
Unterscheidungsmerkmale von dynamischen Systemen betreffen *Linearität* und *Zeitinva-
rianz*.

Ein Übertragungssystem wird als *linear* bezeichnet, wenn es sowohl die Verstärkungsei-
genschaft als auch die Superpositionseigenschaft (Überlagerungseigenschaft) besitzt. Ein
Übertragungssystem wird als *zeitinvariant* bezeichnet, wenn sich die Systemeigenschaften
mit der Zeit nicht verändern, d.h. die Struktur und die Koeffizienten der das System
beschreibenden Differentialgleichung konstant bleiben (gewöhnliche Differentialgleichungen mit konstanten Koeffizienten). Die in diesem Repetitorium behandelten Übertragungssysteme, im wesentlichen Regelstrecken, werden als zeitinvariant und durch
gewöhnliche Differentialgleichungen beschreibbar betrachtet. Da fast alle in der Praxis
vorkommenden Regelstrecken grundsätzlich nichtlinear sind, werden diese wenn nötig
auch als solche modelliert. Dem Problem der Linearisierung, bei der das an sich nichtlineare System um einen Arbeitspunkt zu einem linearen System gemacht (linearisiert)
wird, ist Kapitel 3 gewidmet.

2.3 Theoretische Systemanalyse

Ein umfassendes Eingehen auf die Methodik der theoretischen Systemanalyse ist im
Rahmen dieses Repetitoriums nicht möglich. Der Regelungstechniker benötigt zur Lösung
der Modellierungsaufgabe Kenntnisse aus den verschiedensten Gebieten der Technik. Bei
der Erarbeitung des Modells mit Hilfe der theoretischen Systemanalyse erweist sich jedoch
die folgende Vorgangsweise als vorteilhaft:

1) Ausgehend von einer Beschreibung des zu modellierenden Systems wird dieses in möglichst einfache Teilsysteme zerlegt. Dann werden vereinfachende Annahmen getroffen,
   idealisierende Systemelemente gewählt und eine dem Ziel der Modellbildung entsprechende Anzahl von Systemvariablen festgelegt. Eine Darstellung der Teilsysteme und
   deren Kopplung untereinander in Form eines ausführlichen Blockschaltbildes erweist
   sich oft als vorteilhaft.

2) Für dieses nunmehr bereits vereinfachte System werden die relevanten Bilanzgleichungen sowie etwaige phänomenologische Beziehungen verwendet, um die mathematische Beschreibung des Systemverhaltens zu bestimmen. Das Ergebnis wird im allgemeinen aus linearen und/oder nichtlinearen Differentialgleichungen und algebraischen
   Gleichungen bestehen.

3) Ist es sinnvoll und erwünscht, so können nunmehr die nichtlinearen Differentialgleichungen und/oder nichtlinearen algebraischen Beziehungen um einen Arbeitspunkt linearisiert werden. Dies wird vor allem dann der Fall sein, wenn das Modell für den Reglerentwurf in diesem Arbeitspunkt verwendet werden soll.

4) Das so erhaltene Modell in Form von linearen gewöhnlichen Differentialgleichungen und von linearen algebraischen Gleichungen wird sodann auf eine einzige Differentialgleichung reduziert, indem alle nicht direkt interessierenden Zwischengrößen eliminiert werden. Man spricht dann auch von einem Ein/Ausgangsmodell.

Beispiel 2.1: Betrachtet werde der in Bild 2.3 schematisch dargestellte Lufterhitzer. Dabei bedeuten: q [kJ/s] die Wärmezufuhr, $\dot{m}$ [kg/s] den Luftmassenstrom, T, T_e [K] die Ein- und Ausgangstemperaturen, c [kJ/kgK] die spezifische Wärme der Luft, und C [kJ/K] die thermische Kapazität des Erhitzers samt Inhalt. Es ist das Ein/Ausgangsmodell des Erhitzers zu ermitteln.

Lösung: Folgende Annahmen sollen gelten: Die spezifische Wärme c kann im interessierenden Temperaturbereich als konstant angenommen werden. Weiters sei der Wärmeverlust an die Umgebung vernachlässigbar. Der Behälter sei gut durchmischt, die Temperatur der Luft in diesem sei gleich der der ausströmenden Luft. Die Eingangsgrößen $\dot{m}$ und T_e in das System (Störgrößen) müssen als veränderlich betrachtet werden. Die Wärmezufuhr q sei die manipulierbare Eingangsgröße (Stellgröße).

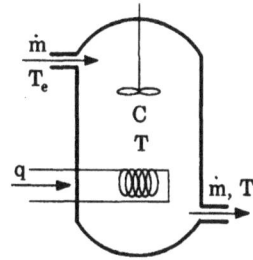

Bild 2.3: Lufterhitzer

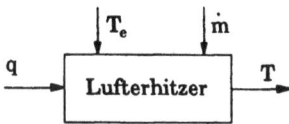

Die instationäre Energiebilanz (Wärmebilanz) lautet:

$$C\frac{dT}{dt} = q + c\dot{m}T_e - c\dot{m}T.$$

Bei dem so erhaltenen Modell handelt es sich um eine nichtlineare Differentialgleichung 1. Ordnung. Eine Linearisierung um einen Arbeitspunkt ist möglich und sinnvoll.

Bild 2.4: Blockschaltbild

Beispiel 2.2: Es werde das in Bild 2.5 schematisch dargestellte Antriebssystem betrachtet. Es besteht aus einem Gleichstrommotor, einem Getriebe und der angetriebenen Last. Eingangsgrößen in das System sind die Ankerspannung u [V] sowie das Lastmoment M [Nm]. Als Ausgangsgröße wird die Winkelgeschwindigkeit ω [1/s] betrachtet. Es ist das mathematische Modell dieses Systems zu ermitteln.

Lösung: Folgende Annahmen sollen gelten: Die Ansteuerung des Motors erfolgt über die Spannung u. Der Feldstrom i_f [A] sei konstant. Antriebsseitige Trägheits- und Reibungseffekte sind bereits auf die Abtriebseite reduziert. Es gilt für das abgegebene Moment M_m und für die Spannung e_m:

$$M_m = K_1 i; \qquad K_1 [Nm/A],$$

$$e_m = K_2 \omega_m; \qquad K_2 [Vs].$$

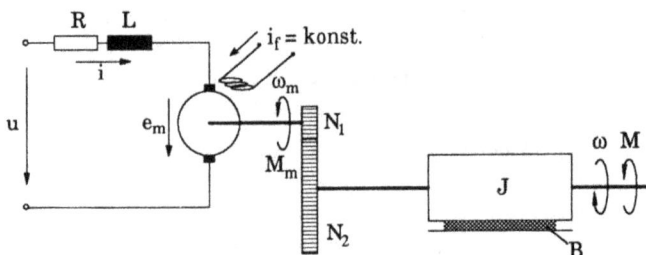

Bild 2.5: Antriebssystem

Alle im System auftretenden Reibungsverluste werden durch das abtriebsseitige winkelgeschwindigkeitsproportionale Reibungsmoment $M_R = B\omega$ berücksichtigt, worin B [Nms] eine Reibungskonstante ist. Das Untersetzungsverhältnis des symbolisch dargestellten Getriebes ist $n = N_1 / N_2$.

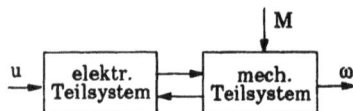

Bild 2.6: Blockschaltbild

Mechanisches Teilsystem:

$$\frac{M_m}{n} = J\frac{d\omega}{dt} + B\omega + M \quad \text{mit} \quad M_m = K_1 i,$$

Elektrisches Teilsystem:

$$u = Ri + L\frac{di}{dt} + e_m \quad \text{mit} \quad e_m = K_2\omega_m = K_2\frac{\omega}{n}.$$

Eliminiert man aus diesen beiden Gleichungen die Zwischenvariable i, so erhält man das Eingangs/Ausgangsmodell in Form einer linearen Differentialgleichung 2. Ordnung. Gepunktete Größen bedeuten darin zeitliche Ableitungen:

$$LJ\ddot{\omega} + (BL + RJ)\dot{\omega} + (RB + \frac{K_1 K_2}{n^2})\omega = \frac{K_1}{n}u - L\dot{M} - RM.$$

Beispiel 2.3: Betrachtet werde das folgende schematisch dargestellte thermische System.

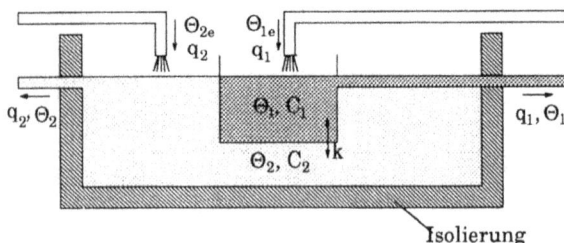

Bild 2.7: Thermisches System

Es wird dabei die Flüssigkeit im inneren Behälter durch jene im äußeren erwärmt. Die interessierende Ausgangsgröße ist die Temperatur Θ_1 [K], als Eingangsgrößen in das System wirken die Temperaturen Θ_{1e} und Θ_{2e} [K]. Es soll das Ein/Ausgangsmodell dieses Systems bestimmt werden. In Bild 2.7 bedeuten q_1, q_2 [kJ/minK] spezifische Wärmeströme, C_1, C_2 [kJ/K] die thermischen Speicherkapazitäten der Flüssigkeiten, A [m²] die effektive Wärmedurchgangsfläche und k [kJ/minKm²] die als konstant angenommene Wärmedurchgangszahl.

Lösung: Folgende Annahmen sollen gelten: Die thermische Speicherkapazität der Metallmasse der Behälter und der Wärmeverlust an die Umgebung sind vernachlässigbar, die

Flüssigkeiten können zu jedem Zeitpunkt als vollkommen durchmischt angenommen werden. Die spezifischen Wärmeströme q_1 und q_2 seien konstant.

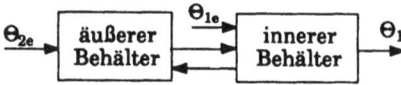

Die instationären Wärmebilanzen lauten:

$$C_1\dot{\Theta}_1 = q_1\Theta_{1e} + kA(\Theta_2 - \Theta_1) - q_1\Theta_1,$$

$$C_2\dot{\Theta}_2 = q_2\Theta_{2e} - kA(\Theta_2 - \Theta_1) - q_2\Theta_2.$$

Bild 2.8: Blockschaltbild des thermischen Systems

Eliminiert man die Zwischenvariable Θ_2, so erhält man das Ein/Ausgangsmodell in Form einer Differentialgleichung 2. Ordnung mit konstanten Koeffizienten:

$$C_1C_2\ddot{\Theta}_1 + [C_1(kA + q_2) + C_2(kA + q_1)]\dot{\Theta}_1 + [kA(q_1 + q_2) + q_1q_2]\Theta_1 =$$
$$= C_2q_1\dot{\Theta}_{1e} + q_1(kA + q_2)\Theta_{1e} + kAq_2\Theta_{2e}.$$

Beispiel 2.4: Es werde das folgende Positionierungssystem betrachtet:

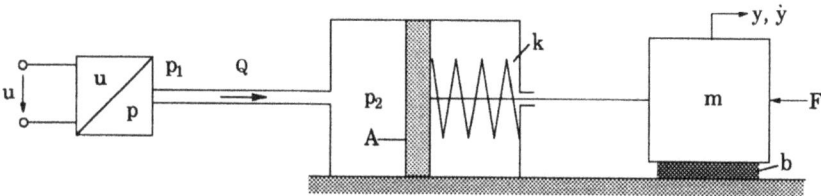

Bild 2.9: Hydraulisch-mechanisches Positionierungssystem

Manipulierbare Eingangsgröße in das System ist die Spannung u [V], Störeingang die Kraft F [N] und als Ausgangsgröße interessiert die Position y [m] der bewegten Masse. Zwischenvariablen sind die Drücke p_1 und p_2 [N/m²] sowie der Volumenstrom Q [m³/s]. Der u/p-Wandler wird durch die Differentialgleichung $T\dot{p}_1 + p_1 = Ku$ beschrieben, worin T [s] und K [N/m²V] die experimentell ermittelte Zeitkonstante bzw. der stationäre Übertragungsbeiwert des Wandlers sind. Für den Druckverlust in der Rohrleitung gelte näherungsweise die lineare Beziehung $p_1 - p_2 = RQ$, wobei R [Ns/m⁵] der fluidische Widerstand ist. Die Feder habe eine lineare Kennlinie, d.h. für die Federkraft gilt mit der Federkonstanten k [N/m]: $F_k = ky$. Alle auftretenden Reibungskräfte werden durch eine geschwindigkeitsproportionale Kraft $F_b = b\dot{y}$ modelliert, worin b [Ns/m] die Reibungskonstante ist. Die Masse m [kg] repräsentiert den Kolben, die Kolbenstange und die bewegte Last. Gesucht ist das Ein-/Ausgangsmodell dieses Systems.

Lösung: Für die Kolben-Zylindereinheit mit der wirksamen Kolbenfläche A [m²] gilt:

$$p_2A = F_K \quad \text{bzw.} \quad Q = A\dot{y}.$$

F_K ist dabei die Kolbenkraft. Der Schwerpunktsatz für die Masse ergibt

$$F_K - F = m\ddot{y} + b\dot{y} + ky.$$

Eliminiert man die Zwischengrößen p_1, p_2, Q und F_K, so erhält man als Ein/Ausgangsmodell die Differentialgleichung

$$Tm\dddot{y} + (m + Tb + TRA^2)\ddot{y} + (b + Tk + RA^2)\dot{y} + ky = KAu - F - T\dot{F}.$$

Beispiel 2.5: Betrachtet werde der in Bild 2.10 schematisch dargestellte Riementrieb.

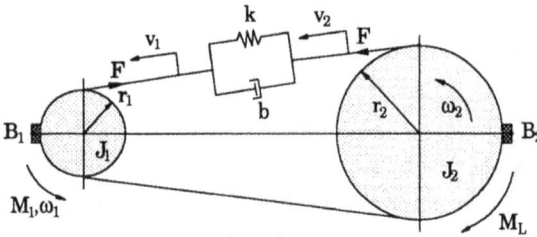

Die Nachgiebigkeit und Dämpfungseigenschaft des vorgespannten Riemens werde durch die im Bild dargestellte Parallelschaltung eines Feder- und Dämpfungselements modelliert. Eingangsgrößen in das System sind das Antriebsmoment M [Nm] sowie das Lastmoment

Bild 2.10: Riementrieb

M_L [Nm]. Als Ausgangsgrößen werden die Riemenkraft F [N] sowie die Winkelgeschwindigkeit ω_2 [1/s] betrachtet. Es sind die Zusammenhänge zwischen ω_2 und M bzw. M_L sowie zwischen F und M bzw. M_L zu modellieren.

Lösung: Es wird angenommen, daß im untersuchten Arbeitsbereich (Drehzahlbereich) die Riemenkraft wie folgt modelliert werden kann:

$$F = F_k + F_b \quad \text{mit} \quad \dot{F}_k = k(v_1 - v_2) \quad \text{und} \quad F_b = b(v_1 - v_2),$$

d.h. es wird eine lineare Feder- und Dämpfungscharakteristik angenommen. Ferner werden die Reibungsverlustmomente ebenfalls linear und proportional zur jeweiligen Winkelgeschwindigkeit modelliert. Es gilt demnach $M_{B1} = B_1\omega_1$ und $M_{B2} = B_2\omega_2$. Wendet man den Drallsatz auf die Antriebs- und Abtriebsscheibe an, so erhält man

$$M = J_1\dot{\omega}_1 + B_1\omega_1 + Fr_1,$$
$$Fr_2 = J_2\dot{\omega}_2 + B_2\omega_2 + M_L.$$

Differenziert man die Gleichung für die Riemenkraft einmal nach der Zeit, setzt die gegebenen Beziehungen für die Feder- und Dämpfungskraft ein und benutzt die Gleichungen $v_1 = r_1\omega_1$ sowie $v_2 = r_2\omega_2$, so ergibt sich:

$$\dot{F} = k(r_1\omega_1 - r_2\omega_2) + b(r_1\dot{\omega}_1 - r_2\dot{\omega}_2).$$

Eliminiert aus den drei Differentialgleichungen die Zwischengrößen ω_1 und F, so erhält man das Modell für ω_2 als Ausgangsgröße:

$$a_3\dddot{\omega} + a_2\ddot{\omega} + a_1\dot{\omega} + a_0\omega = b_1\dot{M} + b_0M - c_2\ddot{M}_L - c_1\dot{M}_L - c_0M_L.$$

Die (konstanten) Koeffizienten dieser Differentialgleichung lauten:

$$a_3 = J_1J_2,$$
$$a_2 = J_1B_2 + J_2B_1 + (J_1r_2^2 + J_2r_1^2),$$
$$a_1 = B_1B_2 + k(J_1r_2^2 + J_2r_1^2) + b(B_1r_2^2 + B_2r_1^2),$$
$$a_0 = k(B_1r_2^2 + B_2r_1^2),$$
$$b_1 = r_1r_2b, \quad b_0 = r_1r_2k,$$
$$c_2 = J_1, \quad c_1 = B_1 + r_1^2b, \quad c_0 = r_1^2k.$$

Für die Differentialgleichung mit F als Ausgangsgröße und M sowie M_L als Eingangsgrössen erhält man

$$a_3\dddot{F} + a_2\ddot{F} + a_1\dot{F} + a_0F = d_2\ddot{M} + d_1\dot{M} + d_0M + e_2\ddot{M}_L + e_1\dot{M}_L + e_0M_L.$$

Die Koeffizienten der Eingangsgrößen und ihrer Ableitungen sind:

$$d_2 = J_2 r_1^2 b, \quad d_1 = r_1^2 (J_2 k + B_2 b), \quad d_0 = B_2 r_1^2 k,$$
$$e_2 = J_1 r_2^2 b, \quad e_1 = r_2^2 (J_1 k + B_1 b), \quad d_1 = B_1 r_2^2 k.$$

Beispiel 2.6: Betrachtet werde das in Bild 2.11 schematisch dargestellte mechanisch-rotatorische System.

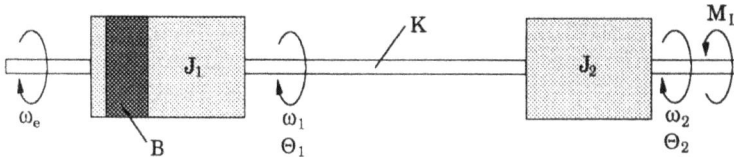

Bild 2.11: Mechanisch-rotatorisches System

Bei allen Variablen handle es sich bereits um Abweichungen von einem Arbeitspunkt. Eingangsgrößen in das System sind die Winkelgeschwindigkeit ω_e [1/s] sowie das Lastmoment M_L [Nm]. Als Ausgangsgröße werde die Winkelgeschwindigkeit ω_2 [1/s] betrachtet. Die die beiden Drehmassen verbindende Welle soll als nachgiebig betrachtet werden. Das durch die fluidische Kupplung übertragene Moment werde durch die linearisierte Beziehung $M_B = B(\omega_e - \omega_1)$ beschrieben (B [Nms] ist darin eine Konstante). Es ist das Ein/Ausgangsmodell für dieses System anzugeben.

Lösung: Folgende Annahmen sollen gelten: Die flexible Welle kann durch eine Drehfeder mit der linearen Beziehung $M_K = K(\Theta_1 - \Theta_2)$ modelliert werden. Die Eigendämpfung der Welle werde nicht berücksichtigt. Θ_1 und Θ_2 sind darin die Drehwinkel der beiden Massen und K [Nm] ist die entsprechende Federkonstante. Lagerreibungsmomente werden vernachlässigt. Wendet man den Drallsatz auf die beiden Drehmassen an, so erhält man:

$$M_B = J_1 \dot{\omega}_1 + M_K,$$
$$M_K = J_2 \dot{\omega}_2 + M_L.$$

Eliminiert man unter Verwendung der Beziehungen für M_B und M_K alle Zwischenvariablen, so ergibt sich für das Ein/Ausgangsmodell:

$$J_1 J_2 \ddot{\omega}_2 + J_2 B \dot{\omega}_2 + K(J_1 + J_2)\dot{\omega}_2 + KB\omega_2 = KB\omega_e - J_1 \ddot{M}_L - B\dot{M}_L - KM_L.$$

2.4 Systembeschreibung mit Hilfe spezieller Testfunktionen

Die Antwortfunktionen auf drei spezielle Eingangsfunktionen, sogenannte Testfunktionen, werden häufig zur Charakterisierung des dynamischen Verhaltens eines Übertragungsgliedes herangezogen. Diese Testfunktionen sind:

1) die Einheitssprungfunktion $\sigma(t)$,
2) die Einheitsimpulsfunktion (Dirac-Delta-Funktion) $\delta(t)$,
3) die Einheitsrampenfunktion $\rho(t)$.

2.4.1 Übergangsfunktion (Einheitssprungantwort)

Die Sprungantwort eines Übertragungssystems (Bild 2.12) ist die Ausgangsfunktion $y(t)$ als Reaktion auf eine sprungförmige Eingangsgrößenänderung beliebiger Sprunghöhe Δu. Als Übergangsfunktion $h(t)$ definiert man die Antwort des Übertragungssystems auf $u(t) = \sigma(t)$, d.h. auf den Einheitssprung.

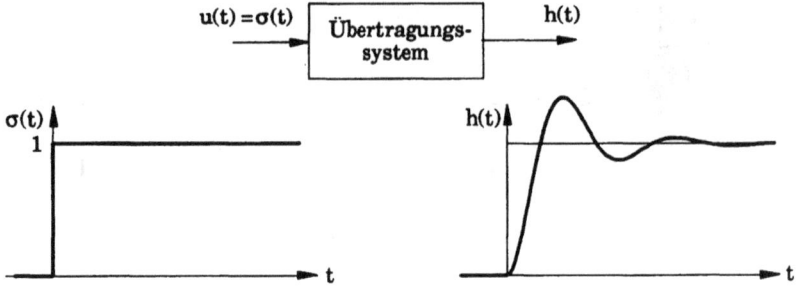

Bild 2.12: Sprungantwort, Übergangsfunktion

2.4.2 Gewichtsfunktion (Einheitsimpulsantwort)

Die Impulsantwort eines Übertragungssystems (Bild 2.13) ist die Ausgangsfunktion $y(t)$ als Reaktion auf die Eingangsgröße $\delta(t)$. Die Einheitsimpulsfunktion $\delta(t)$ wird als jene Funktion definiert, die aus dem Rechteckimpuls $d(t)$ der Höhe $1/\tau$ und der Breite τ durch den Grenzübergang $\tau \to 0$ hervorgeht.

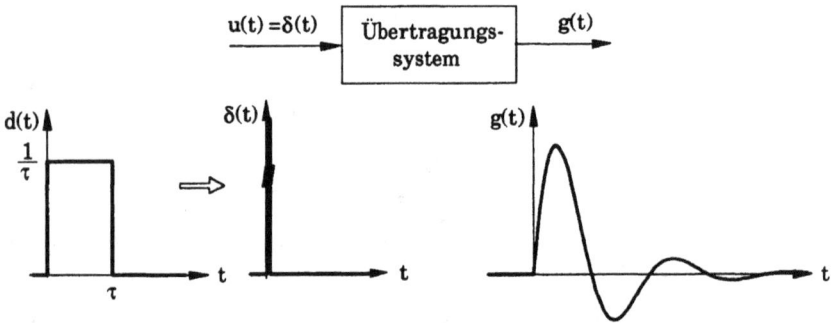

Bild 2.13: Impulsantwort, Gewichtsfunktion

Mathematisch wird $\delta(t)$ wie folgt beschrieben:

$$d(t) = 1/\tau \quad \text{für } 0 \leq t \leq \tau,$$
$$d(t) = 0 \qquad \text{für } t < 0 \text{ und } t > \tau, \tag{2.1}$$
$$\delta(t) = \lim_{\tau \to 0} d(t).$$

Für die Dirac-Delta-Funktion gilt außerdem noch die Beziehung

$$\int_{-\infty}^{+\infty} \delta(t)\,dt = 1 \tag{2.2}$$

Die Antwort eines Übertragungssystems auf eine Dirac-Delta-Funktion wird Gewichtsfunktion genannt und mit $g(t)$ bezeichnet.

2.4.3 Rampenantwort

Zusätzlich zu den beiden oben besprochenen Testfunktionen wird auch noch die sogenannte Einheitsrampenfunktion als spezielle Eingangsfunktion verwendet. Sie ist in Bild 2.14 zusammen mit einer typischen Rampenantwort dargestellt und wie folgt definiert:

$$\rho(t) = 0 \quad \text{für } t < 0,$$
$$\rho(t) = t \quad \text{für } t \geq 0. \tag{2.3}$$

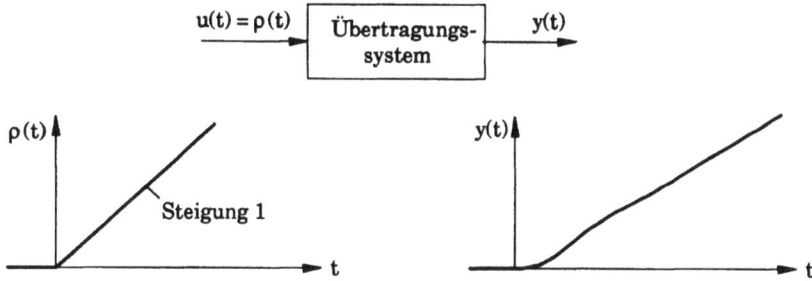

Bild 2.14: Rampenantwort

2.5 Aufgaben

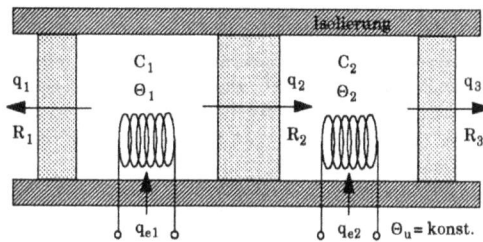

Bild 2.15: Thermisches System

Aufgabe 2.1: Betrachten Sie das thermische System in Bild 2.15. R_1, R_2 und R_3 [Ks/J] sind darin thermische Widerstände und C_1, C_2 [J/K] thermische Kapazitäten. Für den Wärmestrom durch eine Wand gelte $Rq = \Delta\Theta$ und für die gespeicherte Wärme in den beiden Kammern $C_i\dot{\Theta}_i = \Delta q_i$. q_{e1} und q_{e2} [J/s] sind Wärmeströme und bilden die Eingangsgrößen in das System. Die interessierende Ausgangsgröße ist die Temperatur Θ_2. Bestimmen Sie das Ein/Ausgangsmodell für dieses System.

Aufgabe 2.2: Betrachten Sie das in Bild 2.16 schematisch dargestellte hydraulische System. Hierin ist der Druck p_2 [N/m²] die Ausgangsgröße, die Pumpendrehzahl N [1/s] die manipulierbare Eingangsgröße und der Verbrauchervolumenstrom Q_v [m³/s] die Störeingangsgröße. Bei allen Variablen handle es sich bereits um Abweichungen von einem Arbeitspunkt. Es gelten die folgenden Annahmen: Das linearisierte Pumpenkennfeld ist durch die Gleichung $p_1 = -RQ + KN$ gegeben. Für den Druckabfall in der langen

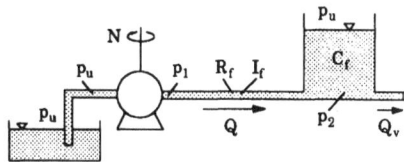

Bild 2.16: Hydraulisches System

und dünnen Rohrleitung gelte die Beziehung $p_1 - p_2 = I_f\dot{Q} + R_f Q$. I_f [Ns²/m⁶] ist darin die fluidische Trägheit und R_f [Ns/m⁶] der fluidische Widerstand. C_f [m⁶/N] ist die fluidische Kapazität in der Behälterbilanzgleichung $C_f\dot{p}_2 = Q - Q_v$. Geben Sie das Ein/Ausgangsmodell für dieses System an.

Aufgabe 2.3: Betrachten Sie das in Bild 2.17 schematisch dargestellte Fördersystem. Eingangsgröße in das System ist das Antriebsmoment M [Nm]. Als Ausgangsgröße werde die Position y_2 [m] betrachtet. Die Nachgiebigkeits- und Dämpfungseigenschaften des Seiles können durch die Parallelschaltung eines linearen Feder- und Dämpferelements modelliert werden. Die Lagerreibung werde durch ein ebenfalls lineares Reibungsgesetz erfaßt. Die Feder sei im Arbeitspunkt bereits vorgespannt, d.h. die Gewichtskraft braucht nicht berücksichtigt zu werden.

Es gilt:

$$M_B = B\omega\,; \quad B = \text{Reibungskonstante [Nms]},$$
$$F_k = k(y_1 - y_2)\,; \quad k = \text{Seilfederkonstante [N/m]},$$
$$F_b = b(v_1 - v_2)\,; \quad b = \text{Seildämpfungskonstante [Ns/m]}.$$

R [m] ist der Seiltrommelradius und J [kgm²] das Massenträgheitsmoment der Trommel. Bestimmen Sie das Ein/Ausgangsmodell für dieses System.

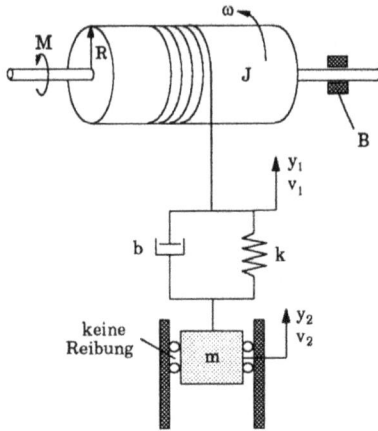

Bild 2.17: Fördersystem

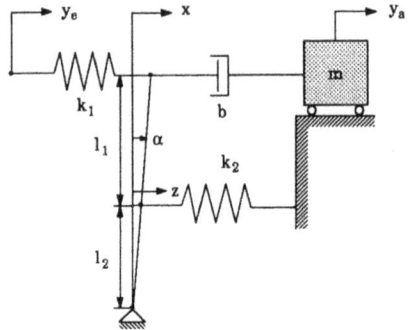

Bild 2.18: Mechanisches System

Aufgabe 2.4: Betrachten Sie das in Bild 2.18 dargestellte mechanische System mit den Auslenkungen y_e als Eingangs- und y_a als Ausgangsgröße. Es kann angenommen werden, daß der Winkel α während der dynamischen Vorgänge klein bleibt. Die Dämpfung sei im Arbeitsbereich linear, d.h. es gilt für die Dämpfungskraft $F_b = b(\dot{x} - \dot{y})$. Die beiden Federn gehorchen linearen Federgesetzen mit den Federkonstanten k_1 und k_2. Geben Sie das Ein/Ausgangsmodell für dieses System an. Benutzen Sie die Abkürzung $n = l_1 / (l_1 + l_2)$.

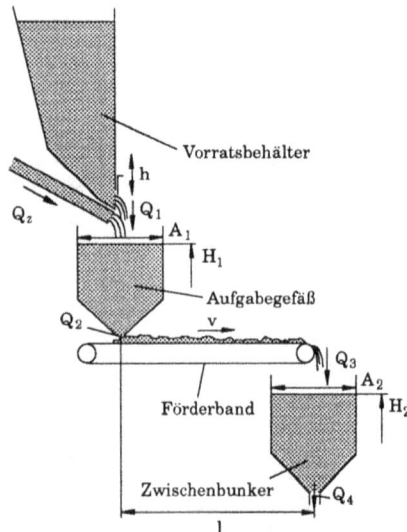

Bild 2.19: Bandförderanlage

Aufgabe 2.5: Das Bild 2.19 zeigt das Schema einer Bandförderanlage für Granulat. Eingangsgrößen in das System sind einerseits der veränderliche Schieberhub h [m] und andererseits die als Störeingänge wirkenden Volumenströme Q_z und Q_4 [m³/s]. Als Ausgangsgröße interessiert der Füllstand H_2 [m] im Zwischenbunker. Das Förderband der Länge l [m] bewegt sich mit der konstanten Geschwindigkeit v [m/s]. Folgende Annahmen gelten:

Vorratsbehälter:

$$Q_1 = K_1 h \qquad K_1 \text{ [m³/sm]} = \text{Schieberkonstante}$$

Aufgabegefäß:

$$Q_2 = K_2 H_1 \qquad K_2 \text{ [m²/s]} = \text{Ausflußkonstante}$$
$$A_1 \text{ [m²]} = \text{Gefäßquerschnittsfläche}$$

Zwischenbunker:

$$Q_4 = \text{variable Ausflußmenge}$$
$$A_2 \text{ [m²]} = \text{Bunkerquerschnittsfläche}$$

Bestimmen Sie einerseits die Differentialgleichung mit h und Q_z als Eingänge und H_1 als Ausgang, und andererseits jene mit H_1 und Q_4 als Eingangsvariable und der Regelgröße H_2 als Ausgangsvariable. Ist die Darstellung des dynamischen Verhaltens in Form eines Ein/Ausgangsmodells möglich?

Aufgabe 2.6: Das Bild 2.20 zeigt das Schema des Aufrollvorganges einer Papier- oder Zellstoffbahn. Eingangsgrössen in das System sind einerseits die manipulierbare Ankerspannung des Gleichstrommotors u [V] (Stellgröße) und andererseits die veränderliche Geschwindigkeit der Bahn in den Führungsrollen v_z [m/s] (Störgröße). Als Ausgangsgröße werde die Spannkraft S [N] betrachtet. Für den Motor gelten die Beziehungen $M_M = K_1 i$ und $e_b = K_2 \omega_M$. Darin sind K_1 [Nm/A] und K_2 [Vs] die Motorkonstanten. Die Massenträgheitsmomente aller rotierenden Teile seien in J [kgm²] und alle Reibungsmomente in $M_B = B\omega$ enthalten. B [Nms] ist dabei der repräsentative Reibungskoeffizient. Sowohl J als auch der effektive Aufrollradius r [m] können bei der Modellierung als konstant angenommen werden. Für die Nachgiebigkeit der Papier- oder Zellstoffbahn gelte näherungsweise ein lineares Federgesetz mit der Federkonstanten k [N/m], d.h. die Spannkraft S [N] gehorche dem Hookeschen Gesetz. Geben Sie das Ein/Ausgangsmodell für dieses System an.

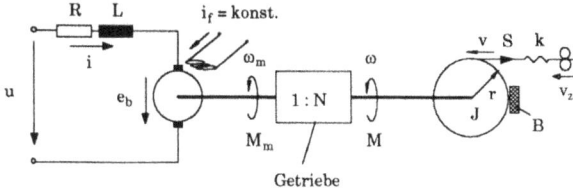

Bild 2.20: Aufrollanlage

Aufgabe 2.7: Betrachten Sie den in Bild 2.21 schematisch dargestellten Computer-Bandantrieb.

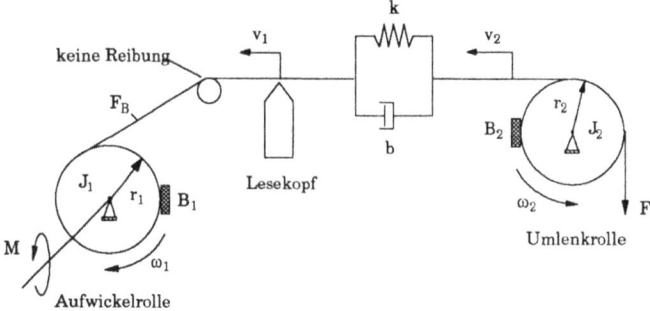

Bild 2.21: Computer-Bandantrieb

Folgende Beziehungen gelten für die einzelnen Bauteile:

Aufwickelrolle: J_1 = Massenträgheitsmoment [kgm²], B_1 = Lagerreibungskoeffizient [Nms],
                       $M_R = B_1 \omega_1$ = Lagerreibungsmoment [Nm],

Band: k = Bandfederkonstante [N/m], b = Banddämpfungskonstante [Ns/m],
                       $\dot{F}_k = k(v_1 - v_2)$ = zeitliche Ableitung der Bandfederkraft,
                       $F_b = b(v_1 - v_2)$ = Banddämpfungskraft,

Umlenkrolle: J_2 = Massenträgheitsmonent [kgm²], B_2 = Lagerreibungskoeffizient [Nms],
                       $M_R = B_2 \omega_2$ = Lagerreibungsmoment [Nm].

Als manipulierbare Eingangsgröße (Stellgröße) wirke das Antriebsmoment M [Nm]. Als Ausgangsgrößen interessieren die Bandgeschwindigkeit v_1 [m/s] sowie die Bandkraft F_B [N]. Als Störeingangsgröße ist die Kraft F [N] zu berücksichtigen. Geben Sie jene Differentialgleichungen an, die einerseits v_1 mit M und F und andererseits F_B mit M und F verknüpfen.

Aufgabe 2.8: Die in Bild 2.22 dargestellte Regelstrecke besteht aus einer zweiseitig beaufschlagten Kolben-Zylinder-Einheit. Es wird damit ein Werkstück mit der Masse m bewegt. Als Stellgröße wirke die Spannung u(t) in das 4-Wegeventil, als Störgröße die Schnittkraft F(t). Als Ausgangsgröße (Regelgröße) werde die Werkstückposition y(t) betrachtet. Die Dichtungsreibungskräfte können zu $F_R = b\dot{y}$ zusammengefaßt modelliert werden. Für das 4-Wegeventil gelte die statische Beziehung $\Delta p = K_V u$ und für den Meßumformer der Werkstückposition, $u_y = K_{MU} y$. Alle Beziehungen sind bereits für einen Arbeitspunkt angegeben.

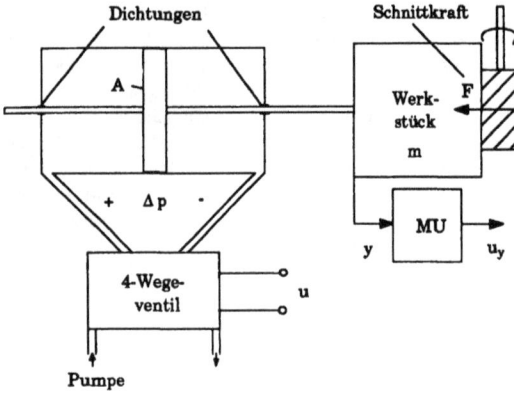

Dichtungen   Schnittkraft

Bild 2.22

Folgende Zahlenwerte sind gegeben:

Bewegte Masse: $m = 5$ kg.
Effektive Kolbenfläche: $A = 5$ cm^2.
Reibungskonstante: $b = 20$ Ns/m.
Ventilkonstante: $K_v = 5000$ N/m^{2}V.
Umformerkonstante: $K_{MU} = 0,4$ V/cm.

Bestimmen Sie das Ein/Ausgangsmodell für diese Regelstrecke.

Aufgabe 2.9: Betrachten Sie das in Bild 2.23 schematisch dargestellte thermische System, in dem auf einer Heizplatte eine Flüssigkeit in einem Gefäß erhitzt wird, als Regelstrecke. Die Temperatur T_2 ist darin die Regelgröße, der Wärmestrom q [J/s] die Stellgröße. Die Umgebungstemperatur T_u soll als variable Störgröße betrachtet werden. Es kann angenommen werden, daß die Temperatur T_2 im gesamten Gefäß und T_1 für die gesamte Heizplatte gelten. Bei allen Variablen handelt es sich bereits um Abweichungen von einem Arbeitspunkt. Die konstanten thermischen Kapazitäten der Heizplatte bzw. des Gefäßes inklusive Inhalt sind C_1 und C_2 [J/K]. R_1, R_2 und R_3 [Ks/J] sind thermische Widerstände. Für die Wärmespeicherung und den Wärmedurchgang gelten folgende Beziehungen:

$$C_i \frac{dT_i}{dt} = \Delta q_i \quad \text{und} \quad q_i = \frac{1}{R_i} \Delta T_i.$$

Bestimmen Sie das Ein/Ausgangsmodell für diese Temperaturregelstrecke.

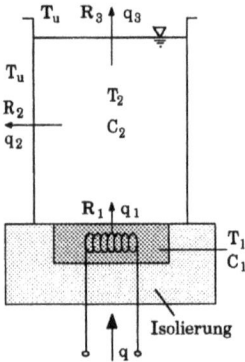

Bild 2.23

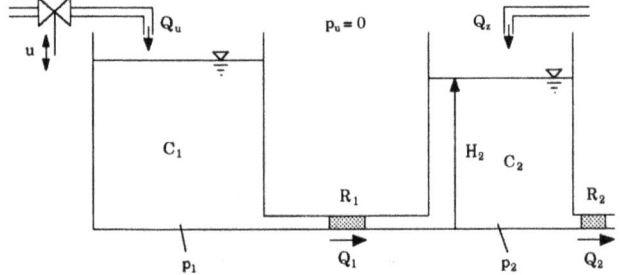

Bild 2.24

Aufgabe 2.10: Betrachten Sie das in Bild 2.24 schematisch dargestellte hydraulische System als Regelstrecke. Bei allen Variablen handelt es sich bereits um Abweichungen von einem Arbeitspunkt. Für die beiden Behälter und Rohrleitungen gelten folgende Beziehungen:

$$C_i \frac{dp_i}{dt} = \Delta Q_i \quad \text{und} \quad Q_i = \frac{1}{R_i} \Delta p_i.$$

Darin sind C_1 und C_2 [m^5/N] hydraulische Kapazitäten und R_1 sowie R_2 [Ns/m^5] hydraulische Widerstände. Für den Stellvolumenstrom Q_u [m^3/s] gelte $Q_u = K u$, worin u [cm] der Stellhub und K [m^3/s,cm] der Ventilbeiwert sind. Als Störgröße wirke der Störvolumenstrom Q_z [m^3/s]. Als Ausgangsgröße (Regelgröße) werde der Füllstand H_2 [m] im Behälter 2 betrachtet.

Bestimmen Sie das diese Regelstrecke beschreibende mathematische Modell.

3. Linearisierung

3.1 Einleitung

Im Verlauf der Analyse dynamischer Systeme erhält man im allgemeinen Modelle in Form von nichtlinearen Differentialgleichungen, es sei denn, man hat im vorhinein grundlegende Annahmen bezüglich der Linearität getroffen. In diesen Differentialgleichungen können statische Modelle in Form nichtlinearer Kennlinien enthalten sein. Die Modelle beschreiben dann das Übertragungsverhalten im gesamten definierten Arbeitsbereich des Übertragungsgliedes. Wird z.B. ein Regelsystem in einem festen Arbeitspunkt betrieben (Festwertregelung), dann kann das nichtlineare Modell des zu regelnden Prozesses oder der zu regelnden Maschine (der Regelstrecke) in der näheren Umgebung dieses Arbeitspunktes durch ein lineares Modell näherungsweise ersetzt, d.h. linearisiert, werden. Nichtlinearitäten können entweder in Form nichtlinearer statischer Kennlinien oder aber in Form nichtlinearer Operationen (z.B. Multiplikation oder Division von Variablen) auftreten.

3.2 Kennlinienlinearisierung

3.2.1 Linearisierung einer Funktion einer Variablen (Linearisierung einer Kennlinie)

Ist der nichtlineare statische Zusammenhang zwischen der Eingangsgröße u und der Ausgangsgröße y eines Übertragungsgliedes analytisch in der Form

$$y = f(u) \tag{3.1}$$

gegeben und ist diese Funktion im Arbeitspunkt (y_0, u_0) differenzierbar, dann wird sie dort zur Linearisierung in eine Taylorreihe entwickelt und diese nach dem ersten Glied abgebrochen. Man erhält für die Taylorreihe:

$$y = y_0 + \frac{1}{1!} \frac{df(u)}{du}\bigg|_0 (u - u_0) + \frac{1}{2!} \frac{d^2 f(u)}{du^2}\bigg|_0 (u - u_0)^2 + \text{Glieder höherer Ordnung.} \tag{3.2}$$

Nach Vernachlässigung aller Glieder ab dem quadratischen Glied erhält man mit

$$\Delta y = y - y_0, \quad \Delta u = u - u_0 \text{ sowie } K = \frac{df(u)}{du}\bigg|_0 \tag{3.3}$$

die linearisierte Beziehung

$$\Delta y = K \Delta u. \tag{3.4}$$

Bei den neuen Variablen Δy und Δu handelt es sich nunmehr um Abweichungen vom Arbeitspunkt und die Näherung (3.4) gilt mit akzeptabler Genauigkeit nur in der näheren Umgebung des Arbeitspunktes, d.h. für kleine Abweichungen von diesem. Unter Umständen ist nach der Linearisierung eine Abschätzung des Gültigkeitsbereiches vorzunehmen.

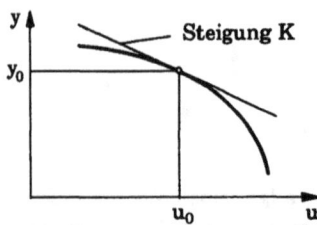

Bild 3.1: Linearisierung einer Kennlinie

Ist der Zusammenhang zwischen y und u in Form einer Kennlinie gegeben, die z.B. durch eine Messung gewonnen wurde, dann erfolgt die Linearisierung durch das Anlegen der Tangente im Arbeitspunkt (y_0, u_0) (siehe Bild 3.1). Die Steigung der Tangente wird dem Diagramm entnommen. Damit lautet die linearisierte Beziehung wieder:

$$\Delta y = K \, \Delta u.$$

Beispiel 3.1: Für die Durchflußmessung mit Hilfe einer Blende gelte

$$Q = cA\sqrt{2\,\Delta p / \rho} = C\sqrt{\Delta p}.$$

Darin ist Q [m³/s] der Durchfluß, A [m²] die freie Durchflußfläche, Δp [mbar] die Druckdifferenz über der Blende, ρ [kg/m³] die Dichte und c ein dimensionsloser Blendenbeiwert. Der Arbeitspunkt um den die Linearisierung vorgenommen werden soll, sei durch die dimensionsbehaftete Konstante C = 1 und Δp = 100 mbar gegeben. Damit ergibt sich für den Durchfluß im Arbeitspunkt Q_0 = 10 m³/s. Gesucht ist die linearisierte Beziehung zwischen Q und Δp im Arbeitspunkt sowie der Fehler, der durch die Linearisierung bei einer Erhöhung (Erniedrigung) der Druckdifferenz um 20 mbar entsteht.

Lösung: Wendet man die Beziehungen (3.1) bis (3.4) auf dieses Beispiel an, so erhält man

$$K = \left.\frac{dQ}{d\Delta p}\right|_0 = \frac{1}{2\sqrt{\Delta p_0}} = \frac{1}{2\sqrt{100}} = 0,05 \text{ m}^3 / \text{s mbar},$$

und damit die linearisierte Beziehung: $\Delta Q = 0,05 \, \Delta(\Delta p)$.

Erhöht man die Druckdifferenz um 20 mbar auf Δp = 120 mbar, so erhält man mit der linearisierten Beziehung Q = 10 + 0,05(120 - 100) = 11 m³/s. Der exakte Wert ist Q = 10,95 m³/s. Der Fehler beträgt demnach 0,46%. Verringert man die Druckdifferenz andererseits um 20 mbar auf Δp = 80 mbar, so ergibt sich nach der Linearisierung Q = 10 + 0,05(80 - 100) = 9 m³/s und exakt Q = 8,94 m³/s. Der Fehler beträgt in diesem Fall 0,67%.

Beispiel 3.2: Bild 3.2 zeigt die gemessene Durchflußkennlinie für die in Beispiel 3.1 behandelte Blende. Gesucht ist die linearisierte Beziehung zwischen Q und Δp im Arbeitspunkt.

Lösung: Man legt im Arbeitspunkt die Tangente an die gemessene Kennlinie. Die Tangentensteigung kann dann abgelesen werden. Sie beträgt:

$$K = \left.\frac{dQ}{d\Delta p}\right|_0 = \frac{12 - 10}{140 - 100} = 0,05 \; \frac{\text{m}^3/\text{s}}{\text{mbar}}.$$

Man erhält wieder den linearisierten Zusammenhang $\Delta Q = 0,05 \, \Delta(\Delta p)$.

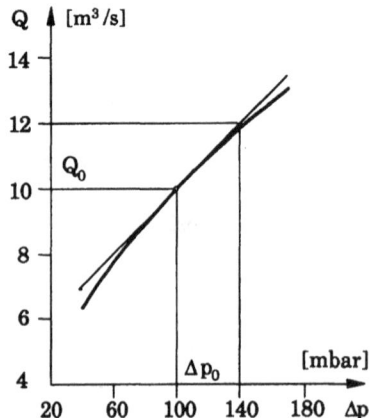

Bild 3.2: Durchflußkennlinie

3.2.2 Linearisierung einer Funktion von zwei Variablen (Linearisierung eines Kennlinienfeldes)

Ist der nichtlineare Zusammenhang zwischen der Ausgangsgröße y und den zwei Eingangsgrößen u und z durch die Beziehung

$$y = f(u,z) \qquad (3.5)$$

gegeben, so kann eine Linearisierung um einen Arbeitspunkt (y_0, u_0, z_0) wieder durch eine Taylorreihenentwicklung und anschließende Vernachlässigung der Glieder höherer Ordnung verwirklicht werden. Man erhält:

$$y = y_0 + \frac{\partial f}{\partial u}\bigg|_0 (u - u_0) + \frac{\partial f}{\partial z}\bigg|_0 (z - z_0) + \text{Glieder höherer Ordnung}. \qquad (3.6)$$

Nach Vernachlässigung der Glieder höherer Ordnung in (3.6) und mit $\Delta y = y - y_0$, $\Delta u = u - u_0$ und $\Delta z = z - z_0$ sowie den Abkürzungen

$$K_u = \frac{\partial f}{\partial u}\bigg|_0 \quad \text{und} \quad K_z = \frac{\partial f}{\partial z}\bigg|_0,$$

erhält man schließlich die linearisierte Beziehung

$$\Delta y = K_u \Delta u + K_z \Delta z. \qquad (3.7)$$

Ist der nichtlineare Zusammenhang zwischen den Eingangsgrößen u und z sowie der Ausgangsgröße y in Form eines gemessenen Kennfeldes gegeben, dann müssen die beiden Konstanten K_u und K_z als Tangentensteigungen (oder näherungsweise als Sekantensteigungen), wie in Bild 3.3 dargestellt, dem Kennfeld entnommen werden.

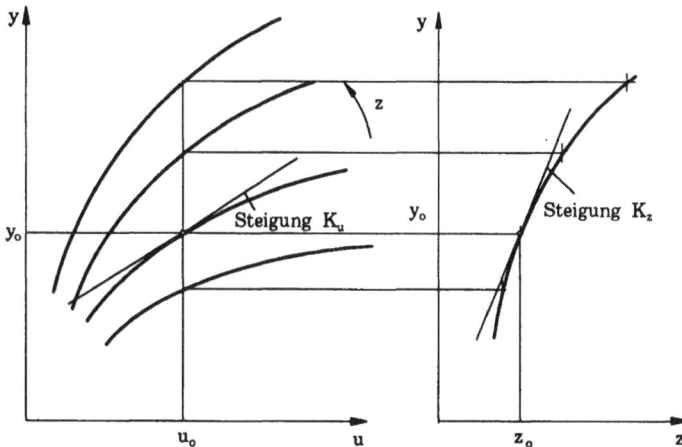

Bild 3.3: Linearisierung eines Kennlinienfeldes

Beispiel 3.3: Für das Ausströmen von Luft aus einem Ventil mit Schallgeschwindigkeit bei konstanter Temperatur gilt:

$$\dot{m} = \frac{k}{\sqrt{T}} A p = f(A,p).$$

Darin sind $\dot{m}$ [kg/s] der Massenstrom, A [m^2] der veränderliche Ventilquerschnitt, p [N/m^2] der Vordruck, T [K] die konstante Temperatur und k eine dimensionsbehaftete Ventilkonstante. Die Ventilgleichung ist um den Arbeitspunkt ($\dot{m}_0$, A$_0$, p$_0$) zu linearisieren.

Lösung: Man erhält für die beiden Konstanten K$_A$ und K$_p$:

$$K_A = \frac{\partial \dot{m}}{\partial A}\bigg|_0 = \frac{k}{\sqrt{T}}p_0 = \frac{\dot{m}_0}{A_0} \quad \text{bzw.} \quad K_p = \frac{\partial \dot{m}}{\partial p}\bigg|_0 = \frac{k}{\sqrt{T}}A_0 = \frac{\dot{m}_0}{p_0},$$

und damit die linearisierte Durchflußgleichung $\Delta\dot{m} = K_A \Delta A + K_p \Delta p$.

Beispiel 3.4: In Bild 3.4 ist ein typisches, experimentell aufgenommenes statisches Betriebskennlinienfeld eines Motors dargestellt.

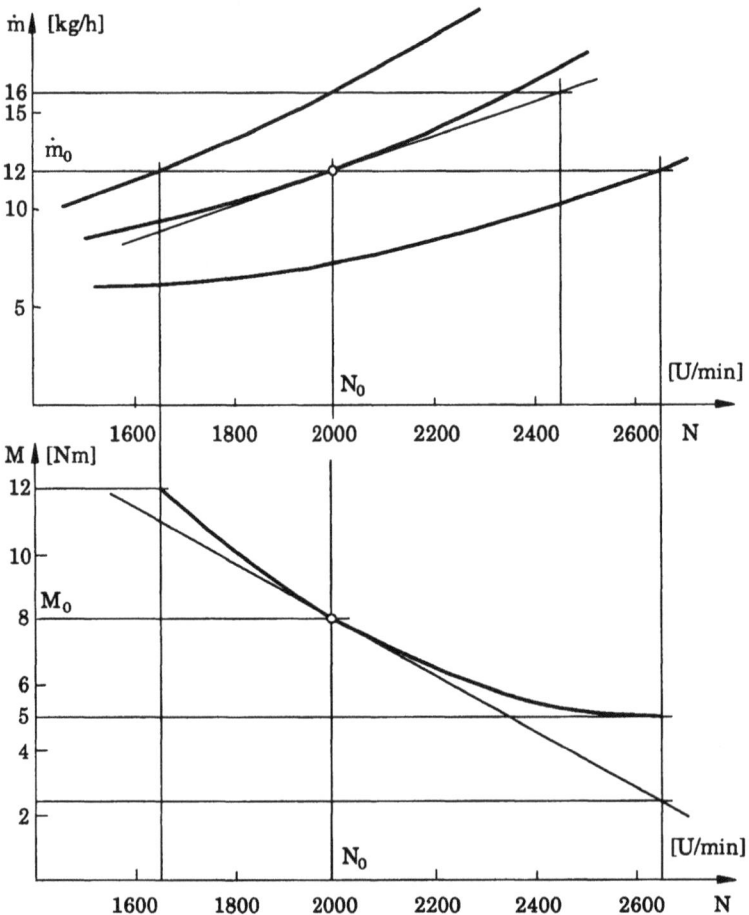

Bild 3.4: Betriebskennlinienfeld eines Motors

$\dot{m}$ [kg/h] ist dabei der Treibstoffverbrauch, N [U/min] die Motordrehzahl und M [Nm] das Motordrehmoment. Der Arbeitspunkt sei gegeben durch $\dot{m}_0$ = 12 kg/h, N$_0$ = 2000 U/min und M_0 = 8 Nm. Gesucht ist der um den Arbeitspunkt linearisierte Zusammenhang zwischen N, ṁ und M.

Lösung: Die partiellen Ableitungen $K_{\dot{m}} = \partial N / \partial \dot{m}$ und $K_M = \partial N / \partial M$ im Arbeitspunkt werden durch die Tangentensteigungen dem Bild entnommen.

Man liest ab:

$$\left.\frac{\partial N}{\partial \dot{m}}\right|_0 = K_{\dot{m}} = \frac{2450 - 2000}{16 - 12} = 112,5 \frac{U / min}{kg / h}.$$

Zur Berechnung von K_M zeichnet man sich aus dem gegebenen Kennfeld den Zusammenhang M = M(N) für $\dot{m} = \dot{m}_0$ und legt im Arbeitspunkt die Tangente an. Man liest ab:

$$\left.\frac{\partial N}{\partial M}\right|_0 = K_M = \frac{2650 - 2000}{2,4 - 8} = -116,1 \frac{U / min}{Nm}.$$

Die linearisierte Beziehung lautet dann $\Delta N = 112,5 \Delta \dot{m} - 116,1 \Delta M$.

3.3 Linearisierung nichtlinearer Differentialgleichungen

Bei der in Kapitel 2 beschriebenen theoretischen Systemanalyse erhält man als Resultat sehr oft nichtlineare Differentialgleichungen. Diese sind dadurch gekennzeichnet, daß darin Produkte, Potenzen, Quotienten und andere nichtlineare Verknüpfungen der Ausgangs- und Eingangsvariablen sowie deren zeitliche Ableitungen auftreten. Diese Differentialgleichungen können ebenfalls um einen Arbeitspunkt linearisiert werden, wobei der Arbeitspunkt ein stationärer Punkt ist, in dem gilt, daß alle zeitlichen Ableitungen Null sind. Hat man diesen Arbeitspunkt festgelegt, so kann die Differentialgleichung wieder durch eine Taylorreihenentwicklung unter Vernachlässigung der höheren Ableitungen linearisiert werden.

Der Zusammenhang zwischen der Eingangsgröße u(t) und der Ausgangsgröße y(t) sei durch die nichtlineare Differentialgleichung

$$F(\overset{(n)}{y},...,\ddot{y},\dot{y},y; \overset{(n)}{u},...,\ddot{u},\dot{u},u) = 0 \qquad (3.8)$$

beschrieben. Die Taylorreihenentwicklung der Gleichung (3.8) um den Arbeitspunkt mit dem Index 0 lautet:

$$F = F_0 + \left.\frac{\partial F}{\partial y^{(n)}}\right|_0 \Delta \overset{(n)}{y}(t) + ... + \left.\frac{\partial F}{\partial \dot{y}}\right|_0 \Delta \dot{y}(t) + \left.\frac{\partial F}{\partial y}\right|_0 \Delta y(t) + \left.\frac{\partial F}{\partial u^{(n)}}\right|_0 \Delta \overset{(n)}{u}(t) + ... + \left.\frac{\partial F}{\partial \dot{u}}\right|_0 \Delta \dot{u}(t) + \left.\frac{\partial F}{\partial u}\right|_0 \Delta u(t) +$$

$$+ \text{ höhere Ableitungen} = 0. \qquad (3.9)$$

Vernachlässigt man die Ableitungen höherer Ordnung und berücksichtigt man ferner, daß $F_0 = 0$ ist, so erhält man die linearisierte Differentialgleichung

$$b_n \Delta \overset{(n)}{y}(t) + ... + b_1 \Delta \dot{y}(t) + b_0 \Delta y(t) = a_0 \Delta u(t) + a_1 \Delta \dot{u}(t) + ... + a_n \Delta \overset{(n)}{u}(t). \qquad (3.10)$$

Die Koeffizienten der Eingangs- und Ausgangsvariablen sowie deren zeitliche Ableitungen lauten wie folgt:

$$b_n = \frac{\partial F}{\partial \overset{(n)}{y}}\bigg|_0, \ldots\ldots, b_1 = \frac{\partial F}{\partial \dot{y}}\bigg|_0, b_0 = \frac{\partial F}{\partial y}\bigg|_0 \quad \text{und} \quad a_n = -\frac{\partial F}{\partial \overset{(n)}{u}}\bigg|_0, \ldots\ldots, a_1 = -\frac{\partial F}{\partial \dot{u}}\bigg|_0, a_0 = -\frac{\partial F}{\partial u}\bigg|_0.$$

Beispiel 3.5: In Beispiel 2.1 wurde für den Lufterhitzer die folgende nichtlineare Differentialgleichung als Modell gefunden:

$$C\dot{T} = q + c\dot{m}T_e - c\dot{m}T.$$

Diese soll nunmehr um den Arbeitspunkt $(T_0, \dot{m}_0, T_{e0}, q_0)$ linearisiert werden.

Lösung: Die Gleichung (3.8) lautet hier

$$C\dot{T} - q - c\dot{m}T_e + c\dot{m}T = F(\dot{T}, T, q, T_e, \dot{m}) = 0,$$

und deren linearisierte Form

$$F = F_0 + \frac{\partial F}{\partial \dot{T}}\bigg|_0 \Delta\dot{T} + \frac{\partial F}{\partial T}\bigg|_0 \Delta T + \frac{\partial F}{\partial q}\bigg|_0 \Delta q + \frac{\partial F}{\partial T_e}\bigg|_0 \Delta T_e + \frac{\partial F}{\partial \dot{m}}\bigg|_0 \Delta\dot{m} = 0.$$

Berechnet man die partiellen Ableitungen und berücksichtigt, daß $F_0 = 0$ gilt, dann ergibt sich für die linearisierte Differentialgleichung

$$C\Delta\dot{T} + c\dot{m}_0\Delta T = \Delta q - c(T_0 - T_{e0})\Delta\dot{m} + c\dot{m}_0\Delta T_e.$$

Beispiel 3.6: Betrachtet werde das in Bild 3.5 dargestellte hydraulische System, bestehend aus einem Tank und einer Pumpe.

Eingangsgrößen in dieses System sind als manipulierbare Größe die Pumpendrehzahl N [U/min] und als Störeingang der Abzugvolumenstrom Q [l/s]. Als Ausgangsgröße werde der Flüssigkeitsstand H [m] im Tank betrachtet. Das stationäre (statische) Pumpen-

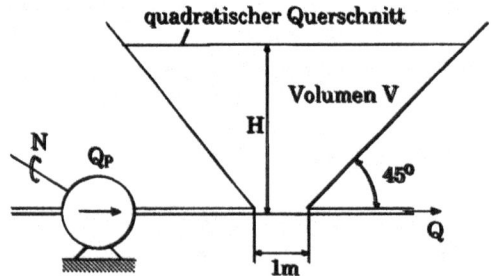

Bild 3.5: Hydraulisches System

kennfeld $H = H(Q_P, N)$ ist in Bild 3.6 dargestellt. Gesucht ist die linearisierte Differentialgleichung für dieses System, wobei als Arbeitspunkt $Q_0 = 80$ l/s, $N_0 = 1000$ U/min und H_0 verwendet werden soll.

Lösung: Die Volumenstrombilanz für den Tank lautet

$$\frac{dV}{dt} = Q_P - Q = \frac{dV}{dH}\frac{dH}{dt} = f(N, H) - Q.$$

Für das Füllvolumen V als Funktion des Füllstandes H erhält man:

$$V = \frac{1}{3}(4H^3 + 6H^2 + 3H).$$

Aus dem Pumpenkennfeld folgt für $Q_0 = 80$ l/s und $N_0 = 1000$ U/min für den Füllstand im Arbeitspunkt $H_0 = 2$ m. Für die Ableitung des Volumens nach dem Füllstand erhält man:

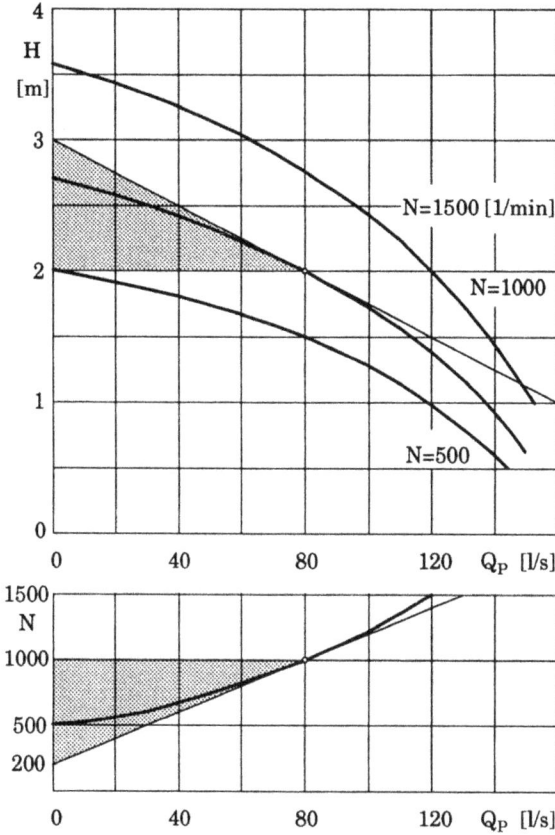

Bild 3.6: Pumpenkennfeld

$$\frac{dV}{dH} = 4H^2 + 4H + 1.$$

Damit lautet die dieses System beschreibende nichtlineare Differentialgleichung:

$$(4H^2 + 4H + 1)\dot{H} - f(N, H) + Q = F(\dot{H}, H, N, Q) = 0.$$

Die linearisierte Gleichung lautet:

$$F = F_0 + \left.\frac{\partial F}{\partial \dot{H}}\right|_0 \Delta\dot{H} + \left.\frac{\partial F}{\partial H}\right|_0 \Delta H + \left.\frac{\partial F}{\partial N}\right|_0 \Delta N + \left.\frac{\partial F}{\partial Q}\right|_0 \Delta Q = 0.$$

Die partiellen Ableitungen ergeben sich mit den Zahlenwerten im Arbeitspunkt zu:

$$\left.\frac{\partial F}{\partial \dot{H}}\right|_0 = 4H_0^2 + 4H_0 + 1 = 25\,\text{m}^2, \quad \left.\frac{\partial F}{\partial Q}\right|_0 = 1,$$

und aus dem Pumpenkennfeld zu:

$$-\left.\frac{\partial Q_P}{\partial H}\right|_0 = \left.\frac{\partial F}{\partial H}\right|_0 = \frac{0,08 - 0}{2 - 3} = 0,08\,\frac{\text{m}^3 / \text{s}}{\text{m}},$$

$$-\frac{\partial Q_P}{\partial N}\bigg|_0 = \frac{\partial F}{\partial N}\bigg|_0 = \frac{0,08}{1000-200} = -10^{-4}\ \frac{m^3/s}{1/min}.$$

Damit folgt als Ergebnis der Linearisierung das Ein/Ausgangsmodell der Anlage in Form einer gewöhnlichen Differentialgleichung mit konstanten Koeffizienten:

$$25\,\Delta\dot{H} + 0,08\,\Delta H = 10^{-4}\,\Delta N - \Delta Q.$$

Beispiel 3.7: Betrachten Sie das im folgenden Bild schematisch dargestellte Windrad.

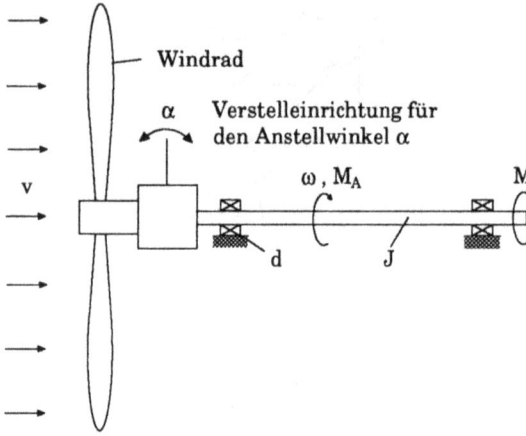

Bild 3.7: Schema eines Windrades

Darin bedeuten v [m/s] die Anströmgeschwindigkeit der Luft, α [rad] den Anstellwinkel der Flügel des Windrades, ω [1/s] die Winkelgeschwindigkeit der Welle, J [kgm²] das Massenträgheitsmoment von Windrad und Welle, d (Nms) die Reibungskonstante des geschwindigkeitsproportionalen Lagerreibungsmomentes M_R [Nm] und M [Nm] das Lastmoment. Für das Antriebsmoment M_A [Nm] gelte die folgende Beziehung:

$$M_A = (K_1\alpha + K_2\frac{1}{\omega})v^2.$$

Es ist das um den Arbeitspunkt $(\alpha_0, v_0, \omega_0)$ gültige linearisierte Modell zu ermitteln.

Lösung: Durch Anwendung des Drallsatzes auf das System erhält man:

$$M_A = J\dot{\omega} + d\omega + M.$$

Diese lineare Differentialgleichung gilt auch für die Abweichungen vom Arbeitspunkt:

$$\Delta M_A = J\Delta\dot{\omega} + d\Delta\omega + \Delta M.$$

Die Linearisierung der Beziehung für das Antriebsmoment $M_A = f(\alpha,\omega,v)$ ergibt:

$$M_A = M_{A0} + \frac{\partial f}{\partial\alpha}\bigg|_0 (\alpha-\alpha_0) + \frac{\partial f}{\partial\omega}\bigg|_0 (\omega-\omega_0) + \frac{\partial f}{\partial v}\bigg|_0 (v-v_0),$$

mit den partiellen Ableitungen

$$K_\alpha = \frac{\partial f}{\partial\alpha}\bigg|_0 = K_1 v_0^2;\quad K_\omega = \frac{\partial f}{\partial\omega}\bigg|_0 = -K_2\frac{v_0^2}{\omega_0^2};\quad K_v = \frac{\partial f}{\partial v}\bigg|_0 = (K_1\alpha_0 + \frac{K_2}{\omega_0})2v_0.$$

Mit $\Delta M_A = M_A - M_{A0}$, $\Delta\alpha = \alpha - \alpha_0$, $\Delta\omega = \omega - \omega_0$ und $\Delta v = v - v_0$ erhält man schließlich die linearisierte Differentialgleichung

$$J\Delta\dot{\omega} + (d-K_\omega)\Delta\omega = K_\alpha\Delta\alpha + K_v\Delta v - \Delta M.$$

3.4 Aufgaben

Aufgabe 3.1: Betrachten Sie die folgende nichtlineare Schwingungsgleichung:

$$\ddot{y} + \left[1 - \frac{\alpha}{1 + \dot{y}^2 + y^2}\right]\dot{y} + y = 0.$$

Bestimmen Sie die Ruhelage(n) des durch diese Differentialgleichung beschriebenen Systems. Linearisieren Sie die Differentialgleichung um diese Ruhelage(n).

Aufgabe 3.2: Mit einem Elektromagnet soll in einem Laborversuch eine Eisenkugel in Schwebe gehalten werden. Die Anziehungskraft F(t), die der Magnet auf die Kugel ausübt, liegt in einem Meßdiagramm als Funktion des Spulenstromes i(t) und des Abstandes y(t) vor (siehe Bild 3.8).

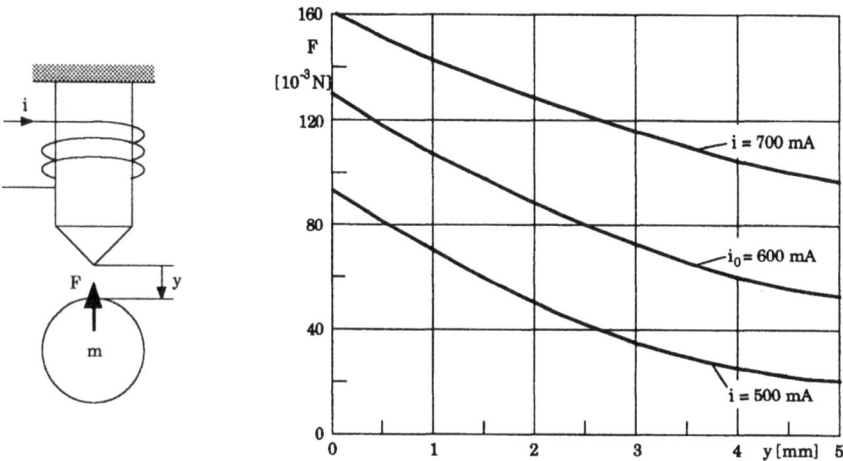

Bild 3.8

Zahlenwerte: $m = 0{,}008 \, kg$, $g \approx 10 \, m/s^2$, $i_0 = 600 \, mA = $ Strom im Arbeitspunkt (schwebende Kugel). Bestimmen Sie das um den Arbeitspunkt (F_0, y_0, i_0) linearisierte Modell der Anordnung.

Aufgabe 3.3: Für die Erwärmung eines Körpers durch Temperaturstrahlung in einem Ofen erhält man nach bestimmten Vereinfachungen die Beziehung $\dot{y} = C(u^4 - y^4)$. Darin bedeuten u(t) [K] die Ofentemperatur (Eingangsgröße) und y(t) [K] die Temperatur des erwärmten Körpers (Ausgangsgröße). C [1/K³s] ist eine Konstante. Linearisieren Sie diese Differentialgleichung um die Ruhelage.

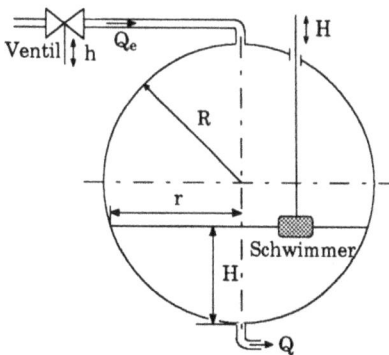

Bild 3.9: Niveauregelstrecke

Aufgabe 3.4: Betrachten Sie die in Bild 3.9 dargestellte Niveauregelstrecke. Als Ausgangsgröße (Regelgröße) werde der Flüssigkeitsstand H [m] betrachtet. Eingangsgröße in das System ist einerseits der Ventilhub h [m] als Stellgröße und andererseits der variable Ausfluß aus dem kugelförmigen Tank Q [l/s] als Störgröße. Für das Ventil gilt die Beziehung $Q_e = K_v h$; K_v [m²/s]. Geben Sie die diese Strecke beschreibende nichtlineare Differentialgleichung an und linearisieren Sie diese um den Arbeitspunkt $H_0 = R/2$.

Aufgabe 3.5: Bild 3.10 zeigt einen Tank, der als Mischanlage betrieben werden soll. Reines Wasser (Salzkonzentration C_w = 0 [g/l]) fließt mit Q_w [l/s] und eine Salzlösung der Konzentration C_s mit Q_s in den Tank. Im Tank findet eine vollständige Durchmischung statt. Das Gemisch verläßt diesen mit einer Konzentration C und $Q = Q_W + Q_S$. Das Volumen des Tanks ist $V = 2000$ l. Ermitteln Sie das um den Arbeitspunkt $Q_{S0} = 5$ l/s, $Q_{W0} = 20$ l/s und $C_{S0} = 0,1$ g/l linearisierte Modell dieser Anlage.

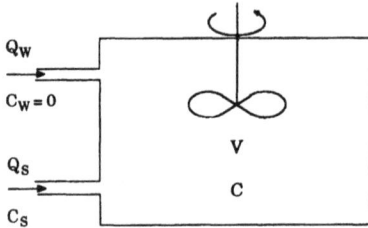

Bild 3.10: Schema einer Mischanlage   Bild 3.11: Windkessel

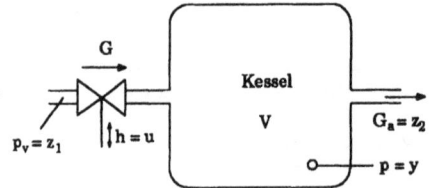

Aufgabe 3.6: Betrachten Sie den in Bild 3.11 schematisch dargestellten Windkessel als Regelstrecke. Die Luft im Kessel werde als ideales Gas betrachtet, es gilt also die Gasgleichung $pV = RTm$, worin der Druck p die Regelgröße, V das konstante Kesselvolumen, R die Gaskonstante, T die als konstant angenommene Lufttemperatur und m die Luftmasse im Kessel bedeuten. Für den Massenstrom durch das Regelventil gelte die Beziehung

$$G = Ku\sqrt{p_v - p},$$

worin der Ventilhub $h = u$ die Stellgröße, p_v eine Störgröße und K eine Konstante sind. Als weitere Störgröße werde der veränderliche Massenstrom G_a aus dem Kessel betrachtet. Linearisieren Sie die Ventilgleichung um den Arbeitspunkt (G_0, u_0, p_{v0}, p_0). Geben Sie die diese Regelstrecke um den Arbeitspunkt beschreibende linearisierte Differentialgleichung an.

Aufgabe 3.7: Betrachten Sie das in Bild 3.12 schematisch dargestellte Fliehkraftpendel.

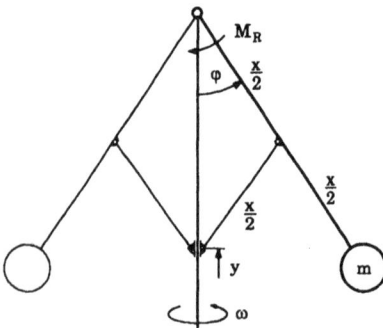

Geben Sie die Differentialgleichung zwischen der Eingangsgröße $\omega(t)$ und der Winkelauslenkung $\varphi(t)$ an. Auf das Pendel wirken die Fliehkraft, die Gewichtskraft sowie die Beschleunigungskraft. Die Reibung werde durch das Reibungsmoment $M_R = B\dot{\varphi}$ berücksichtigt. Geben Sie ferner den geometrischen Zusammenhang zwischen $\varphi(t)$ und der Ausgangsgröße $y(t)$ an. Bestimmen Sie für $\varphi_0 = 30°$ (Arbeitspunkt) ω_0 und y_0. Linearisieren Sie die Differentialgleichung und die geometrische Beziehung um den Arbeitspunkt. Bestimmen Sie die Koeffizienten der linearisierten Differentialgleichung

$$\Delta\ddot{y} + a_1\Delta\dot{y} + a_0\Delta y = b_0\Delta\omega.$$

Darin sind $\Delta y = y - y_0$ und $\Delta\omega = \omega - \omega_0$ die jeweiligen Abweichungen vom Arbeitspunkt.

Bild 3.12: Fliehkraftpendel

4. Laplace-Transformation

In vielen Fällen läßt sich ein mathematisches Problem durch eine Transformation in eine Form bringen, in der es leichter zu lösen ist. Nachdem die Lösung gefunden wurde, muß diese mit Hilfe der entsprechenden inversen Transformation in den Originalbereich zurückgebracht werden. Die Laplace-Transformation, eine sogenannte Integraltransformation, eignet sich besonders gut zur Lösung von linearen Differentialgleichungen, welche in der Regelungstechnik zur Beschreibung des dynamischen Verhaltens von Regelstrecken vornehmlich verwendet werden. Eine große Bedeutung in der Analyse und Synthese von Regelkreisen hat die Laplace-Übertragungsfunktion eines dynamischen Systems. Durch sie werden sowohl Analyse- als auch Entwurfsformalismen wesentlich vereinfacht.

4.1 Definition der Laplace-Transformation

Die Laplace-Transformation ist eine Integraltransformation und ist wie folgt definiert:

$$\mathcal{L}\left[x(t)\right] = \int_0^\infty x(t)e^{-st}dt = X(s). \tag{4.1}$$

mit $s = \delta + j\omega$ (komplexe Variable) und $x(t) = 0$ für $t < 0$.

Ein Laplace-Integral konvergiert immer nur in einer Hälfte der komplexen s-Ebene und zwar in jener Hälfte, in der $\mathrm{Re}(s) > \delta_k$ ist. δ_k ist eine für eine bestimmte Funktion $x(t)$ feste reelle Zahl und heißt Konvergenzabszisse. Mit Hilfe des Satzes der analytischen Fortsetzung aus der Theorie der komplexen Variablen kann jedoch gezeigt werden, daß $X(s)$ mit Ausnahme seiner Singularitäten in der gesamten komplexen Ebene gültig ist.

Die inverse Laplace-Transformation ist durch die Riemann-Mellinsche Formel gegeben:

$$\mathcal{L}^{-1}[X(s)] = \frac{1}{2\pi j} \int_{\delta-j\infty}^{\delta+j\infty} X(s)e^{st}ds = x(t). \tag{4.2}$$

Bemerkung: Der Integrationsweg ist eine Parallele zur imaginären Achse der komplexen Ebene. Es muß daher gelten: $\delta > \delta_k$.

Die Gleichung (4.2) hat für die Anwendung der Laplace-Transformation in der Regelungstechnik nur eine untergeordnete Bedeutung. Die Rücktransformation der dabei auftretenden Bildfunktionen kann fast immer unter Verwendung von sogenannten Korrespondenztabellen erfolgen. In diesen umfangreichen Tafelwerken sind die wichtigsten Originalfunktionen und deren Laplace-Transformierte (Bildfunktionen) zusammengestellt. Transformation und Rücktransformation (diese wenn notwendig nach einer Partialbruchzerlegung oder unter Zuhilfenahme des Faltungssatzes) reduzieren sich dann auf das Aufsuchen der betreffenden Funktionen in der Tabelle. Auf der folgenden Seite sind in Tabelle 4.1 die Korrespondenzen für einige Elementarfunktionen angegeben.

Korrespondenztabelle der Laplace-Transformation

	f(t)	F(s)
1	Einheitsimpuls $\delta(t)$	1
2	Einheitssprung $\sigma(t)$	$\dfrac{1}{s}$
3	Einheitsrampe $\rho(t)$	$\dfrac{1}{s^2}$
4	e^{-at}	$\dfrac{1}{s+a}$
5	te^{-at}	$\dfrac{1}{(s+a)^2}$
6	$\sin\omega t$	$\dfrac{\omega}{s^2+\omega^2}$
7	$\cos\omega t$	$\dfrac{s}{s^2+\omega^2}$
8	$t^n \quad (n=1,2,3,\ldots)$	$\dfrac{n!}{s^{n+1}}$
9	$t^n e^{-at}$	$\dfrac{n!}{(s+a)^{n+1}}$
10	$\dfrac{1}{b-a}(e^{-at}-e^{-bt})$	$\dfrac{1}{(s+a)(s+b)}$
11	$\dfrac{1}{b-a}(be^{-bt}-ae^{-at})$	$\dfrac{s}{(s+a)(s+b)}$
12	$\dfrac{1}{ab}\left[1+\dfrac{1}{a-b}(be^{-at}-ae^{-bt})\right]$	$\dfrac{1}{s(s+a)(s+b)}$
13	$e^{-at}\sin\omega t$	$\dfrac{\omega}{(s+a)^2+\omega^2}$
14	$e^{-at}\cos\omega t$	$\dfrac{(s+a)}{(s+a)^2+\omega^2}$
15	$\dfrac{1}{a^2}(at-1+e^{-at})$	$\dfrac{1}{s^2(s+a)}$
16	$\dfrac{\omega_n}{\sqrt{1-\zeta^2}}e^{-\zeta\omega_n t}\sin\omega_n\sqrt{1-\zeta^2}\,t$	$\dfrac{\omega_n^2}{s^2+2\zeta\omega_n s+\omega_n^2}$
17	$\dfrac{-1}{\sqrt{1-\zeta^2}}e^{-\zeta\omega_n t}\sin(\omega_n\sqrt{1-\zeta^2}\,t-\phi);\ \phi=\arctan\dfrac{\sqrt{1-\zeta^2}}{\zeta}$	$\dfrac{s}{s^2+2\zeta\omega_n s+\omega_n^2}$
18	$1-\dfrac{1}{\sqrt{1-\zeta^2}}e^{-\zeta\omega_n t}\sin(\omega_n\sqrt{1-\zeta^2}\,t+\phi);\ \phi=\arctan\dfrac{\sqrt{1-\zeta^2}}{\zeta}$	$\dfrac{\omega_n^2}{s(s^2+2\zeta\omega_n s+\omega_n^2)}$

Tabelle 4.1

4.2 Sätze der Laplace-Transformation

Für den praktischen Gebrauch der Laplace-Transformation sind gewisse Rechenregeln, die Sätze der Laplace-Transformation, notwendig.

(4.1) Additionssatz (Linearitätsbeziehung)

$$\mathcal{L}[a_1x_1(t) + a_2x_2(t)] = a_1X_1(s) + a_2X_2(s). \tag{4.3}$$

Beispiel 4.1: $\mathcal{L}[5\sin 2t + 3\cos 3t] = 5\dfrac{2}{s^2+4} + 3\dfrac{s}{s^2+9}.$

(4.2) Differentiationssatz (Differentiation im Originalbereich)

$$\mathcal{L}\left[\frac{d^n x(t)}{dt^n}\right] = \mathcal{L}\left[\overset{(n)}{x}(t)\right] = s^n X(s) - \sum_{k=0}^{n-1} s^{n-k-1} \overset{(k)}{x}(0+). \tag{4.4}$$

Beispiel 4.2: $\mathcal{L}[\dddot{x}(t)] = s^3X(s) - s^2x(0+) - s\dot{x}(0+) - \ddot{x}(0+).$

(4.3) Integrationssatz

$$\mathcal{L}\left[\int_0^t x(\tau)d\tau\right] = \frac{1}{s}X(s). \tag{4.5}$$

Beispiel 4.3: $\mathcal{L}\left[\int_0^t (1-e^{-\tau})d\tau\right] = \dfrac{1}{s}\left[\dfrac{1}{s} - \dfrac{1}{s+1}\right] = \dfrac{1}{s^2(s+1)}.$

(4.4) Zeitverschiebungssatz (Verschiebung im Originalbereich)

$$\mathcal{L}[y(t)] = Y(s) = \mathcal{L}[u(t-T_t)] = e^{-sT_t}U(s). \tag{4.6}$$

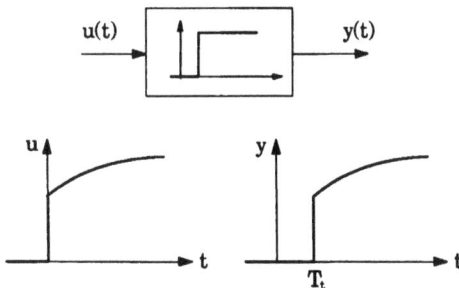

Bild 4.1: Reines Totzeitverhalten

Dieser Satz ist für die Behandlung von Vorgängen wichtig, die dann auftreten, wenn erst eine gewisse Totzeit T_t verstreichen muß, bis die Ausgangsgröße auf die Eingangsgröße reagiert, wie z.B. beim Förderband in Aufgabe 2.4. Diese Situation ist in Bild 4.1 dargestellt.

Beispiel 4.4: Gegeben ist die in Bild 4.2 dargestellte Funktion d(t). Zu bestimmen ist deren Laplace-Transformierte D(s).

Lösung: Die Funktion d(t) wird gemäß Bild 4.2 zerlegt:

$$d(t) = d_1(t) + d_2(t) = \frac{1}{\tau}\sigma(t) - \frac{1}{\tau}\sigma(t-\tau).$$

Laplace-Transformation:

$$\mathcal{L}[d_1(t) + d_2(t)] = D_1(s) + D_2(s) =$$

$$D(s) = \frac{1}{\tau s} - \frac{1}{\tau s} e^{-\tau s} = \frac{1 - e^{-\tau s}}{\tau s}.$$

(4.5) Verschiebung im Bildbereich

$$\mathcal{L}\left[e^{-at} x(t)\right] = X(s + a). \qquad (4.7)$$

Beispiel 4.5: $\mathcal{L}\left[e^{-2t} \sin(3t)\right] = \dfrac{3}{(s+2)^2 + 9}.$

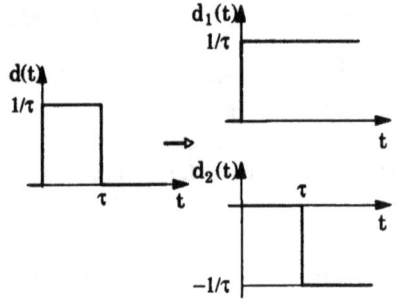

Bild 4.2: Pulsfunktion

(4.6) Differentiation im Bildbereich

$$\mathcal{L}\left[t^n x(t)\right] = (-1)^n \frac{d^n X(s)}{ds^n}. \qquad (4.8)$$

Beispiel 4.6:
$$\mathcal{L}[t \sin 2t] = -\frac{d}{ds}\left(\frac{2}{s^2 + 4}\right) = \frac{4s}{(s^2 + 4)^2}.$$

(4.7) Faltungssatz

$$\mathcal{L}^{-1}[X_1(s) X_2(s)] = \int_0^t x_1(\tau) x_2(t - \tau) d\tau = \int_0^t x_1(t - \tau) x_2(\tau) d\tau. \qquad (4.9)$$

Diese Integraloperation wird als "Faltung" bezeichnet und und mit "*" symbolisiert:

$$\mathcal{L}^{-1}[X_1(s) X_2(s)] = x_1(t) * x_2(t) = x_2(t) * x_1(t). \qquad (4.10)$$

Beispiel 4.7: Gegeben ist die Laplace-Transformierte

$$X(s) = \frac{8}{s(s+2)(s+4)}.$$

Es ist die Rücktransformation mit Hilfe des Faltungssatzes durchzuführen.

Lösung: Mit Gleichung (4.9) erhält man:

$$\mathcal{L}^{-1}[X(s)] = \mathcal{L}^{-1}\left[\frac{1}{s(s+2)} \frac{8}{(s+4)}\right] = \mathcal{L}^{-1}[X_1(s) X_2(s)] = \int_0^t x_1(\tau) x_2(t - \tau) d\tau.$$

Mit den entsprechenden Korrespondenzen aus der Tabelle folgt:

$$x(t) = 4 \int_0^t (1 - e^{-2\tau}) e^{-4(t - \tau)} d\tau = 1 - 2e^{-2t} + e^{-4t}.$$

(4.8) Anfangswertsatz (falls der Anfangswert existiert)

$$x(0+) = \lim_{s \to \infty} s X(s). \qquad (4.11)$$

(4.9) Endwertsatz (falls der Endwert existiert)

$$x(\infty) = \lim_{s \to 0} s X(s). \qquad (4.12)$$

Beispiel 4.8: Gegeben ist die Bildfunktion

$$X(s) = \frac{5(s+1)(s+3)}{s(s+2)(s+4)}.$$

Gesucht sind x(0+) und x(∞) unter Anwendung des Anfangs- und Endwertsatzes.

Lösung:
$$x(0+) = \lim_{s \to \infty} s\,X(s) = \lim_{s \to \infty} s\,\frac{5(s+1)(s+3)}{s(s+2)(s+4)} = 5,$$

und
$$x(\infty) = \lim_{s \to 0} s\,X(s) = \lim_{s \to 0} s\,\frac{5(s+1)(s+3)}{s(s+2)(s+4)} = 1,875.$$

4.3 Rücktransformation mit Hilfe der Partialbruchzerlegung

Die Bildfunktion:
$$X(s) = \frac{Q(s)}{R(s)} \qquad\qquad (4.13)$$

sei eine echt gebrochen rationale Funktion der Laplace-Variablen s mit

$$R(s) = \prod_{k=1}^{n} (s - s_k).$$

Die Zahlen s_k sind die Lösungen der Gleichung $R(s) = 0$. Bei der Partialbruchzerlegung muß nunmehr nach der Art der Nullstellen des Nenners $R(s)$ unterschieden werden.

4.3.1 R(s) besitzt ausschließlich einfache Nullstellen

Ansatz:
$$X(s) = \frac{Q(s)}{(s-s_1)(s-s_2)....(s-s_n)} = \frac{A_1}{(s-s_1)} + \frac{A_2}{(s-s_2)} + ... + \frac{A_n}{(s-s_n)}, \qquad (4.14)$$

mit:
$$A_k = \left[X(s)(s-s_k)\right]\Big|_{s=s_k}. \qquad\qquad (4.15)$$

Originalfunktion:
$$x(t) = A_1 e^{s_1 t} + A_2 e^{s_2 t} + ... + A_n e^{s_n t}. \qquad\qquad (4.16)$$

Beispiel 4.9: Gegeben ist die Bildfunktion

$$X(s) = \frac{8}{s(s+2)(s+4)}.$$

Es ist die Rücktransformation mit Hilfe der Partialbruchzerlegung durchzuführen.

Lösung: Ansatz:
$$X(s) = \frac{A_1}{s} + \frac{A_2}{(s+2)} + \frac{A_3}{(s+4)}.$$

Die Residuen nach Gleichung (4.15) lauten:

$$A_1 = \frac{8}{(s+2)(s+4)}\Big|_{s=0} = 1; \quad A_2 = \frac{8}{s(s+4)}\Big|_{s=-2} = -2; \quad A_3 = \frac{8}{s(s+2)}\Big|_{s=-4} = 1.$$

Damit erhält man mit Gleichung (4.16) für die Originalfunktion

$$x(t) = 1 - 2e^{-2t} + e^{-4t}.$$

4.3.2 R(s) besitzt eine Nullstelle mit der Vielfachheit m

Ansatz:
$$X(s) = \frac{Q(s)}{(s-s_1)....(s-s_k)^m....(s-s_n)} =$$

$$= \frac{A_1}{(s-s_1)} + ... + \frac{B_m}{(s-s_k)^m} + \frac{B_{m-1}}{(s-s_k)^{m-1}} + ... + \frac{B_1}{(s-s_k)} + ... + \frac{A_n}{(s-s_n)}, \qquad (4.17)$$

mit:
$$B_i = \frac{1}{(m-i)!} \left[\frac{d^{m-i}}{ds^{m-i}} \left\{ X(s)(s-s_k)^m \right\} \right]_{s=s_k} ; \quad i = 1,2,....,m. \qquad (4.18)$$

Die Residuen der einfachen Nullstellen werden wie unter 4.3.1 berechnet. Die Original-funktion lautet:

$$x(t) = A_1 e^{s_1 t} + ... + B_m \frac{1}{(m-1)!} t^{m-1} e^{s_k t} + ... + B_2 t e^{s_k t} + B_1 e^{s_k t} + ... + A_n e^{s_n t}. \qquad (4.19)$$

Beispiel 4.10: Gegeben ist die Bildfunktion

$$X(s) = \frac{4}{s(s+1)^2(s+4)}.$$

Es soll die Rücktransformation in den Zeitbereich mit Hilfe der Partialbruchzerlegung durchgeführt werden.

Lösung: Ansatz:
$$X(s) = \frac{A_1}{s} + \frac{B_2}{(s+1)^2} + \frac{B_1}{(s+1)} + \frac{A_4}{(s+4)}.$$

Die Residuen nach den Gleichungen (4.15) und (4.19) lauten: $\quad A_1 = \frac{4}{(s+1)^2(s+4)}\Big|_{s=0} = 1;$

$$B_2 = \frac{4}{s(s+4)}\Big|_{s=-1} = -\frac{4}{3}; \quad B_1 = \frac{d}{ds}\left(\frac{4}{s(s+4)}\right)\Big|_{s=-1} = \frac{-4(2s+4)}{s^2(s+4)^2}\Big|_{s=-1} = -\frac{8}{9}; \quad A_4 = \frac{4}{s(s+1)^2}\Big|_{s=-4} = -\frac{1}{9}.$$

Mit den entsprechenden Korrespondenzen aus Tabelle 4.1 lautet die Originalfunktion:

$$x(t) = 1 - \frac{4}{3} t e^{-t} - \frac{8}{9} e^{-t} - \frac{1}{9} e^{-4t}.$$

4.3.3 R(s) besitzt konjugiert komplexe Nullstellen

Ansatz:
$$X(s) = \frac{Q(s)}{(s-s_1)....(s-p_1)(s-p_2)....(s-s_n)} =$$

$$= \frac{A_1}{(s-s_1)} + ... + \frac{C_1 s + C_2}{(s-p_1)(s-p_2)} + ... + \frac{A_n}{(s-s_n)}. \qquad (4.20)$$

mit dem komplexen Polpaar $p_{1,2} = -a \pm j\omega$. C_1 und C_2 sind durch folgende Beziehungen gegeben:

$$C_1 = \frac{Im\{[X(s)(s-p_1)(s-p_2)]_{s=p_1}\}}{\omega} \quad \text{und} \quad C_2 = C_1 a + Re\{[X(s)(s-p_1)(s-p_2)]_{s=p_1}\}. \tag{4.21}$$

Die Originalfunktion lautet dann:

$$x(t) = A_1 e^{s_1 t} + ... + C_1 e^{-at} \cos\omega t + \frac{C_2 - C_1 a}{\omega} e^{-at} \sin\omega t + ... + A_n e^{s_n t}. \tag{4.22}$$

Beispiel 4.11: Gegeben ist die Bildfunktion

$$X(s) = \frac{5(s+1)}{s(s^2 + 2s + 5)}.$$

Es soll die Rücktransformation mit Hilfe der Partialbruchzerlegung durchgeführt werden.

Lösung: Ansatz:
$$X(s) = \frac{A_1}{s} + \frac{C_1 s + C_2}{(s+1+2j)(s+1-2j)},$$

Die Residuen lauten mit den Gleichungen (4.15) und (4.21):

$$A_1 = \frac{5(s+1)}{s^2+2s+5}\bigg|_{s=0} = 1; \quad C_1 = \frac{Im\left\{\dfrac{5(s+1)}{s}\bigg|_{s=-1+j2}\right\}}{2} = -1; \quad C_2 = (-1)1 + Re\left\{\frac{5(s+1)}{s}\bigg|_{s=-1+j2}\right\} = 3.$$

Damit ergibt sich mit Hilfe der Korrespondenztabelle für die Originalfunktion:

$$x(t) = 1 - e^{-t}(\cos 2t - 2\sin 2t).$$

4.4 Lösung von Differentialgleichungen

Die Differentialgleichung

$$b_n y^{(n)} + ... + b_2 \ddot{y} + b_1 \dot{y} + b_0 y = a_0 u + a_1 \dot{u} + a_2 \ddot{u} + ... + a_m u^{(m)} \tag{4.23}$$

wird unter Anwendung von Satz (**4.2**) Term für Term Laplace-transformiert:

$$b_n\left[s^n Y(s) - s^{n-1}y(0+) - .... - y^{(n-1)}(0+)\right] + ... + b_2\left[s^2 Y(s) - sy(0+) - \dot{y}(0+)\right] + b_1\left[sY(s) - y(0+)\right] + b_0 Y(s) =$$

$$= a_0 U(s) + a_1\left[sU(s) - u(0+)\right] + ... + a_m\left[s^m U(s) - s^{m-1}u(0+) - .... - u^{(m-1)}(0+)\right]. \tag{4.24}$$

Etwas umgeformt lautet diese:

$$(b_n s^n + ... + b_2 s^2 + b_1 s + b_0)Y(s) = (a_0 + a_1 s + ... + a_m s^m)U(s) + \text{Anfangswertterme}. \tag{4.25}$$

Es kann gezeigt werden, daß die rechtsseitigen Anfangswerte $y(0+)$, $\dot{y}(0+)$,....... und $u(0+)$, $\dot{u}(0+)$,...... in den Gleichungen (4.24) und (4.25) durch die linksseitigen ersetzt werden können. Für den Fall "verschwindender Anfangsbedingungen", der in der Regelungstechnik bei der Behandlung linearer Übertragungssysteme häufig angenommen wird, erhält man aus Gleichung (4.25) die Lösung im Bildbereich:

$$Y(s) = \frac{a_0 + a_1 s + a_2 s^2 + ... + a_m s^m}{b_0 + b_1 s + b_2 s^2 + ... + b_n s^n} U(s). \tag{4.26}$$

Die Rücktransformation liefert für ein gegebenes $U(s)$ die Originalfunktion $y(t)$.

Beispiel 4.12: Gegeben ist die folgende Differentialgleichung, wobei die Eingangsfunktion die Einheitssprungfunktion ist und alle Anfangsbedingungen Null sind.

$$\dddot{y}(t) + 6\ddot{y}(t) + 12\dot{y}(t) + 8y(t) = 2\ddot{u}(t) + 10\dot{u}(t) + 8u(t).$$

Gesucht ist die Lösung $y(t)$ für $t \geq 0$.

Lösung: Laplace-transformiert man die gesamte Gleichung, so erhält man:

$$(s^3 + 6s^2 + 12s + 8)Y(s) = 2(s^2 + 5s + 4)U(s).$$

Löst man diese Gleichung nach $Y(s)$ auf und setzt für die Laplace-Transformierte die Einheitssprungfunktion ein, so folgt für die Lösung im Bildbereich

$$Y(s) = \frac{2(s^2 + 5s + 4)}{(s^3 + 6s^2 + 12s + 8)}U(s) = \frac{2(s+1)(s+4)}{(s+2)^3}\frac{1}{s} = \frac{1}{s} + \frac{2}{(s+2)^3} - \frac{1}{(s+2)},$$

und nach der Rücktransformation mit Hilfe der Korrespondenztabelle im Zeitbereich:

$$y(t) = 1 - e^{-2t}(1 - t^2).$$

Beispiel 4.13: Gegeben ist die Differentialgleichung $\ddot{y}(t) + 2\dot{y}(t) + 2y(t) = 2u(t)$ mit den Anfangsbedingungen $y(0-) = 1$ und $\dot{y}(0-) = 1$ sowie dem Eingang $u(t) = d(t)$ aus Beispiel 4.4 mit $\tau = 1$. Gesucht ist die Lösung $y(t)$ für $t > 0$.

Lösung: Laplace-transformiert man die gesamte Gleichung, so erhält man:

$$\left[s^2 Y(s) - sy(0-) - \dot{y}(0-)\right] + 2\left[sY(s) - y(0-)\right] + 2Y(s) = 2U(s).$$

Setzt man die gegebenen Anfangsbedingungen sowie die Laplace-Transformierte der Eingangsfunktion aus Beispiel 4.4 ein ($\tau = 1$), so erhält man für die Lösung im Bildbereich:

$$Y(s) = \frac{(s+3)}{(s^2 + 2s + 2)} + \frac{2}{(s^2 + 2s + 2)}\frac{(1 - e^{-s})}{s}.$$

Der erste Summand auf der rechten Seite der Lösung ist auf die Anfangsbedingungen zurückzuführen, während der zweite Summand jener Anteil ist, der sich aufgrund der Eingangsgröße ergibt. Durch eine Partialbruchzerlegung erhält man weiter:

$$Y(s) = \left[\frac{s+1}{(s+1)^2 + 1} + \frac{2}{(s+1)^2 + 1}\right] + \left[\frac{1}{s} - \frac{s+1}{(s+1)^2 + 1} - \frac{1}{(s+1)^2 + 1}\right](1 - e^{-s}).$$

Nach Zusammenfassen und anschließender Rücktransformation mit Hilfe der Korrespondenztabelle 4.1 folgt:

$$y(t) = 1 + e^{-t}\sin t - \left[1 - e^{-(t-1)}(\cos(t-1) + \sin(t-1))\right]\sigma(t-1).$$

Wendet man den Anfangs- und den Endwertsatz an, so erhält man:

$$y(0+) = \lim_{s \to \infty} s\, Y(s) = \lim_{s \to \infty}\left[\frac{s(s+3)}{(s^2 + 2s + 2)} + \frac{2(1 - e^{-s})}{(s^2 + 2s + 2)}\right] = 1,$$

$$y(\infty) = \lim_{s \to 0} s\, Y(s) = \lim_{s \to 0}\left[\frac{s(s+3)}{(s^2 + 2s + 2)} + \frac{2(1 - e^{-s})}{(s^2 + 2s + 2)}\right] = 0.$$

4.5 Aufgaben

Aufgabe 4.1: Bestimmen Sie mit Hilfe des Additionssatzes (4.1) und der Korrespondenztabelle die Bildfunktionen für folgende Originalfunktionen:

$$\text{a)}\ x(t) = 5e^{-2t} + 2\sin 4t \quad \text{b)}\ x(t) = 4\sin 2t - 2\cos 2t \quad \text{c)}\ x(t) = 2t - 2 + e^{-t}$$

Aufgabe 4.2: Bestimmen Sie mit Hilfe des Integrationssatzes und der Korrespondenztabelle die Bildfunktionen für folgende Originalfunktionen:

$$\text{a)}\ x(t) = \int_0^t (1 - e^{-2\tau}\cos 2\tau)\,d\tau \quad \text{b)}\ x(t) = \int_0^t (\tau e^{-0,5\tau} - e^{-\tau})\,d\tau$$

Aufgabe 4.3: Bestimmen Sie mit Hilfe des Satzes (4.5) (Verschiebung im Bildbereich) und der Korrespondenztabelle die Bildfunktionen für folgende Originalfunktionen:

$$\text{a)}\ x(t) = e^{-3t}(\sin 2t - 0,5\cos 2t) \quad \text{b)}\ x(t) = e^{-2t}(1 - 2t + t^2)$$

Aufgabe 4.4: Gegeben sind die in Bild 4.3 dargestellten Funktionen u(t).

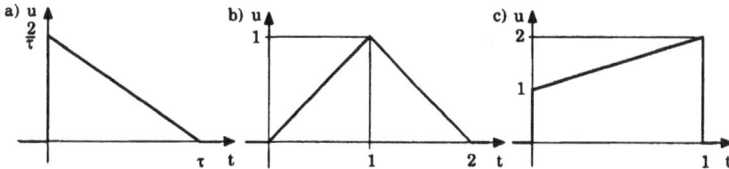

Bild 4.3

Ermitteln Sie jeweils mit Hilfe des Zeitverschiebungssatzes (4.4) die Laplace-Transformierte U(s).

Aufgabe 4.5: Lassen Sie in der Laplace-Transformierten aus Aufgabe 4.4a $\tau \to 0$ gehen und zeigen Sie, daß sich damit die Laplace-Transformierte der Dirac-Deltafunktion ergibt.

Aufgabe 4.6: Ermitteln Sie unter Verwendung des Faltungssatzes (4.7) und der Korrespondenztabelle für die gegebenen Bildfunktionen X(s) die Originalfunktionen x(t).

$$\text{a)}\ X(s) = \frac{10(s+1)}{(s+2)(s^2+2s+10)};\quad \text{b)}\ X(s) = \frac{4}{s(s+1)(s+2)^2};\quad \text{c)}\ X(s) = \frac{4}{s^3(s+1)(s+2)}.$$

Aufgabe 4.7: Gegeben ist das durch die Differentialgleichung $\dot{y}(t) = u(t)$ beschriebene Übertragungsglied. Als Eingangsgröße wirke die Impulsfunktion

$$u(t) = \begin{cases} 0 & \text{für } t < 0 \\ \dfrac{\omega}{2\pi}(1 - \cos\omega t) & \text{für } 0 \le t \le \dfrac{2\pi}{\omega} \\ 0 & \text{für } t > \dfrac{2\pi}{\omega} \end{cases}$$

Bestimmen Sie mit Hilfe des Zeitverschiebungssatzes (4.4) der Laplace-Transformation U(s) und berechnen Sie Y(s) sowie y(t). Wie muß die Kreisfrequenz ω gewählt werden, um eine möglichst gute Näherung der Gewichtsfunktion g(t) des Übertragungsgliedes zu erhalten?

Aufgabe 4.8: Gegeben sind folgende Bildfunktionen:

$$\text{a)}\ X(s) = \frac{6(s+2)}{(s+1)(s+3)(s+4)} \qquad \text{b)}\ X(s) = \frac{s^2+2s+2}{s(s+1)^3(s+2)} \qquad \text{c)}\ X(s) = \frac{32}{s^2(s+2)(s+4)}$$

$$\text{d)}\ X(s) = \frac{4(s+3)}{s(s+6)} \qquad \text{e)}\ X(s) = \frac{8}{s(s^2+4s+8)} \qquad \text{f)}\ X(s) = \frac{8}{(s+2)(s^2+4)}$$

Bestimmen Sie jeweils x(t) mit Hilfe der Partialbruchzerlegung sowie x(0+) und x(∞) mit Hilfe der Grenzwertsätze.

Aufgabe 4.9: Gegeben ist die Differentialgleichung mit nicht verschwindenden Anfangsbedingungen

$$\ddot{y}(t) + 7\dot{y}(t) + 12y(t) = 0; \quad \dot{y}(0-) = 1, \, y(0-) = -1.$$

Bestimmen Sie die Lösung y(t) für $t \geq 0$.

Aufgabe 4.10: Ein dynamisches Übertragungsglied werde durch die folgende Differentialgleichung beschrieben:

$$\dot{y}(t) + y(t) = u(t); \quad y(0-) = 0.$$

Das Eingangssignal ist in Bild 4.4 dargestellt. Bestimmen Sie die Ausgangsgröße y(t) für $t \geq 0$.

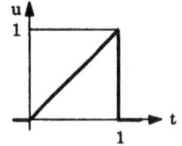

Bild 4.4

Aufgabe 4.11: Ein Übertragungssystem werde durch die Differentialgleichung

$$\dot{y}(t) + 2y(t) = \dot{u}(t); \quad y(0-) = 0$$

beschrieben. Die Eingangsgröße sei eine Einheitssprungfunktion $u(t) = \sigma(t)$. Berechnen Sie die Ausgangsgröße y(t) für $t > 0$. Bestimmen Sie mit Hilfe der Grenzwertsätze aus der Lösung im Bildbereich y(0+) und $y(\infty)$.

Aufgabe 4.12: Eine Regelstrecke werde durch die Differentialgleichung

$$\dddot{y}(t) + 3\ddot{y}(t) + 3\dot{y}(t) + y(t) = u(t); \quad \ddot{y}(0-) = \dot{y}(0-) = y(0-) = 0$$

beschrieben. Als Eingangsgröße wirke $u(t) = 2\sin t$. Berechnen Sie mit Hilfe der Partialbruchzerlegung die Ausgangsgröße y(t) für $t \geq 0$.

Aufgabe 4.13: Eine Regelstrecke werde durch die Differentialgleichung

$$4\ddot{y}(t) + \dot{y}(t) = u(t - 5)$$

mit verschwindenden Anfangsbedingungen beschrieben. Berechnen Sie für die in Bild 4.5 gegebene Stellgrößenänderung den Verlauf der Regelgröße y(t) für $t \geq 0$.

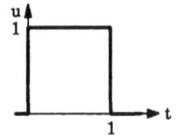

Bild 4.5

Aufgabe 4.14: Betrachten Sie das in Bild 4.6 dargestellte mechanische System.

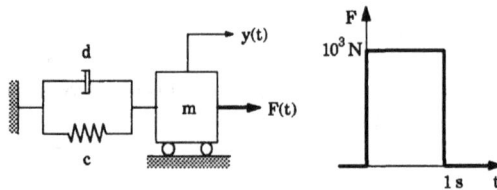

Bild 4.6

Die Anfangsbedingungen sind: $y(0-) = 0,1\,\mathrm{m}$, $\dot{y}(0-) = -0,1\,\mathrm{m\,/\,s}$. Zur Zeit $t = 0$ werde das System durch die ebenfalls in Bild 4.6 dargestellte Kraft angeregt. Die Zahlenwerte der Systemparameter sind:

$$m = 10^4 \text{ kg}, \quad c = 10^4 \text{ N / m}, \quad d = 2 \cdot 10^4 \text{ Ns / m}.$$

Berechnen Sie den Verlauf von y(t) unter Zuhilfenahme der Korrespondenztabelle.

5. Übertragungsfunktionen

5.1 Definition der Übertragungsfunktion

Ein Übertragungsglied werde durch die Differentialgleichung

$$b_n \overset{(n)}{y}(t) + \ldots + b_2 \ddot{y}(t) + b_1 \dot{y}(t) + b_0 y(t) = a_0 u(t) + a_1 \dot{u}(t) + \ldots + a_m \overset{(m)}{u}(t) \qquad (5.1)$$

beschrieben. Unter der Annahme verschwindender Anfangsbedingungen erhält man nach der Laplace-Transformation von (5.1):

$$G(s) = \frac{Y(s)}{U(s)} = \frac{a_m s^m + \ldots + a_2 s^2 + a_1 s + a_0}{b_n s^n + \ldots + b_2 s^2 + b_1 s + b_0} = \frac{Q(s)}{R(s)}. \qquad (5.2)$$

Diese gebrochen rationale Funktion der komplexen Laplace-Variablen s beschreibt das dynamische Übertragungsverhalten ebenso wie die Differentialgleichung, allerdings unter der Annahme verschwindender Anfangsbedingungen. Für das durch einen Block repräsentierte Übertragungssystem (siehe Bild 5.1) gilt somit:

$$Y(s) = G(s) U(s). \qquad (5.3)$$

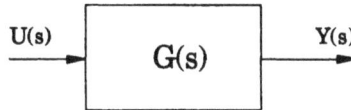

Bild 5.1: Repräsentation eines Übertragungsgliedes durch die Übertragungsfunktion

Die m Nullstellen q_k (k = 1,2,...,m) des Zählerpolynoms $Q(s)$ heißen *Nullstellen der Übertragungsfunktion*, während die n Nullstellen p_l (l = 1,2,...,n) des Nennerpolynoms $R(s)$ *Pole der Übertragungsfunktion* genannt werden.

Beispiel 5.1: Ein Übertragungssystem wird durch die Differentialgleichung

$$\dddot{y}(t) + 7\ddot{y}(t) + 14\dot{y}(t) + 8y(t) = 6u(t) + 2\dot{u}(t)$$

mit verschwindenden Anfangsbedingungen beschrieben. Es soll die Übertragungsfunktion G(s) sowie die Pol-Nullstellenverteilung bestimmt werden.

Lösung: Die Laplace-Transformation der Differentialgleichung ergibt:

$$(s^3 + 7s^2 + 14s + 8) Y(s) = (2s + 6) U(s).$$

Damit erhält man für die Übertragungsfunktion:

$$G(s) = \frac{2(s+3)}{(s^3 + 7s^2 + 14s + 8)} = \frac{2(s+3)}{(s+1)(s+2)(s+4)}.$$

Diese Übertragungsfunktion besitzt eine Nullstelle $q_1 = -3$ sowie die Pole $p_1 = -1$, $p_2 = -2$ und $p_3 = -4$. Die sogenannte Pol-Nullstellenkonfiguration ist in Bild 5.2 dargestellt. Nullstellen werden dabei durch kleine Kreise und Pole durch kleine Kreuze repräsentiert.

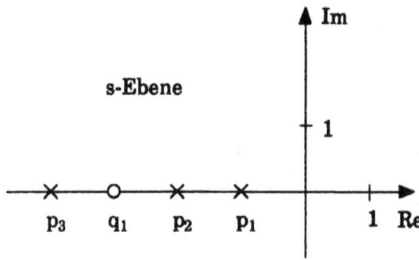

Bild 5.2: Pol- Nullstellenverteilung

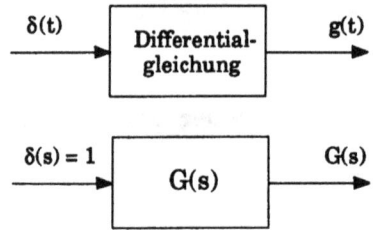

Bild 5.3: Zusammenhang zwischen G(s) und g(t)

5.2 Zusammenhang zwischen der Übertragungsfunktion G(s), der Gewichtsfunktion g(t) und der Übergangsfunktion h(t)

Bild 5.3 zeigt den Zusammenhang zwischen Einheitsimpuls und Gewichtsfunktion im Zeitbereich sowie die entsprechende Beziehung im Bildbereich.

Es gilt demnach: $\qquad \mathcal{L}[g(t)] = G(s).$ (5.4)

Für die Bildfunktion der Übergangsfunktion und der Gewichtsfunktion erhält man mit Gleichung (5.3)

$$H(s) = G(s)\frac{1}{s},$$ (5.5)

bzw.: $\qquad G(s) = sH(s) = \mathcal{L}\left[\frac{dh(t)}{dt}\right].$ (5.6)

Mit dem Satz (5.2) der Laplace-Transformation erkennt man den Zusammenhang:

$$g(t) = \frac{d}{dt}h(t).$$ (5.7)

Beispiel 5.2: Ein Übertragungssystem werde durch die Differentialgleichung

$$\ddot{y}(t) + 3\dot{y}(t) + 2y(t) = 4u(t)$$

beschrieben. Es sind die Übertragungsfunktion, die Gewichtsfunktion sowie die Übergangsfunktion zu bestimmen.

Lösung: Unter der Voraussetzung verschwindender Anfangsbedingungen erhält man nach der Laplace-Transformation der Differentialgleichung für die Übertragungsfunktion:

$$G(s) = \frac{4}{s^2 + 3s + 2} = \frac{4}{(s+1)(s+2)}.$$

Für die Gewichtsfunktion folgt mit Gleichung (5.4):

$$g(t) = \mathcal{L}^{-1}[G(s)] = \mathcal{L}^{-1}\left[\frac{4}{(s+1)(s+2)}\right] = \mathcal{L}^{-1}\left[\frac{4}{(s+1)} - \frac{4}{(s+2)}\right] = 4e^{-t} - 4e^{-2t}.$$

Die Übergangsfunktion lautet mit Gleichung (5.5):

$$h(t) = \mathcal{L}^{-1}\left[G(s)\frac{1}{s}\right] = \mathcal{L}^{-1}\left[\frac{4}{s(s+1)(s+2)}\right] = \mathcal{L}^{-1}\left[\frac{2}{s} - \frac{4}{(s+1)} + \frac{2}{(s+2)}\right] = 2 - 4e^{-t} + 2e^{-2t}.$$

Wie man leicht ersehen kann, gilt die Beziehung (5.7):

$$\frac{d}{dt}\left[2 - 4e^{-t} + 2e^{-2t}\right] = 4e^{-t} - 4e^{-2t}.$$

5.3 Blockschaltbildalgebra

5.3.1 Grundschaltungsarten

Für das Zusammenschalten einzelner Übertragungsglieder gibt es drei Grundschaltungs-arten, für die nunmehr die Übertragungsfunktionen angegeben werden.

(5.1) Serienschaltung (Bild 5.4): $G(s) = \prod_{i=1}^{k} G_i(s).$ (5.8)

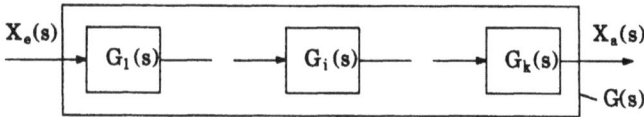

Bild 5.4: Serienschaltung

(5.2) Parallelschaltung (Bild 5.5): $G(s) = \sum_{i=1}^{k} G_i(s).$ (5.9)

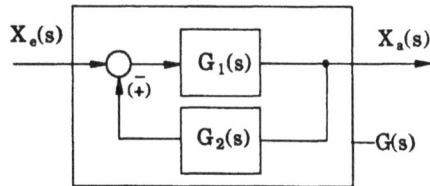

(5.3) Rückkopplungsschaltung (Bild 5.6):

$$G(s) = \frac{G_1(s)}{1 \stackrel{\pm}{\cdot} G_1(s)G_2(s)}$$ (5.10)

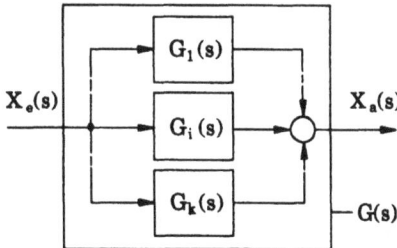

Bild 5.5: Parallelschaltung   Bild 5.6: Rückkopplungsschaltung

5.3.2 Umformung von Blockschaltbildern

Der Einfachheit und Klarheit der Darstellung halber wird bei der Präsentation der Um-formregeln das Argument s der Übertragungsfunktionen und Variablen weggelassen.

(5.4) Verlegen einer Summationsstelle

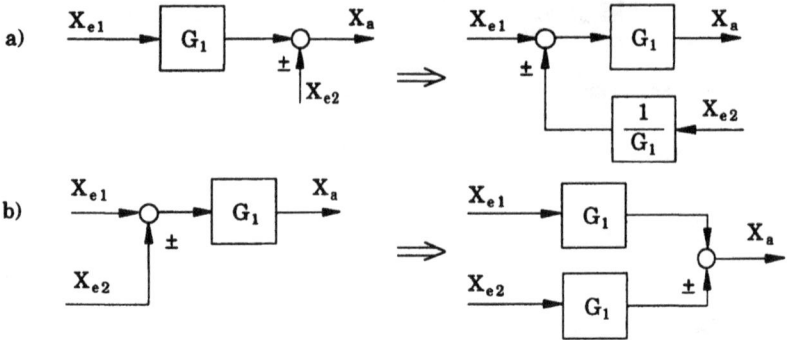

a) ...

b) ...

Bild 5.7: Verlegen einer Summationsstelle

$$\text{a) } X_a = G_1 X_{e1} \pm X_{e2}, \tag{5.11}$$

$$\text{b) } X_a = G_1 (X_{e1} \pm X_{e2}). \tag{5.12}$$

(5.5) Vertauschen von Summationsstellen

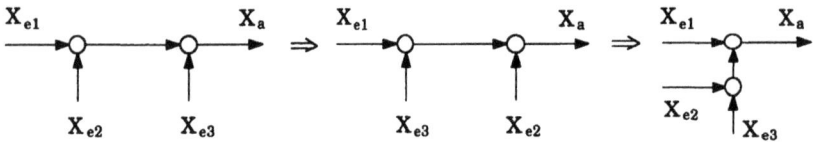

Bild 5.8: Vertauschen von Summationsstellen

$$X_a = X_{e1} + X_{e2} + X_{e3}. \tag{5.13}$$

(5.6) Verlegen einer Verzweigungsstelle

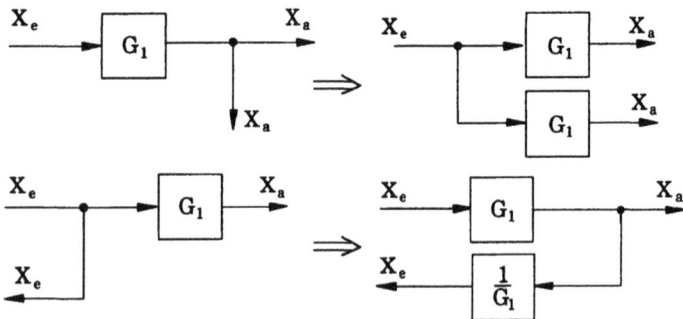

Bild 5.9: Verlegen einer Verzweigungsstelle

$$X_a = G_1 X_e. \tag{5.14}$$

(5.7) Entfernen eines Blocks aus einer Parallelschaltung

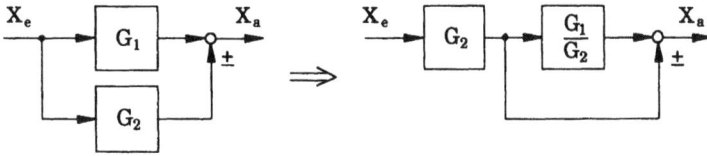

Bild 5.10: Entfernen eines Blocks aus einer Parallelschaltung

$$X_a = (G_1 \pm G_2)X_e. \tag{5.15}$$

(5.8) Entfernen eines Blocks aus einer Rückkopplung

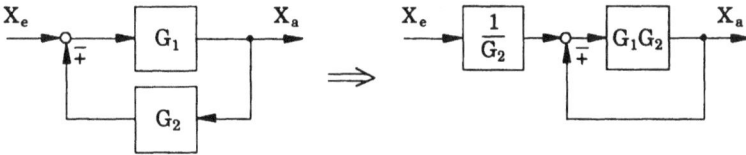

Bild 5.11: Entfernen eines Blocks aus einer Rückkopplung

$$X_a = \frac{G_1}{1 \pm G_1 G_2} X_e. \tag{5.16}$$

Beispiel 5.3: Betrachtet werde das in Bild 5.12 schematisch dargestellte hydraulische System als Regelstrecke. Bei allen Variablen handelt es sich um Abweichungen von einem Arbeitspunkt, d.h. etwaige Linearisierungen sind bereits durchgeführt.

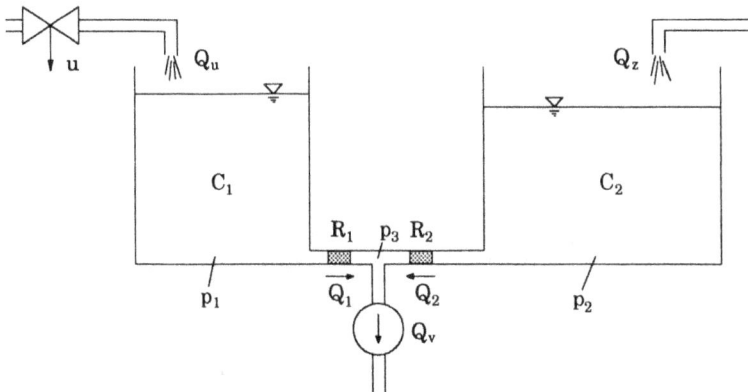

Bild 5.12: Hydraulisches System

C_1, C_2 = hydraulische Kapazitäten [m^5/N], R_1, R_2 = hydraulische Widerstände [Ns/m^5],
Q_u = Ku = Stellvolumenstrom [m^3/s] ,   u = Stellhub [cm],
Q_z = Störvolumenstrom [m^3/s] = Störgröße z_1, Q_v = Störvolumenstrom [m^3/s] = Störgröße z_2,
p_2 = Druck im Tank 2 [N/m^2] = Regelgröße y.
Für die Behälter gilt: $C_i dp_i / dt = \Delta Q_i$ und für die Rohrleitungen: $R_i Q_i = \Delta p_i$.

Es sind alle dieses System beschreibenden algebraischen Gleichungen und Differential-gleichungen anzugeben. Sodann ist ein ausführliches Blockschaltbild der Strecke zu zeichnen und daraus sind durch eine Blockschaltbildumformung die Übertragungsfunktionen $Y(s)/U(s)$, $Y(s)/Z_1(s)$ sowie $Y(s)/Z_2(s)$ zu ermitteln.

Lösung: Die dieses System beschreibenden Gleichungen lauten:

$$C_1\dot{p}_1 = Ku - Q_1, \quad R_1Q_1 = p_1 - p_3,$$
$$C_2\dot{p}_2 = Q_z - Q_2, \quad R_2Q_2 = p_2 - p_3,$$
$$Q_1 + Q_2 = Q_v.$$

Nach einer Laplace-Transformation und nach Umformungen erhält man:

$$P_1(s) = \frac{1}{C_1 s}\left[KU(s) - Q_1(s)\right], \qquad Q_1(s) = \frac{1}{R_1}\left[P_1(s) - P_3(s)\right],$$
$$P_2(s) = \frac{1}{C_2 s}\left[Q_z(s) - Q_2(s)\right], \qquad P_3(s) = P_2(s) - R_2Q_2(s),$$
$$-Q_2(s) = Q_1(s) - Q_v(s).$$

Damit kann nun das folgende Blockschaltbild gezeichnet werden:

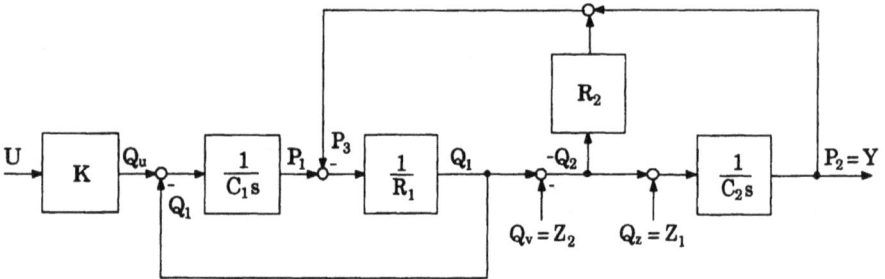

Bild 5.13: Blockschaltbild des hydraulischen Systems

Mit $Z_1=0$, $Z_2=0$ und nach Verlagerung der Subtraktionsstelle von P_3 nach vorne bzw. der Verzweigungsstelle von $-Q_2$ nach hinten und dem Auflösen einer Rückkopplungsschleife ergibt sich das Blockschaltbild in Bild 5.14.

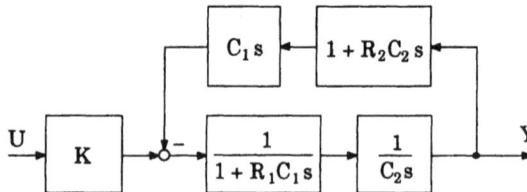

Bild 5.14: Modifikation 1 des Blockschaltbildes

Daraus kann nunmehr mit der Rückkopplungsgleichung (5.10) die Übertragungsfunktion zwischen $Y(s)$ und $U(s)$ direkt angegeben werden:

$$G_{SU}(s) = \frac{Y(s)}{U(s)} = K \frac{\dfrac{1}{C_2 s(1 + R_1 C_1 s)}}{1 + \dfrac{C_1 s(1 + R_2 C_2 s)}{C_2 s(1 + R_1 C_1 s)}} = \frac{K}{C_1 C_2 (R_1 + R_2)s^2 + (C_1 + C_2)s}.$$

Für U=0, Z_1=0 und dieselben Verlagerungen erhält man das Blockschaltbild:

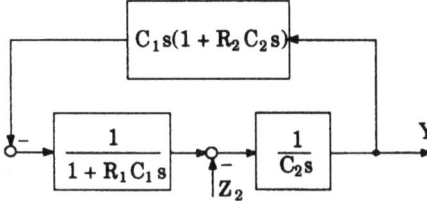

Bild 5.15: Modifikation 2 des Blockschaltbildes

Daraus entnimmt man wieder unter Anwendung der Gleichung (5.10):

$$G_{SZ_2}(s) = \frac{Y(s)}{Z_2(s)} = \frac{-\dfrac{1}{C_2 s}}{1 + \dfrac{C_1 s(1 + R_2 C_2 s)}{C_2 s(1 + R_1 C_1 s)}} = -\frac{(1 + R_1 C_1 s)}{C_1 C_2 (R_1 + R_2)s^2 + (C_1 + C_2)s}.$$

Zur Ermittlung der Übertragungsfunktion zwischen Y(s) und Z_1(s) (U=0, Z_2=0) formt man das ursprüngliche Blockschaltbild wie folgt um:

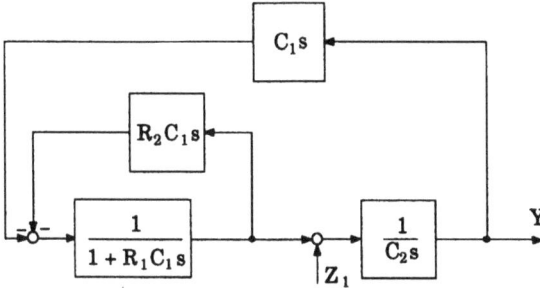

Bild 5.16: Modifikation 3 des Blockschaltbildes

Für die innere Rückkopplung erhält man:

$$G'(s) = \frac{\dfrac{1}{(1 + R_1 C_1 s)}}{1 + \dfrac{R_2 C_1 s}{(1 + R_1 C_1 s)}} = \frac{1}{1 + (R_1 + R_2)C_1 s}.$$

Daraus berechnet man wiederum mit Gleichung (5.10):

$$G_{SZ_1}(s) = \frac{Y(s)}{Z_1(s)} = \frac{\dfrac{1}{C_2 s}}{1 + \dfrac{C_1 s}{C_2 s(1 + (R_1 + R_2)C_1 s)}} = \frac{1 + (R_1 + R_2)C_1 s}{C_1 C_2 (R_1 + R_2)s^2 + (C_1 + C_2)s}.$$

Beispiel 5.4: Gegeben ist das Blockschaltbild einer Regelstrecke in Bild 5.17:

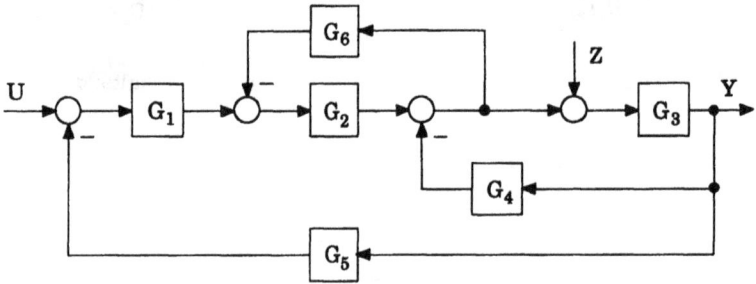

Bild 5.17: Blockschaltbild einer Regelstrecke

Durch Blockschaltbildumformung sind die Übertragungsfunktionen

$$G_{SU}(s) = \frac{Y(s)}{U(s)}; \quad \text{mit } Z(s) = 0, \quad \text{und} \quad G_{SZ}(s) = \frac{Y(s)}{Z(s)}; \quad \text{mit } U(s) = 0,$$

zu bestimmen.

Lösung: Mit Z=0 und einer Verlagerung der zweiten inneren Subtraktionstelle nach vorne sowie der ersten Verzweigungsstelle nach hinten erhält man:

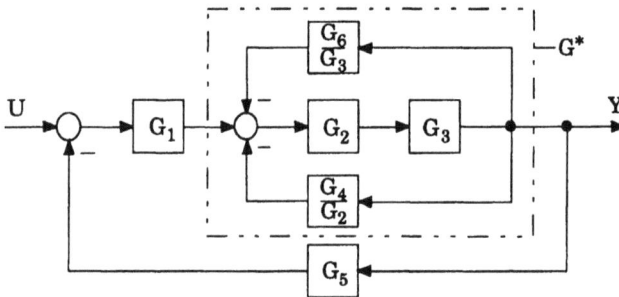

Bild 5.18: Modifikation 1 des Blockschaltbildes der Regelstrecke

Nach Anwendung der Regeln (5.2) und (5.3) folgt für die Übertragungsfunktion $G^*(s)$:

$$G^*(s) = \frac{G_2G_3}{1 + G_2G_3\left(\dfrac{G_6}{G_3} + \dfrac{G_4}{G_2}\right)} = \frac{G_2G_3}{1 + G_2G_6 + G_3G_4}.$$

Mit Regel (5.3) erhält man schließlich für die Stellübertragungsfunktion:

$$G_{SU} = \frac{G_1G^*}{1 + G_1G_5G^*} = \frac{G_1\dfrac{G_2G_3}{1 + G_2G_6 + G_3G_4}}{1 + \dfrac{G_1G_2G_3G_5}{1 + G_2G_6 + G_3G_4}} = \frac{G_1G_2G_3}{1 + G_2G_6 + G_3G_4 + G_1G_2G_3G_5}.$$

Mit U=0 und einer Verlagerung der zweiten Subtraktionsstelle ganz nach vorne erhält man das in Bild 5.19 dargestellte Blockschaltbild:

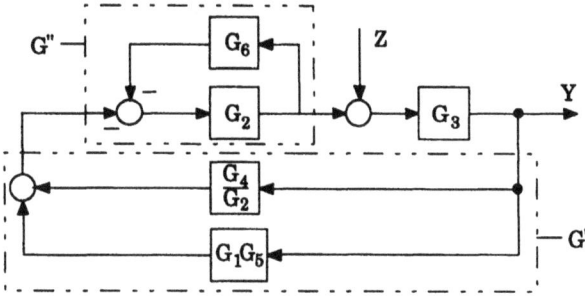

Bild 5.19: Modifikation 2 des Blockschaltbildes der Regelstrecke

Nach einer Zusammenfassung der Rückkopplungen in die Übertragungsfunktionen G'(s) und G"(s):

$$G'(s) = \frac{G_4}{G_2} + G_1 G_5 = \frac{G_4 + G_1 G_2 G_5}{G_2}, \quad G''(s) = \frac{G_2}{1 + G_2 G_6},$$

erhält man das in Bild 5.20 dargestellte Blockschaltbild.

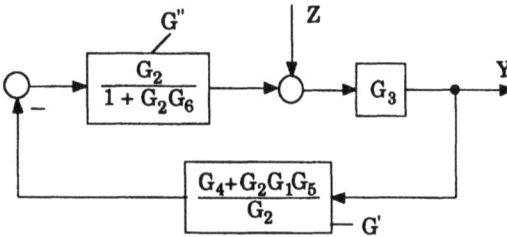

Bild 5.20: Modifikation 3 des Blockschaltbildes der Regelstrecke

Daraus folgt wieder mit Regel **(5.3)**:

$$G_{SZ} = \frac{G_3}{1 + G'G''G_3} = \frac{G_3}{1 + \dfrac{G_4 + G_1 G_2 G_5}{G_2} \dfrac{G_2}{1 + G_2 G_6} G_3} = \frac{G_3(1 + G_2 G_6)}{1 + G_2 G_6 + G_3 G_4 + G_1 G_2 G_3 G_5}.$$

Beispiel 5.5: In Bild 5.21 ist das Blockschaltbild eines Regelkreises dargestellt:

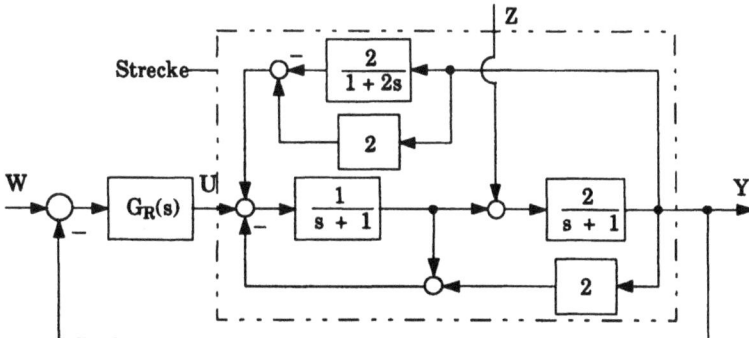

Bild 5.21: Zu vereinfachendes Blockschaltbild eines Regelkreises

Dieser Regelkreis soll mit Hilfe der Blockschaltbildalgebra auf die in Bild 5.22 dargestellte Standardform umgeformt werden, d.h. es sollen die Stell- und die Störübertragungsfunktion $G_{SU}(s)$ und $G_{SZ}(s)$ der Regelstrecke bestimmt werden.

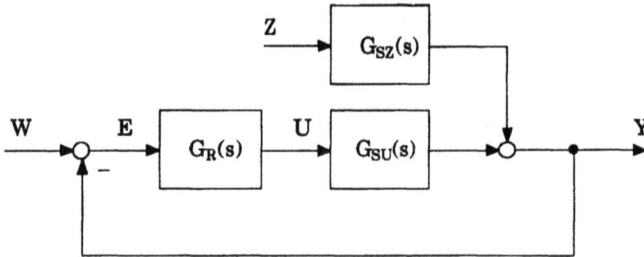

Bild 5.22: Standardform des Regelkreisblockschaltbildes

Lösung: In einem ersten Schritt wird dazu das Blockschaltbild der Strecke in die in Bild 5.23 angegebene Form umgeformt:

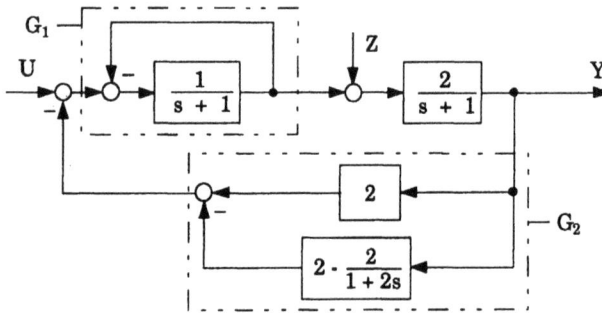

Bild 5.23: Umgeformtes Blockschaltbild des Regelkreises

Für die Übertragungsfunktionen $G_1(s)$ und $G_2(s)$ erhält man mit **(5.2)** und **(5.3)**:

$$G_1(s) = \frac{\frac{1}{s+1}}{1+\frac{1}{s+1}} = \frac{1}{s+2}; \quad G_2(s) = 2-2+\frac{2}{1+2s} = \frac{2}{1+2s}.$$

Für die Stell- und Störübertragungsfunktion der Strecke erhält man somit:

$$G_{SU}(s) = \frac{\frac{1}{(s+2)}\frac{2}{(s+1)}}{1+\frac{1}{(s+2)}\frac{2}{(s+1)}\frac{2}{(1+2s)}} = \frac{4s+2}{2s^3+7s^2+7s+6},$$

$$G_{SZ}(s) = \frac{\frac{2}{s+1}}{1+\frac{1}{(s+2)}\frac{2}{(s+1)}\frac{2}{(1+2s)}} = \frac{4s^2+10s+4}{2s^3+7s^2+7s+6}.$$

Beispiel 5.6: Betrachtet werde das in Bild 5.24 dargestellte Blockschaltbild einer Regelstrecke. Es soll die Übertragungsfunktion $G_{SU}(s) = Y(s)/U(s)$ durch eine Blockschaltbildumformung ermittelt werden.

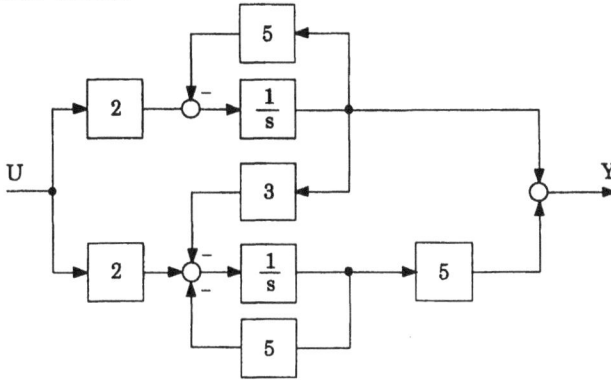

Bild 5.24: Blockschaltbild einer Regelstrecke

Lösung: Unter Anwendung der Rückkopplungsregel (5.3) wird das Blockschaltbild in einem ersten Schritt auf die in Bild 5.25 dargestellte Gestalt umgeformt. Durch die Verlegung des inneren Subtraktionspunktes nach hinten erhält man schließlich die Darstellung in Bild 5.26.

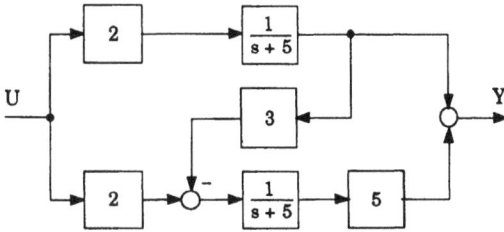

Bild 5.25: Umformungsschritt 1

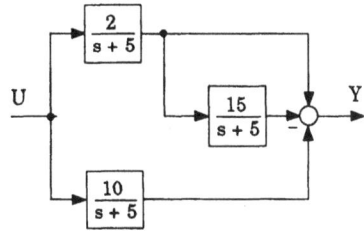

Bild 5.26: Umformungsschritt 2

Durch Anwenden der Regeln (5.1) und (5.2) folgt für die gesuchte Übertragungsfunktion:

$$G_{SU}(s) = \frac{Y(s)}{U(s)} = \frac{10}{s+5} + \frac{2}{s+5}\left[1 - \frac{15}{s+5}\right] = \frac{10(s+5) + 2(s-10)}{(s+5)^2} = \frac{12s+30}{(s+5)^2}$$

5.4 Übertragungsfunktionen des einschleifigen Regelkreises

Es wird das Blockschaltbild des Eingrößenregelkreises mit einer Störgröße und Einheitsrückführung (Bild 5.27) betrachtet.

Das Produkt aller im Kreis befindlichen Übertragungsfunktionen

$$G_o(s) = G_R(s)G_{SU}(s), \tag{5.17}$$

wird als Übertragungsfunktion des offenen Regelkreises bezeichnet. Damit können aus dem Blockschaltbild folgende Zusammenhänge abgelesen werden:

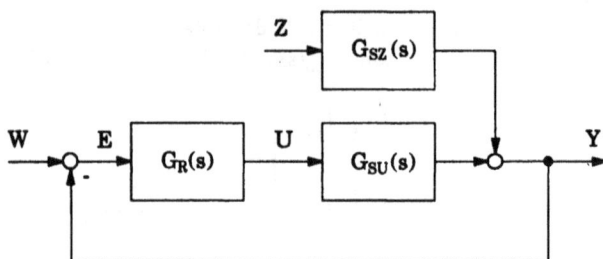

Bild 5.27: Blockschaltbild des Eingrößenregelkreises mit Einheitsrückführung

$$Y(s) = G_o(s)[W(s) - Y(s)] + G_{SZ}(s)Z(s), \qquad (5.18)$$

bzw.:
$$[G_o(s) + 1]Y(s) = G_o(s)W(s) + G_{SZ}(s)Z(s). \qquad (5.19)$$

Für Z = 0 folgt aus Gleichung (5.19) die *Führungsübertragungsfunktion*

$$G_W(s) = \frac{Y(s)}{W(s)} = \frac{G_o(s)}{1 + G_o(s)}, \qquad (5.20)$$

und für W = 0 die *Störübertragungsfunktion* des geschlossenen Regelkreises

$$G_Z(s) = \frac{Y(s)}{Z(s)} = \frac{G_{SZ}(s)}{1 + G_o(s)}. \qquad (5.21)$$

Mit den Gleichungen (5.19) - (5.21) kann das Blockschaltbild (Bild 5.27) wie folgt umgeformt werden:

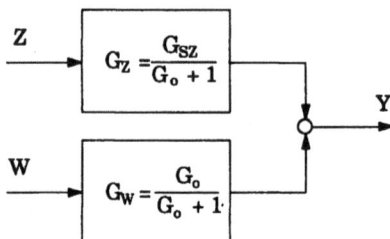

Bild 5.28: Umgeformtes Blockschaltbild des Eingrößenregelkreises

Weitere Übertragungsfunktionen von Interesse sind die *Fehlerübertragungsfunktionen* für Führungs- und Störverhalten des Regelkreises:

$$G_{EW}(s) = \frac{E(s)}{W(s)} = \frac{1}{1 + G_o(s)}; \quad Z(s) = 0, \qquad (5.22)$$

$$G_{EZ}(s) = \frac{E(s)}{Z(s)} = \frac{-G_{SZ}(s)}{1 + G_o(s)} = -G_Z(s); \quad W(s) = 0, \qquad (5.23)$$

sowie die *Stellgrößen-Übertragungsfunktionen*

$$G_{UW}(s) = \frac{U(s)}{W(s)} = \frac{G_R(s)}{1 + G_o(s)}; \quad Z(s) = 0, \qquad (5.24)$$

$$G_{UZ}(s) = \frac{U(s)}{Z(s)} = -\frac{G_{SZ}(s)G_R(s)}{1+G_o(s)}; \quad W(s) = 0. \tag{5.25}$$

Beispiel 5.7: Es werde der in Bild 5.29 dargestellte Regelkreis betrachtet.

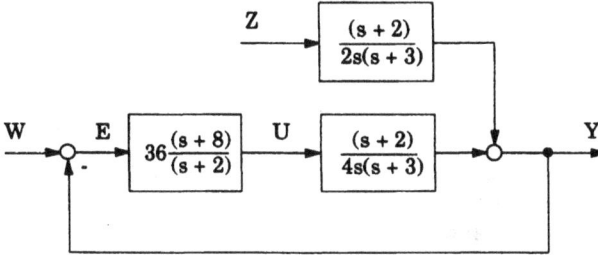

Bild 5.29

Es sollen die in Abschnitt 5.4 definierten Übertragungsfunktionen des geschlossenen Regelkreises ermittelt werden.

Lösung: Mit den Gleichungen (5.20) bis (5.25) und mit

$$G_o(s) = \frac{36(s+8)}{(s+2)} \frac{(s+2)}{4s(s+3)} = \frac{9(s+8)}{s(s+3)}$$

erhält man:

$$G_W(s) = \frac{\frac{9(s+8)}{s(s+3)}}{1+\frac{9(s+8)}{s(s+3)}} = \frac{9(s+8)}{s^2+12s+72};$$

$$G_Z(s) = \frac{\frac{(s+2)}{2s(s+3)}}{1+\frac{9(s+8)}{s(s+3)}} = \frac{0{,}5(s+2)}{s^2+12s+72};$$

$$G_{EW}(s) = \frac{1}{1+\frac{9(s+8)}{s(s+3)}} = \frac{s(s+3)}{s^2+12s+72};$$

$$G_{EZ}(s) = -G_Z(s) = -\frac{0{,}5(s+2)}{s^2+12s+72};$$

$$G_{UW}(s) = \frac{\frac{36(s+8)}{(s+2)}}{1+\frac{9(s+8)}{s(s+3)}} = \frac{36s(s+3)(s+8)}{(s+2)(s^2+12s+72)};$$

$$G_{UZ}(s) = -\frac{\frac{0{,}5(s+2)}{s(s+3)} \frac{36(s+8)}{(s+2)}}{1+\frac{9(s+8)}{s(s+3)}} = \frac{-18(s+8)}{(s^2+12s+72)}.$$

5.5 Aufgaben

Aufgabe 5.1: Ein Übertragungssystem werde durch die Differentialgleichung

$$\ddot{y}(t) + 2\ddot{y}(t) + 4\dot{y}(t) = 8u(t)$$

mit verschwindenden Anfangsbedingungen beschrieben. Geben Sie dazu die Übertragungsfunktion sowie die Pol-Nullstellenverteilung an.

Aufgabe 5.2: Bestimmen Sie für das System aus Aufgabe 5.1 die Gewichtsfunktion und die Übergangsfunktion. Zeigen Sie, daß für die Übertragungsfunktion Gleichung (5.6) gilt.

Aufgabe 5.3: Betrachten Sie das in Bild 5.30 schematisch dargestellte mechanisch-rotatorische Übertragungssystem als Regelstrecke.

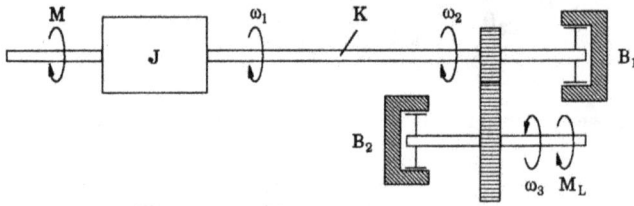

Bild 5.30: Mechanisch-rotatorisches Übertragungssystem

Eingangsgrößen in die Strecke sind die Stellgröße $M(t) = u(t)$ (Antriebsmoment) sowie die Störgröße $M_L(t) = z(t)$ (Lastmoment). Die Winkelgeschwindigkeit $\omega_3(t) = y(t)$ wird als Regelgröße betrachtet. Die Antriebswelle werde als nachgiebig betrachtet, und es gelte für das von der Welle übertragene Moment: $dM_K/dt = K(\omega_1 - \omega_2)$. Die Lagerreibungsmomente können als proportional zu den entsprechenden Winkelgeschwindigkeiten angesetzt werden. Für das Getriebe gelte das Untersetzungsverhältnis 1:N.

Geben Sie alle dieses System beschreibenden Differentialgleichungen und algebraischen Gleichungen an, Laplacetransformieren Sie diese, und zeichnen Sie das Blockschaltbild. Bestimmen Sie durch Blockschaltbildumformung die Übertragungsfunktionen

$$G_{SU}(s) = \frac{Y(s)}{U(s)} \quad \text{und} \quad G_{SZ}(s) = \frac{Y(s)}{Z(s)}.$$

Aufgabe 5.4: Betrachten Sie nochmals das in Bild 2.20 dargestellte Schema eines Aufrollvorganges einer Papier- oder Zellstoffbahn. Geben Sie alle dieses System beschreibenden Differentialgleichungen und algebraischen Gleichungen an, Laplace-transformieren Sie diese und zeichnen Sie basierend darauf das Blockschaltbild der Anlage. Ermitteln Sie durch Blockschaltbildumformung die Übertragungsfunktionen

$$G_{SU}(s) = \frac{S(s)}{U(s)} \quad \text{und} \quad G_{SZ}(s) = \frac{S(s)}{V_z(s)}.$$

Aufgabe 5.5: Betrachten Sie das in Bild 5.31 dargestellte Blockschaltbild einer Regelstrecke.

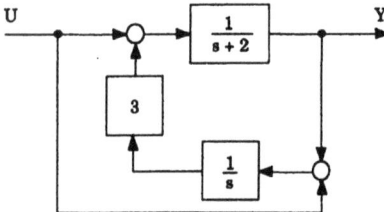

Ermitteln Sie durch Blockschaltbildumformung die Stellübertragungsfunktion

$$G_{SU}(s) = \frac{Y(s)}{U(s)}.$$

Bild 5.31

Aufgabe 5.6: Betrachten Sie den in Bild 5.32 dargestellten Regelkreis und bestimmen Sie durch Blockschaltbildumformung zuerst die Übertragungsfunktion der Regelstrecke und sodann die Führungsübertragungsfunktion $G_W(s)$.

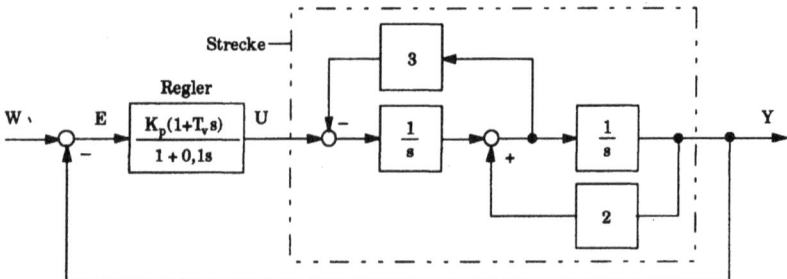

Bild 5.32

Aufgabe 5.7: Der Drehzahlregelkreis eines Magnetbandantriebes ist in Bild 5.33 im Blockschaltbild dargestellt.

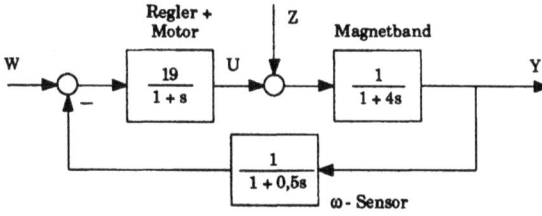

Bild 5.33: Drehzahlregelkreis

Darin sind u(t) das Stellmoment, z(t) das Störmoment und y(t) = ω(t) die Regelgröße (Winkelgeschwindigkeit). Bestimmen Sie die Führungsübertragungsfunktion $G_W(s)$ und die Störübertragungsfunktion $G_Z(s)$ des geschlossenen Regelkreises.

Aufgabe 5.8: Ermitteln Sie für die in Bild 5.34 dargestellten Blockschaltbilder durch Blockschaltbildumformung die Gesamtübertragungsfunktion $G(s) = X_a(s) / X_e(s)$.

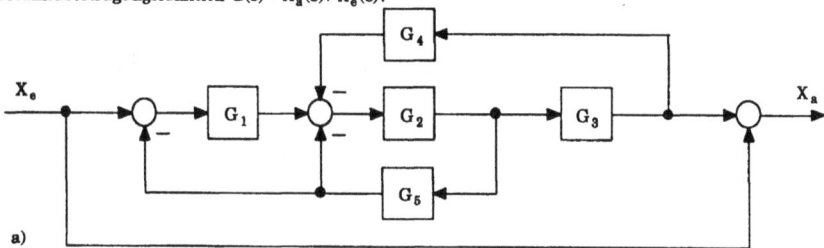

a)

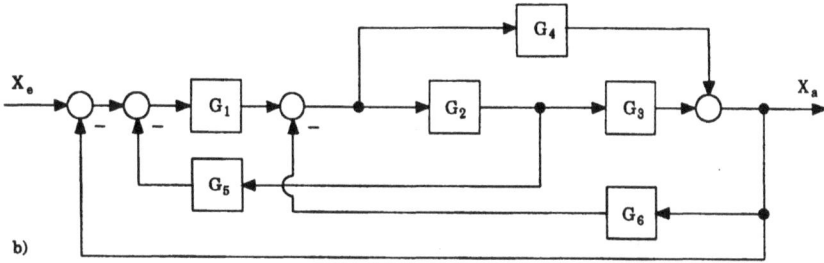

b)

Bild 5.34: Zu vereinfachende Blockschaltbilder

Aufgabe 5.9:

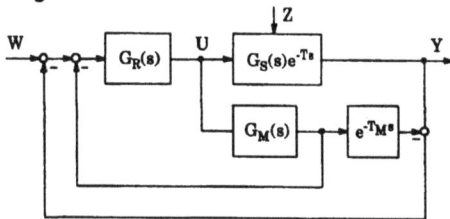

Bild 5.35

Bild 5.35 zeigt das Blockschaltbild eines Regelkonzeptes für totzeitbehaftete Strecken (Smith-Prädiktor-Regelung). Darin ist

$$G_M(s)e^{-T_M s}$$

die experimentell ermittelte Übertragungsfunktion der Regelstrecke.

Ermitteln Sie durch Blockschaltbildumformung die Übertragungsfunktion $G_W(s) = Y(s) / W(s)$. Wie lautet $G_W(s)$, wenn Strecke und Modell exakt übereinstimmen? Zeichnen Sie ausgehend von diesem Ergebnis das Blockschaltbild des Regelkreises mit einer Einheitsrückführung.

6. Frequenzgang

6.1 Definition des Frequenzganges

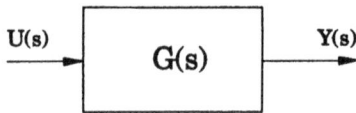

U(s) → G(s) → Y(s)

Bild 6.1: Dynamisches Übertragungsglied

Es wird das in Bild 6.1 dargestellte lineare Übertragungsglied mit der Übertragungsfunktion G(s) betrachtet, als dessen Eingangsgröße ein sinusförmiges Signal

$$u(t) = \overline{U} \sin \omega t \qquad (6.1)$$

gewählt wird. Unter der Voraussetzung, daß alle Pole der Übertragungsfunktion in der linken Halbebene liegen, erhält man (ohne Beweis) für das stationäre Ausgangssignal:

$$y(t) = \overline{U}|G(j\omega)| \sin(\omega t + \varphi(\omega)) = \overline{Y}(\omega) \sin(\omega t + \varphi(\omega)). \qquad (6.2)$$

Es handelt sich also um eine Sinusschwingung mit derselben Kreisfrequenz, jedoch mit einer frequenzabhängigen Amplitude und Phasenverschiebung (siehe Bild 6.2).

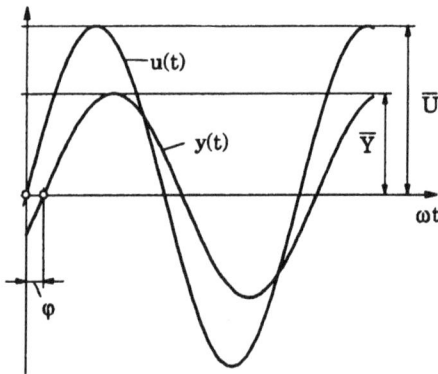

Bild 6.2

Die komplexe Funktion

$$G(j\omega) = |G(j\omega)|e^{j\varphi(\omega)} = A(\omega)e^{j\varphi(\omega)} \qquad (6.3)$$

wird als *Frequenzgang* bezeichnet. Dieser wird durch seinen Betrag A(ω), das *Amplitudenverhältnis,* und den Phasenwinkel φ(ω) beschrieben. Ist φ(ω) positiv, dann eilt das Ausgangssignal dem Eingangssignal voraus; ist φ(ω) negativ, so spricht man vom Nacheilwinkel. Ist A(ω) > 1, dann wird das Ausgangssignal verstärkt, während es bei A(ω) < 1 abgeschwächt wird.

Da der Frequenzgang G(jω) dadurch entsteht, daß in der Übertragungsfunktion G(s) die Laplace-Variable s durch jω ersetzt wird, gelten alle in Kapitel 5 angegebenen Zusammenhänge für Übertragungsfunktionen in unveränderter Form auch für Frequenzgänge.

Der Frequenzgang kann auch experimentell ermittelt werden. Das Ergebnis ist ein nichtparametrisches Modell des untersuchten Übertragungssystems.

6.2 Ortskurvendarstellung des Frequenzganges

Stellt man den Frequenzgang in der komplexen Ebene dar, dann erhält man die sogenannte *Ortskurve des Frequenzganges.* Die Kreisfrequenz ω läßt man dabei Werte von 0 bis ∞ annehmem (theoretische Grenzwerte). Jedem Wert von ω entspricht ein Punkt in der komplexen Ebene. Die Verbindung dieser Punkte ergibt sodann die Ortskurve des Frequenzganges (siehe Bild 6.3).

Anmerkung: Die Werte des Phasenwinkels ergeben sich mathematisch betrachtet im Bogenmaß, werden jedoch in Diagrammen immer im Gradmaß aufgetragen.

Beispiel 6.1: Ein Übertragungsglied habe die Übertragungsfunktion

$$G(s) = \frac{4}{s^2 + 3s + 2} = \frac{4}{(s+1)(s+2)}.$$

Es ist der Frequenzgang dieses Systems zu berechnen und die Ortskurve zu zeichnen.

Lösung:

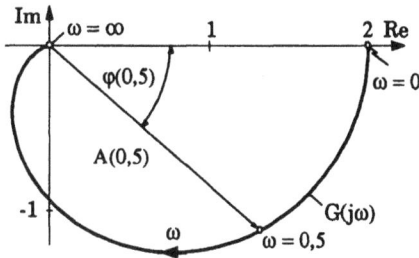

$$G(j\omega) = \frac{4}{(j\omega+1)(j\omega+2)},$$

$$A(\omega) = \frac{4}{\sqrt{(\omega^2+1)(\omega^2+4)}},$$

$$\varphi(\omega) = -\arctan(\omega) - \arctan(0,5\omega).$$

Bild 6.3: Ortskurve des Frequenzganges

ω	0	0,2	0,5	1,0	$\sqrt{2}$	2,0	4,0	∞
$A(\omega)$	2,0	1,95	1,735	1,265	0,943	0,632	0,21	0
$\varphi(\omega)$	0°	$-17,0°$	$-40,6°$	$-71,5°$	$-90°$	$-108,4°$	$-139,4°$	$-180°$

6.3 Frequenzkennlinien (Bode-Diagramm)

6.3.1 Definition

Im Bode-Diagramm wird der Frequenzgang $G(j\omega)$ in Form des sogenannten *Amplitudenganges (Amplitudenkennlinie)* und des *Phasenganges (Phasenkennlinie)* dargestellt. Anstelle einer Ortskurve erhält man zwei getrennte Diagramme.

$$G(j\omega) = A(\omega)e^{j\varphi(\omega)},$$

$$\ln G(j\omega) = \ln A(\omega) + j\varphi(\omega),$$

$$\log G(j\omega) = \log A(\omega) + j\,\varphi(\omega)\log e. \qquad (6.4)$$

Im Amplitudengang wird $\log A(\omega)$ über $\log\omega$ aufgetragen, während im Phasengang $\varphi(\omega)$ linear über $\log\omega$ dargestellt wird. Um auch $A(\omega)$ linear auftragen zu können, führt man die sogenannte Dezibelskala ein:

$$A(\omega)\,[dB] = 20\log A(\omega). \qquad (6.5)$$

Der Vorteil der Darstellung des Frequenzganges in Form des Bode-Diagrammes wird sofort deutlich, wenn man die Frequenzkennlinien eines aus zwei in Serie geschalteten Übertragungsgliedern bestehenden Systems zeichnen will:

$$G(j\omega) = G_1(j\omega)G_2(j\omega),$$

$$\ln G(j\omega) = \ln G_1(j\omega) + \ln G_2(j\omega) = \ln A_1(\omega) + \ln A_2(\omega) + j[\varphi_1(\omega) + \varphi_2(\omega)].$$

Der Gesamtfrequenzgang ergibt sich damit durch Addition der Einzelfrequenzgänge.

6.3.2 Frequenzkennlinien der Grundübertragungsglieder

Jede gebrochen rationale Übertragungsfunktion kann wie folgt dargestellt werden:

$$G(s) = K s^{\nu} \frac{\prod_{j=1}^{\alpha}(1 + T_{qj} s)\prod_{u=1}^{\beta}(1 + 2\zeta_{qu} T_{qu} s + T_{qu}^2 s^2)}{\prod_{k=1}^{\gamma}(1 + T_{pk} s)\prod_{v=1}^{\delta}(1 + 2\zeta_{pv} T_{pv} s + T_{pv}^2 s^2)}, \quad \nu \in \{\pm 1, \pm 2, \dots\}. \tag{6.6}$$

Ersetzt man in Gleichung (6.6) s durch jω, dann erkennt man, daß sich G(jω) aus sieben Grundformen zusammensetzt, deren Frequenzkennlinien im folgenden dargestellt sind:

1. P-Glied: $G(j\omega) = K; \quad A(\omega) = K, \quad \varphi(\omega) = 0.$

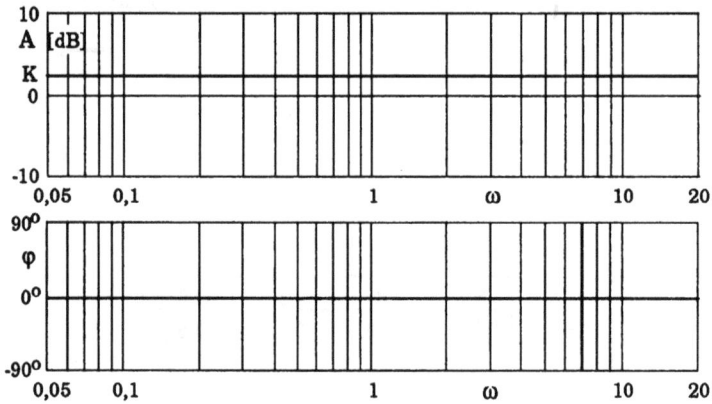

Bild 6.4: Frequenzkennlinien eines P-Gliedes

2. D-Glied: $G(j\omega) = j\omega; \quad A(\omega) = \omega, \quad \varphi(\omega) = \pi / 2.$

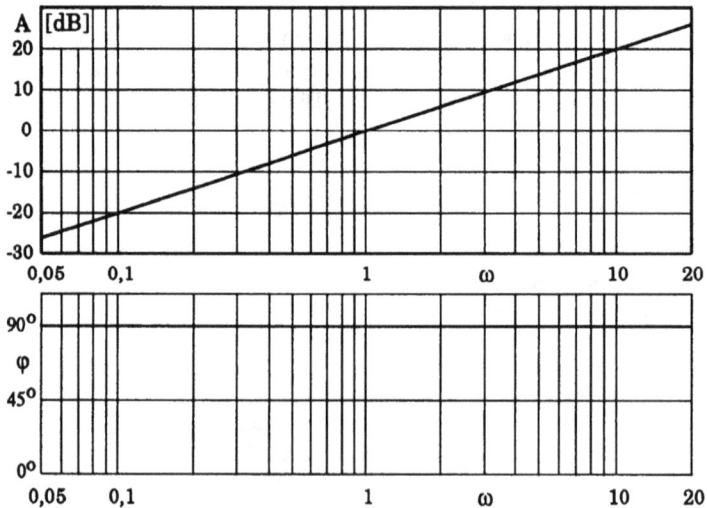

Bild 6.5: Frequenzkennlinien eines D-Gliedes

3. I-Glied: $\qquad G(j\omega) = \dfrac{1}{j\omega}; \quad A(\omega) = \dfrac{1}{\omega}, \quad \varphi(\omega) = -\pi/2.$

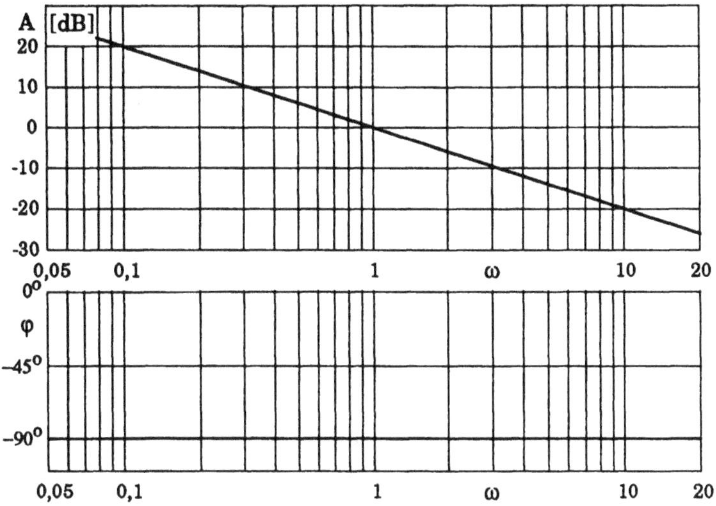

Bild 6.6: Frequenzkennlinien eines I-Gliedes

4. PD1-Glied: $\quad G(j\omega) = 1 + Tj\omega; \quad A(\omega) = \sqrt{1 + T^2\omega^2}, \quad \varphi(\omega) = \arctan(T\omega), \quad \omega_e = 1/T.$

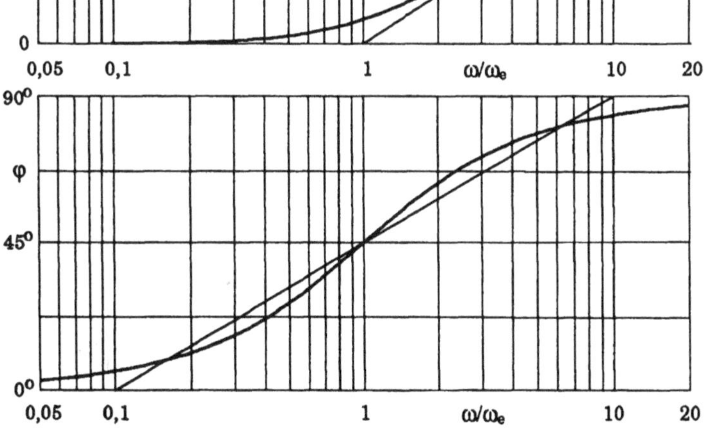

Bild 6.7: Frequenzkennlinien eines PD1-Gliedes

5. PT1-Glied: $G(j\omega) = \dfrac{1}{1+Tj\omega}$; $A(\omega) = \dfrac{1}{\sqrt{1+T^2\omega^2}}$, $\varphi(\omega) = -\arctan(T\omega)$, $\omega_e = 1/T$.

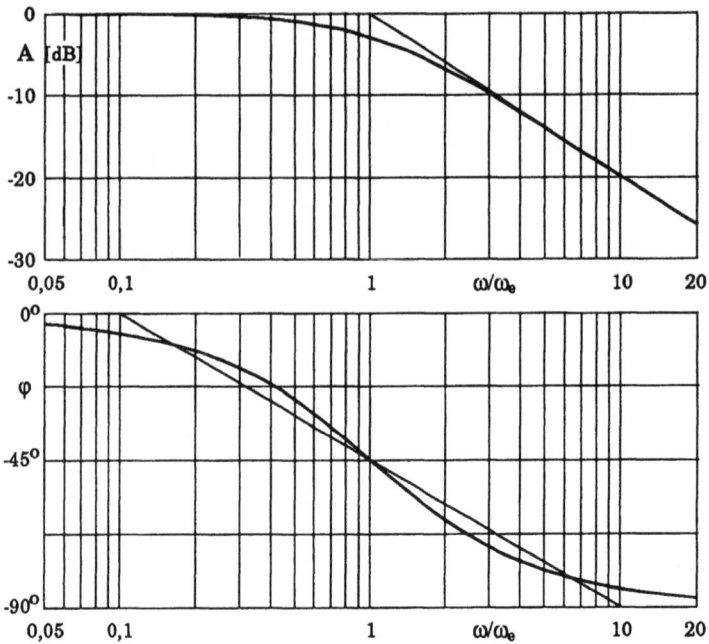

Bild 6.8: Frequenzkennlinien eines PT1-Gliedes

6. PD2-Glied:

$G(j\omega) = 1 + 2\zeta Tj\omega + T^2(j\omega)^2$; $A(\omega) = \sqrt{(1-T^2\omega^2)^2 + (2\zeta T\omega)^2}$, $\varphi(\omega) = \arctan\dfrac{2\zeta T\omega}{1-T^2\omega^2}$, $\omega_e = 1/T$.

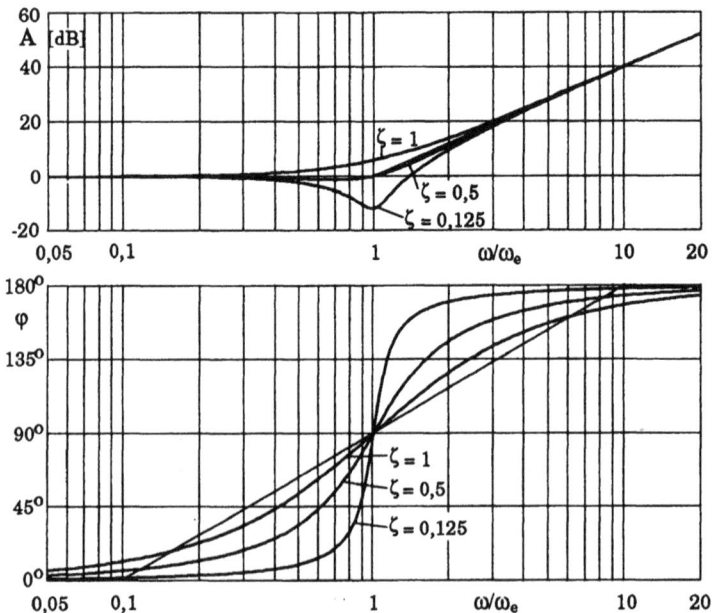

Bild 6.9: Frequenzkennlinien eines PD2-Gliedes

7.   PT2-Glied:

$$G(j\omega) = \frac{1}{1 + 2\zeta Tj\omega + T^2(j\omega)^2}; \quad A(\omega) = \frac{1}{\sqrt{(1 - T^2\omega^2)^2 + (2\zeta T\omega)^2}}, \quad \varphi(\omega) = -\arctan\frac{2\zeta T\omega}{1 - T^2\omega^2}, \quad \omega_e = 1/T.$$

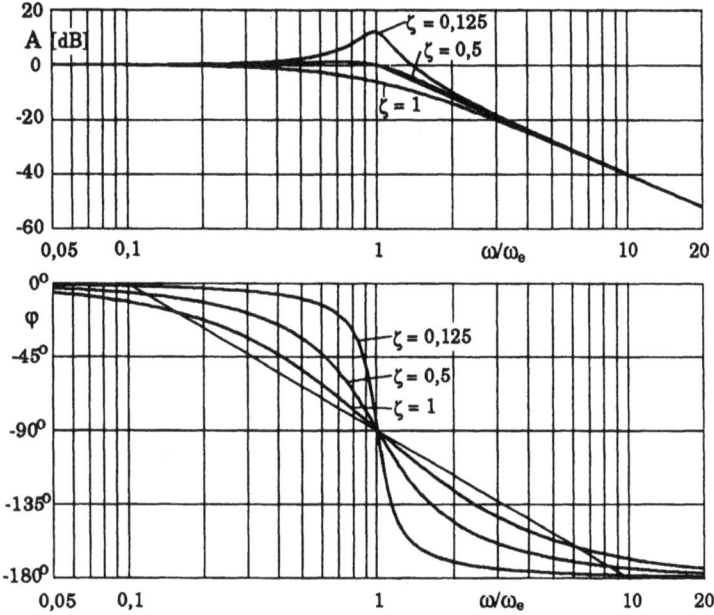

Bild 6.10: Frequenzkennlinien eines PT2-Gliedes

Die in der Amplitudenkennlinie des PT2-Gliedes auftretende Resonanzüberhöhung bzw. Resonanzfrequenz sind:

$$A_r = \frac{1}{2\zeta\sqrt{1 - \zeta^2}}, \tag{6.7}$$

$$\omega_r = \omega_n\sqrt{1 - 2\zeta^2} \quad \text{für } 0 \le \zeta \le \sqrt{2}/2. \tag{6.8}$$

6.3.3 Asymptotische Näherungen

PD1- und PT1-Glied:

Betrag und Phase von PD1- und PT1-Gliedern können in guter Näherung durch Asymptoten dargestellt werden.

PT1-Glied: $20 \log A(\omega) = A(\omega)\,[\text{dB}] = -10\log(1 + T^2\omega^2),$

und

$$A(\omega)[\text{dB}]\big|_{\omega \to 0} = -10\log 1 = 0\,\text{dB},$$

$$A(\omega)[\text{dB}]\big|_{\omega \to \infty} = -20\log(T\omega).$$

Man erhält demnach als niederfrequente Asymptote die 0-dB-Achse und als hochfrequente Asymptote eine Gerade mit der Steigung 20dB / Dekade, welche die 0-dB-Achse bei der sogenannten Eckfrequenz $\omega_e = 1/T$ schneidet. Die Abweichung der Kennlinie von ihren Asymptoten bei der Eckfrequenz beträgt

$$A(\omega_e)[\text{dB}] = -10\log(1 + 1) = -10\log 2 \cong -3\text{dB}.$$

Die Phasenkennlinie läßt sich gut durch die in Bild 6.8 eingezeichnete asymptotische Näherung darstellen. Bei ω_e beträgt der Phasenwinkel $\varphi(\omega_e) = -\pi/4$.

PD2- und PT2-Glied:

PT2-Glied: $20\log A(\omega) = A(\omega)[dB] = -10\log\left[(1-T^2\omega^2)^2 + (2\zeta T\omega)^2\right]$,

und

$$A(\omega)[dB]\Big|_{\omega\to 0} = -10\log 1 = 0 dB,$$

$$A(\omega)[dB]\Big|_{\omega\to\infty} = -40\log(T\omega).$$

Man erkennt, daß es sich bei der niederfrequenten Asymptote wiederum um die 0-dB-Linie handelt, während die hochfrequente Asymptote hier eine Gerade mit der Steigung $-40 dB$/Dekade ist, welche die 0-dB-Linie bei der Eckfrequenz $\omega_e = 1/T$ schneidet. Die Eckfrequenz ist identisch mit der Eigenfrequenz des ungedämpften Systems ω_n. Diese Näherung ist nur eingeschränkt möglich, nämlich bei mittleren Dämpfungsgraden $(0,4 < \zeta < 0,7)$, solange der Fehler den Betrag von 3 dB nicht übersteigt. Eine Näherung der Phasenkennlinie eines PT2-Gliedes ist ebenso nur in einem beschränkten Bereich des Dämpfungsgrades möglich und nicht empfehlenswert.

Beispiel 6.2: Ein dynamisches Übertragungsglied werde durch die Übertragungsfunktion $G(s) = 2/s(s+4)$ beschrieben. Gesucht ist die Ortskurve des Frequenzganges sowie das Bode-Diagramm.

Lösung: Ersetzt man in G(s) s durch $j\omega$, so erhält man den Frequenzgang $G(j\omega)$:

$$G(j\omega) = \frac{2}{j\omega(j\omega+4)} = \frac{2}{-\omega^2 + j4\omega}.$$

Für das Amplitudenverhältnis und die Phase ergibt sich:

$$A(\omega) = \frac{2}{\omega\sqrt{(\omega^2+16)}}, \qquad \varphi(\omega) = -\pi/2 - \arctan(0,25\omega),$$

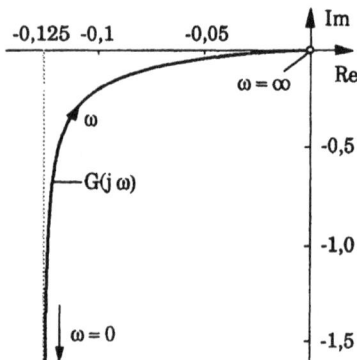

Bild 6.11: Ortskurve

und für den Realteil bzw. den Imaginärteil von $G(j\omega)$ nach einigen Zwischenrechnungen:

$$\operatorname{Re}G(j\omega) = \frac{-2}{\omega^2+16}, \quad \operatorname{Im}G(j\omega) = \frac{-8}{\omega(\omega^2+16)}.$$

Damit kann die Ortskurve des Frequenzganges gezeichnet werden (Bild 6.11). Bevor das Bode-Diagramm erstellt werden kann, muß die Übertragungsfunktion G(s) auf die Form der Gleichung (6.6) umgeschrieben werden:

$$G(s) = \frac{0,5}{s(1+0,25s)}.$$

Der Frequenzgang setzt sich aus drei Grundformen zusammen:

$$G(j\omega) = G_1(j\omega)G_2(j\omega)G_3(j\omega) = 0,5\,\frac{1}{j\omega}\,\frac{1}{1+0,25j\omega}.$$

$G_1(j\omega) = 0,5$ → P – Glied

$G_2(j\omega) = \dfrac{1}{j\omega}$ → I – Glied

$G_3(j\omega) = \dfrac{1}{1+0,25\,j\omega}$ → PT1 – Glied, $\omega_e = 4\,s^{-1}$

Es können nunmehr die Einzelfrequenz-kennlinien gezeichnet und zum Bode-Diagramm addiert werden. Diese Vor-gangsweise ist in Bild 6.12 dargestellt.

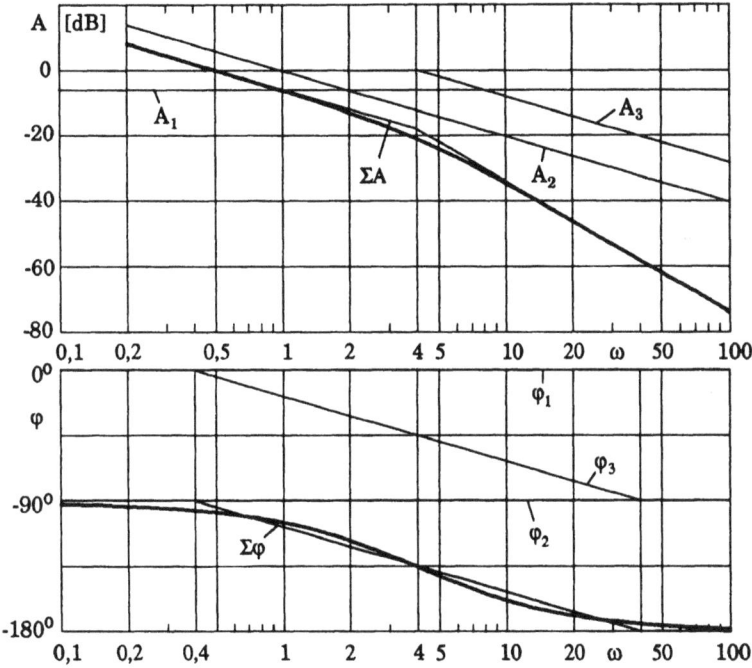

Bild 6.12

Beispiel 6.3: Eine Regelstrecke werde durch die Übertragungsfunktion

$$G(s) = \frac{50(s+1)}{(s+0,2)(s^2+2,5s+25)}$$

beschrieben. Es sind die Frequenzkennlinien dieses Systems als Summe von Grundformen zu zeichnen.

Lösung: Der Frequenzgang dieses Systems kann als Produkt von vier Grundformen ge-schrieben werden:

$$G(j\omega) = G_1(j\omega)G_2(j\omega)G_3(j\omega)G_4(j\omega) = 10(1+j\omega)\frac{1}{1+5j\omega}\frac{1}{1+0,1j\omega+0,04(j\omega)^2}.$$

$G_1(j\omega) = 10$ → P – Glied, $K = 20\,dB$

$G_2(j\omega) = (1+j\omega)$ → PD1 – Glied, $\omega_{e1} = 1s^{-1}$

$G_3(j\omega) = \dfrac{1}{1+5j\omega}$ → PT1 – Glied, $\omega_{e2} = 0,2s^{-1}$

$$G_4(j\omega) = \frac{1}{1 + 0,1j\omega + 0,04(j\omega)^2} \quad \rightarrow \quad \text{PT2 - Glied}, \omega_n = 5\,s^{-1}, \zeta = 0,25$$

In Bild 6.13 ist die Konstruktion des Bode-Diagramms dieses Systems aus den Kennlinien der Grundformen dargestellt. Zu beachten ist dabei die Tatsache, daß das PT2-Glied auf Grund des kleinen Dämpfungsgrades $\zeta = 0,25$ nicht durch seine asymptotische Näherung dargestellt werden kann.

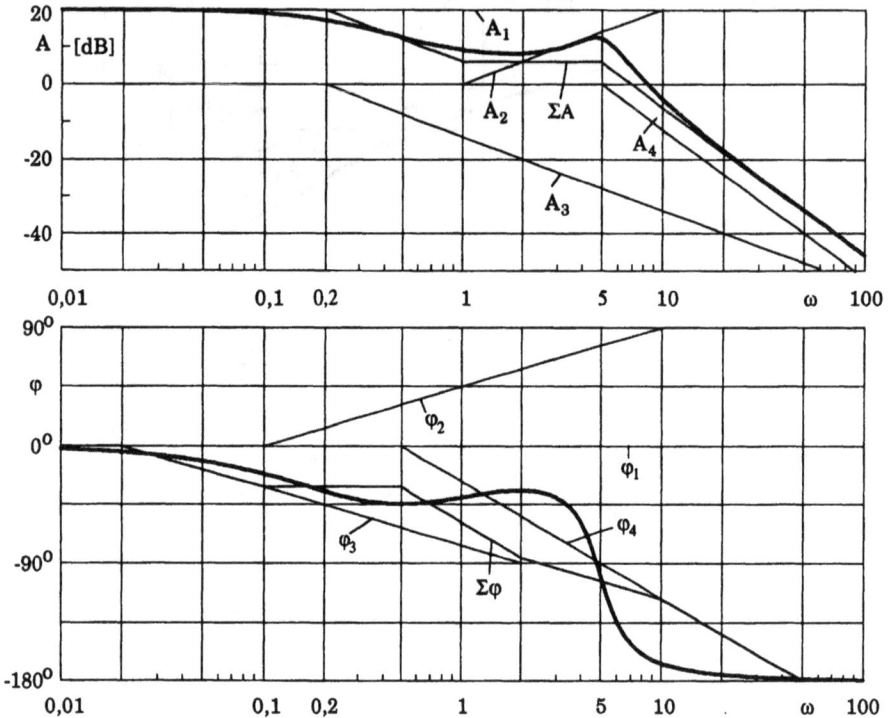

Bild 6.13

6.3.4 Bestimmung der Übertragungsfunktion aus gemessenen Kennlinien

Die bisher gemachten Aussagen zur Konstruktion der Frequenzkennlinien von Übertragungsgliedern, die sich durch gebrochen rationale Übertragungsfunktionen beschreiben lassen, können wie folgt zusammengefaßt werden.

- Jeder Frequenzgang läßt sich durch eine Serienschaltung der Grundformen darstellen. Die Gesamtkennlinie ergibt sich aus der Summe der Einzelkennlinien. In der asymptotischen Darstellung der Amplitudenkennlinie sind nur Asymptotensteigungen von $0, \pm 20, \pm 40, \dots$ dB/Dekade möglich.
- Die hochfrequente Asymptote des Phasenganges beträgt stets $(m-n)\pi/2$, worin m der Grad des Zählerpolynoms und n der Grad des Nennerpolynoms der Übertragungsfunktion sind.
- Die Zeitkonstanten T der Einzelglieder (Grundformen) gehen aus den jeweiligen Eckfrequenzen hervor ($T = 1/\omega_e$).

- Eine Änderung der Verstärkung K in Gleichung (6.6) wirkt sich nur in einer Parallelverschiebung der Amplitudenkennlinie aus.
- Den inversen Frequenzgang $1/G(j\omega)$ erhält man durch Spiegelung des Amplituden- und Phasenganges um die 0-dB-Linie bzw. um die 0°-Linie.

Diese Eigenschaften erlauben eine Auswertung gemessener Frequenzkennlinien, d.h. die Ermittlung der Übertragungsfunktion. Im Falle eines *regulären Systems (Phasenminimumsystem)* genügt dazu die Amplitudenkennlinie. Die Definition eines regulären Systems wird in Kapitel 7 gegeben. Die gemessene Amplitudenkennlinie wird dazu durch Asymptoten angenähert. Sodann werden die Eckfrequenzen der Grundformen abgelesen und die angenommene Serienschaltung bestimmt.

Beispiel 6.4: In Bild 6.14 ist die Amplitudenkennlinie eines regulären Übertragungsgliedes dargestellt. Es sind die einfachstmögliche Struktur der Übertragungsfunktion G(s) sowie deren Parameter zu bestimmen.

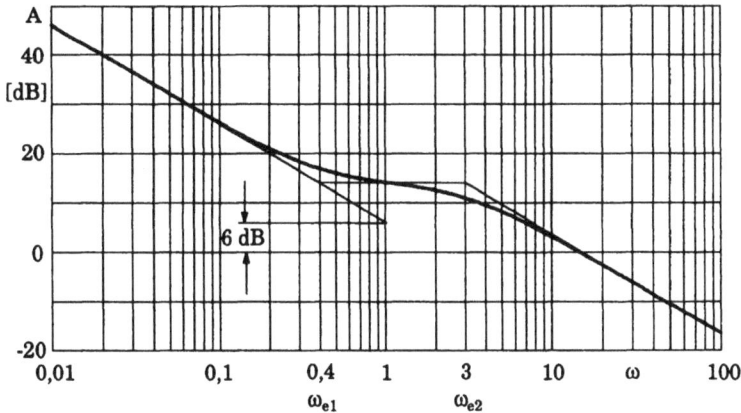

Bild 6.14: Gemessene Amplitudenkennlinie A(ω)

Lösung: Die Struktur der gesuchten Übertragungsfunktion ist: $G(s) = \dfrac{K(1+T_1 s)}{s(1+T_2 s)}$.

Begründung:

- Die niederfrequente Asymptote besitzt die Steigung $-20\,\text{dB}/\text{Dekade}$. Daraus folgt, daß ein integrierender Anteil (I-Glied) vorhanden sein muß.
- Die hochfrequente Asymptote hat ebenfalls die Steigung $-20\,\text{dB}/\text{Dekade}$. Daraus wiederum folgt, daß ein PD1-Glied und ein PT1-Glied vorhanden sein muß, wobei die Eckfrequenz des PD1-Gliedes kleiner sein muß als jene des PT1-Gliedes.
- Die Existenz eines Verstärkungsfaktors $K \neq 1$ folgt aus der Tatsache, daß die niederfrequente Asymptote die 0-dB-Linie nicht bei $\omega = 1$ schneidet.

Bestimmung der Parameter:

- Verlängert man die niederfrequente Asymptote bis $\omega = 1$, dann liest man ca. 6 dB als Verstärkung K ab. Dies ist jener Betrag, um den die gesamte Amplitudenkennlinie angehoben ist. Man erhält damit: $K \cong 6\,\text{dB} \rightarrow K = 2$.

- Der gesamte asymptotische Verlauf der Amplitudenkennlinie wird nunmehr symmetrisch vervollständigt. Aus den Schnittpunkten der nieder- und der hochfrequenten Asymptote mit der horizontalen Linie erhält man die Eckfrequenzen $\omega_{e1} = 0,4$ s^{-1} und $\omega_{e2} = 3$ s^{-1}. Damit ergeben sich die Zeitkonstanten zu:

$$T_1 = 1/\omega_{e1} = 2,5\,\text{s} \quad \text{und} \quad T_2 = 1/\omega_{e2} = \frac{1}{3}\,\text{s}.$$

Das Ergebnis lautet demnach: $G(s) = \dfrac{2(1+2,5s)}{s(1+\dfrac{1}{3}s)} = \dfrac{15(s+0,4)}{s(s+3)}$.

6.4 Aufgaben

Aufgabe 6.1: Zeichnen Sie die Ortskurve des Frequenzganges für die Übertragungssysteme mit folgenden Übertragungsfunktionen:

a) $G(s) = \dfrac{2}{(s+1)(s+0,5)(s+2)}$ b) $G(s) = \dfrac{4(1+2,5s)}{s(1+s)}$ c) $G(s) = \dfrac{1}{s^2(1+2s)}$

d) $G(s) = \dfrac{4(s+0,1)}{(s+1)(s+0,5)(s+2)}$ e) $G(s) = \dfrac{4(1+s)}{s(1+5s)}$ f) $G(s) = \dfrac{(1+0,5s)}{s^2(1+2s)}$

g) $G(s) = \dfrac{0,1(s+4)^2}{(s+1)(s+0,5)(s+2)}$ h) $G(s) = \dfrac{1+0,1s}{s^2+2s+10}$

Hinweis: Bestimmen Sie die Grenzwerte $A(0)$, $A(\infty)$ $\varphi(0)$ und $\varphi(\infty)$, bevor Sie die Ortskurve zeichnen.

Aufgabe 6.2: Zeichnen Sie für die in Aufgabe 6.1 gegebenen Übertragungsfunktionen die Frequenzkennlinien zuerst in asymptotischer Näherung und sodann exakt.

Aufgabe 6.3: Gegeben sind die folgenden Übertragungsfunktionen:

a) $G(s) = \dfrac{0,3(1+10s)}{s(1+2s)^2(1+5s)}$,   b) $G(s) = \dfrac{10s(s+0,5)}{(s+2)^2(s+10)}$,   c) $G(s) = \dfrac{10}{(1+0,1s)(1+2s)(1+0,8s+4s^2)}$.

Zeichnen Sie die Frequenzkennlinien zuerst in asymptotischer Näherung und sodann exakt.

Aufgabe 6.4: Gegeben sind die in Bild 6.15 dargestellten asymptotischen Näherungen der Amplitudengänge von Phasenminimumsystemen. Geben Sie die Struktur und die Parameter der diese Systeme beschreibenden Übertragungsfunktionen an.

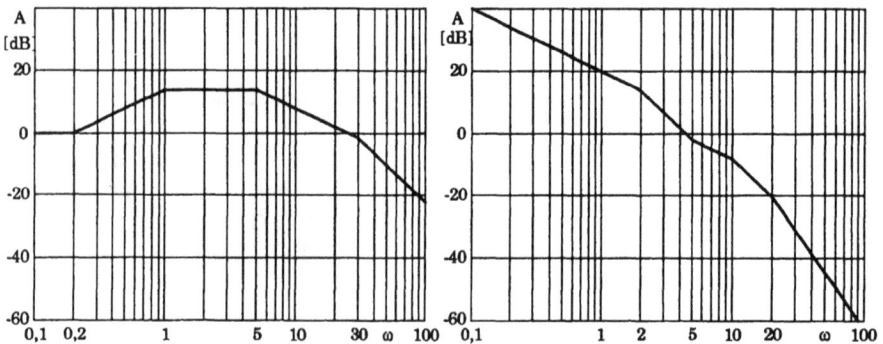

Bild 6.15

7. Arten von Übertragungsverhalten

Hinsichtlich des globalen Übertragungsverhaltens von dynamischen Systemen (Übertragungsgliedern) unterscheidet man grundsätzlich zwischen *P-Verhalten (proportionales Verhalten)*, *D-Verhalten (differenzierendes Verhalten)* und *I-Verhalten (integrierendes Verhalten)*. Des weiteren unterscheidet man zwischen sogenannten *Phasenminimumsystemen (regulären Systemen)* und *Nichtphasenminimumsystemen (nichtregulären Systemen)*.

7.1 Globale Übertragungsverhalten

Betrachtet wird ein System mit der gebrochen rationalen Übertragungsfunktion

$$G(s) = \frac{a_0 + a_1 s + a_2 s^2 + \ldots + a_m s^m}{b_0 + b_1 s + b_2 s^2 + \ldots + b_n s^n}; \quad n \geq m, \tag{7.1}$$

bzw. dem Frequenzgang

$$G(j\omega) = \frac{a_0 + a_1(j\omega) + a_2(j\omega)^2 + \ldots + a_m(j\omega)^m}{b_0 + b_1(j\omega) + b_2(j\omega)^2 + \ldots + b_n(j\omega)^n}; \quad n \geq m. \tag{7.2}$$

7.1.1 Globales P-Verhalten

Globales P-Verhalten liegt dann vor, wenn in Gleichung (7.1) $a_0 \neq 0$ und $b_0 \neq 0$ sind. Mit $K = a_0 / b_0$ erhält man:

$$G(s) = K \frac{1 + \bar{a}_1 s + \bar{a}_2 s^2 + \ldots + \bar{a}_m s^m}{1 + \bar{b}_1 s + \bar{b}_2 s^2 + \ldots + \bar{b}_n s^n}. \tag{7.3}$$

Die *Übergangsfunktion* h(t) eines globalen P-Gliedes hat - stabiles Übertragungsverhalten vorausgesetzt - den Anfangswert

$$h(0+) = \begin{cases} 0 & \text{für } n > m \\ \dfrac{a_n}{b_n} & \text{für } n = m \end{cases} \tag{7.4}$$

und den Endwert
$$h(\infty) = \frac{a_0}{b_0} = K. \tag{7.5}$$

Besitzt die Übergangsfunktion einen Anfangswert $h(0+) \neq 0$, d.h. ist $n - m = 0$, dann spricht man von einem *sprungfähigen System*.

Die *Ortskurve des Frequenzganges* $G(j\omega)$ beginnt für $\omega = 0$ stets im Abstand K auf der reellen Achse. Sie endet für $n - m = 0$ unter einem Phasenwinkel $\varphi(\infty) = 0$ auf der reellen Achse und für $n - m > 0$ unter $\varphi(\infty) = -(n-m)\pi/2$ im Ursprung.

Der *Amplitudengang* $A(\omega)$ besitzt stets eine niederfrequente Asymptote mit 0 dB/Dekade Steigung im Abstand K [dB] und eine hochfrequente Asymptote mit der Steigung $-20(n-m)$ dB/Dekade. Der *Phasengang* $\varphi(\omega)$ besitzt immer eine niederfrequente Asymptote $\varphi(\omega \to 0) = 0$ und eine hochfrequente Asymptote $\varphi(\omega \to \infty) = -(n-m)\pi/2$.

Beispiel 7.1: Ein Übertragungsglied werde durch die Übertragungsfunktion

$$G(s) = 6\frac{1+10s}{(1+s)(1+2s)(1+5s)}$$

beschrieben $(n = 3, m = 1, K = 6)$. Gesucht sind die Übergangsfunktion h(t), die Ortskurve des Frequenzganges sowie das Bode-Diagramm.

Lösung: $H(s) = \dfrac{6(s+0,1)}{s(s+1)(s+0,5)(s+0,2)}$ $\Rightarrow$ $h(t) = 6 + 13,5e^{-t} - 32e^{-0,5t} + 12,5e^{-0,2t}$,

$$A(\omega) = \frac{6\sqrt{1+100\omega^2}}{\sqrt{(1+\omega^2)(1+4\omega^2)(1+25\omega^2)}}, \quad \varphi(\omega) = \arctan(10\omega) - \arctan(\omega) - \arctan(2\omega) - \arctan(5\omega).$$

Die Übergangsfunktion, die Ortskurve sowie die Frequenzkennlinien sind in Bild 7.1 dargestellt.

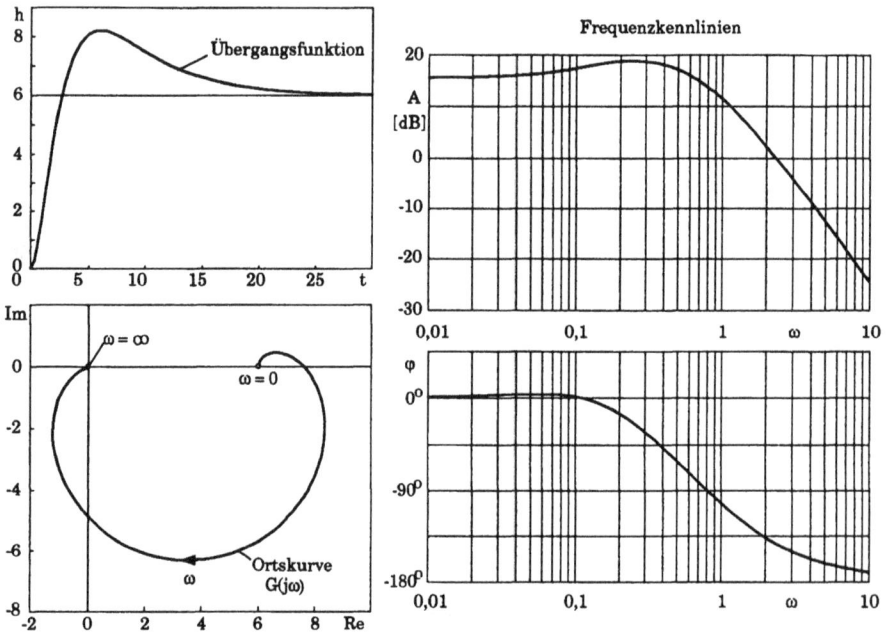

Bild 7.1

PTn-Glieder: Die sogenannten PTn-Glieder (Verzögerungsglieder n-ter Ordnung) bestehen aus einer Hintereinanderschaltung von PT1-Gliedern und PT2-Gliedern.

$$G(s) = \prod^{r} G_{PT1}(s) \prod^{s} G_{PT2}(s) = \frac{K}{1 + b_1 s + b_2 s^2 + \ldots + b_n s^n}; \quad r + 2s = n. \tag{7.6}$$

Die Ortskurve des Frequenzganges eines PTn-Gliedes beginnt stets beim Wert K auf der reellen Achse und durchläuft soviele Quadranten der komplexen Ebene, wie es der Ordnung n des Verzögerungsgliedes entspricht. Der Eintritts-Phasenwinkel in den Nullpunkt beträgt stets $\varphi(\infty) = -n(\pi/2)$.

Beispiel 7.2: Das PT1-Glied besitzt die Übertragungsfunktion $G(s) = \dfrac{K}{1+Ts}$.

Übergangsfunktion: $H(s) = G(s)\dfrac{1}{s} = \dfrac{K}{T}\dfrac{1}{s(s+1/T)}$ $\Rightarrow$ $h(t) = K\left(1-e^{-t/T}\right)$.

In Bild 7.2 ist diese Übergangsfunktion dargestellt. Sie zeichnet sich - wie alle Systeme, deren Übertragungsfunktion eine Differenz zwischen Zähler- und Nennergrad $n-m=1$ aufweisen - durch einen Knick in h(t) zum Zeitpunkt $t=0$ aus.

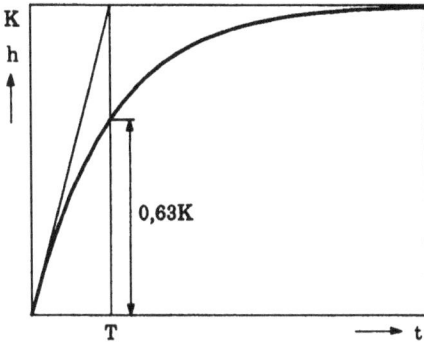

Bild 7.2: Übergangsfunktion eines PT1-Gliedes

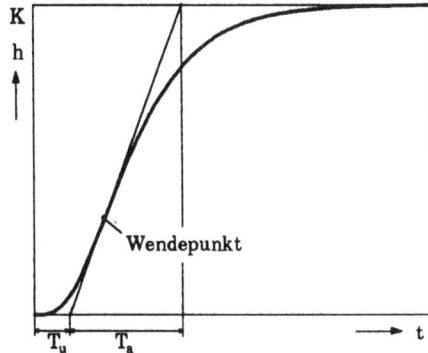

Bild 7.3: Übergangsfunktion eines PTn-Gliedes

Bild 7.3 zeigt den typischen Verlauf der Übergangsfunktion eines PTn-Gliedes mit ausschließlich reellen Polen. Liegt die Übergangsfunktion eines PTn-Gliedes gemessen vor, so kann sie nach Anlegen der Wendetangente durch die Parameter K = Verstärkung (stationärer Übertragungsfaktor), T_u = Verzugszeit (Ersatztotzeit) und T_a = Ausgleichszeit (Ersatzzeitkonstante) beschrieben werden. Diese Größen können zur Ermittlung der Reglerparameter mit Hilfe von Einstellregeln (siehe Kapitel 10) verwendet werden.

Beispiel 7.3: Die Übertragungsfunktion eines PT4-Gliedes laute:

$$G(s) = \frac{2}{(1+2s)(1+4s)(1+5s)(1+10s)}.$$

Die Übergangsfunktion sowie die Ortskurve des Frequenzganges sind in Bild 7.4 dargestellt.

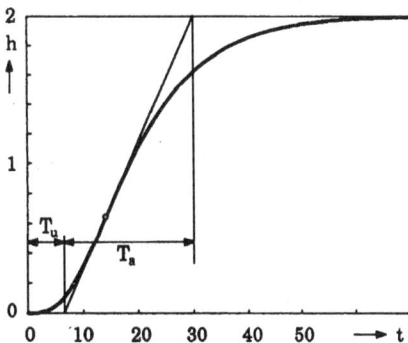

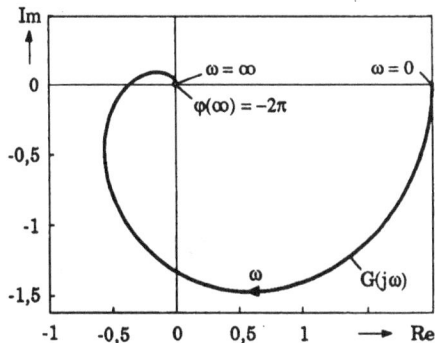

Bild 7.4

7.1.2 Globales D-Verhalten

Globales D-Verhalten liegt dann vor, wenn in Gleichung (7.1) $a_0 = 0$ ist, und es gilt: $a_1 \neq 0$ und $b_0 \neq 0$. Man kann dann G(s) umschreiben auf:

$$G(s) = K_D s \frac{1 + \overline{a}_2 s + \ldots + \overline{a}_m s^{m-1}}{1 + \overline{b}_1 s + \overline{b}_2 s^2 + \ldots + \overline{b}_n s^n}. \tag{7.7}$$

Für den Anfangs- und Endwert der Übergangsfunktion gilt allgemein:

$$h(0+) = \begin{cases} 0 & \text{für } n > m \\ \dfrac{a_n}{b_n} & \text{für } n = m \end{cases} \tag{7.8}$$

und

$$h(\infty) = 0. \tag{7.9}$$

Die Ortskurve des Frequenzganges $G(j\omega)$ eines globalen D-Gliedes beginnt für $\omega = 0$ immer im Ursprung mit einem Austrittswinkel $\varphi(0) = \pi/2$. Sie endet für $n = m$ auf der reellen Achse und für $n > m$ unter einem Eintrittswinkel $\varphi(\infty) = -(n - m)\pi/2$ im Ursprung.

Der Amplitudengang $A(\omega)$ besitzt stets eine niederfrequente Asymptote mit einer Steigung von 20 dB/Dekade und eine hochfrequente Asymptote mit der Steigung $-20(n - m)$ dB/Dekade. Der Phasengang $\varphi(\omega)$ besitzt immer eine niederfrequente Asymptote $\varphi(\omega \to 0) = \pi/2$ und eine hochfrequente Asymptote $\varphi(\omega \to \infty) = -(n - m)\pi/2$.

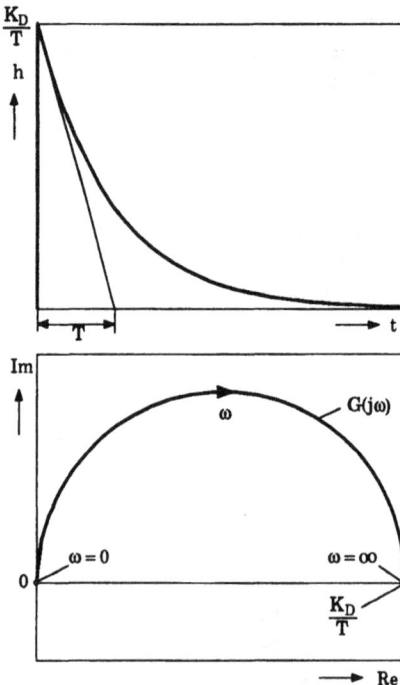

Beispiel 7.4: Das sogenannte DT1-Glied (D-Glied mit einer Verzögerung 1. Ordnung, reales Differenzierglied) besitzt die Übertragungsfunktion

$$G(s) = K_D \frac{s}{1 + Ts}.$$

Die Übergangsfunktion sowie der Amplituden- und Phasengang lauten:

$$H(s) = K_D \frac{s}{1 + Ts} \frac{1}{s} = \frac{K_D}{T(s + 1/T)}$$
$$\Rightarrow \quad h(t) = \frac{K_D}{T} e^{-t/T}.$$

$$A(\omega) = \frac{K_D \omega}{\sqrt{1 + T^2 \omega^2}}, \quad \varphi(\omega) = \pi/2 - \arctan(T\omega).$$

Die Übergangsfunktion und die Ortskurve sind in Bild 7.5 dargestellt.

Beispiel 7.5: Ein globales D-Glied werde durch die Übertragungsfunktion

$$G(s) = 2s \frac{1 + 0,5s}{(1 + s)(1 + 5s)}$$

beschrieben.

Bild 7.5

Gesucht sind die Übergangsfunktion, die Ortskurve des Frequenzganges sowie das Bode-Diagramm.

Lösung:
$$H(s) = \frac{0,2(s+2)}{(s+1)(s+0,2)} \quad \Rightarrow \quad h(t) = 0,45e^{-0,2t} - 0,25e^{-t},$$

$$A(\omega) = \frac{2\omega\sqrt{1+0,25\omega^2}}{\sqrt{(1+\omega^2)(1+25\omega^2)}}, \quad \varphi(\omega) = \pi/2 + \arctan(0,5\omega) - \arctan(\omega) - \arctan(5\omega).$$

Die Übergangsfunktion, die Ortskurve sowie die Frequenzkennlinien sind in Bild 7.6 dargestellt.

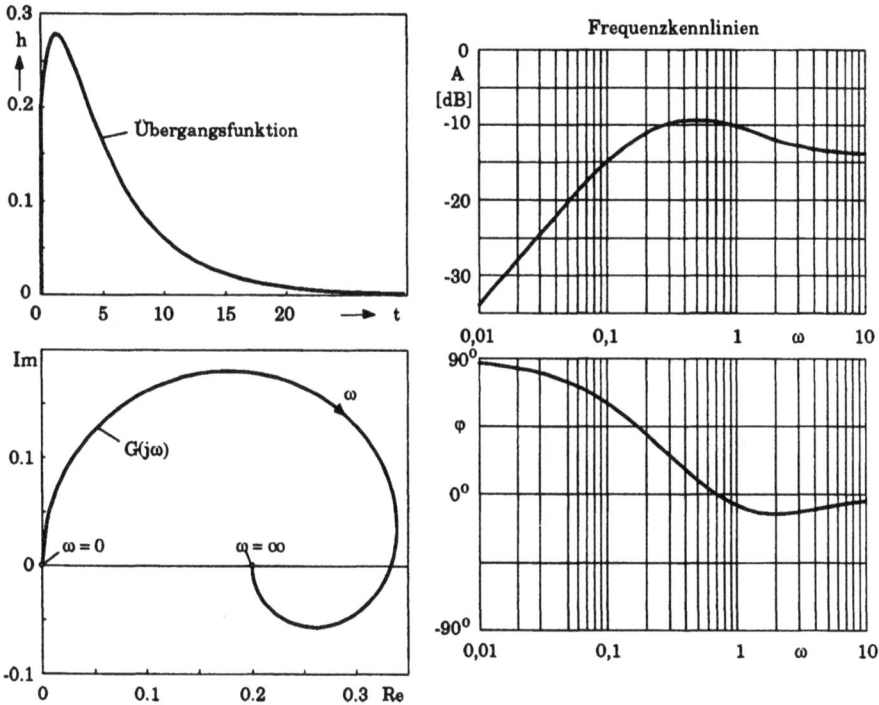

Bild 7.6

7.1.3 Globales I-Verhalten

Globales I-Verhalten liegt dann vor, wenn in der Übertragungsfunktion (7.1) der Koeffizient $b_0 = 0$ ist und gleichzeitig $a_0 \neq 0$ und $b_1 \neq 0$ gilt. Man kann dann für G(s) schreiben:

$$G(s) = \frac{K_I}{s} \frac{1 + \bar{a}_1 s + \bar{a}_2 s^2 + \dots + \bar{a}_m s^m}{1 + \bar{b}_2 s + \bar{b}_3 s^2 + \dots + \bar{b}_n s^{n-1}}. \tag{7.10}$$

Die Übergangsfunktion h(t) hat den Anfangswert

$$h(0+) = \begin{cases} 0 & \text{für } n > m \\ \dfrac{a_n}{b_n} & \text{für } n = m \end{cases} \tag{7.11}$$

Die Übergangsfunktion strebt, bedingt durch den Integralanteil in Gleichung (7.10), für $t \to \infty$ gegen Unendlich.

Die Ortskurve des Frequenzganges eines globalen I-Gliedes beginnt für $\omega = 0$ stets mit $A(0) = \infty$ unter einem Phasenwinkel $\varphi(0) = -\pi/2$. Sie endet für $n = m$ auf der reellen Achse und für $n - m$ unter dem Eintrittswinkel $\varphi(\infty) = -(n-m)\pi/2$ im Ursprung.

Der Amplitudengang $A(\omega)$ besitzt stets eine niederfrequente Asymptote mit einer Steigung von -20 dB/Dekade und eine hochfrequente Asymptote mit der Steigung $-20(n-m)$ dB/Dekade. Der Phasengang $\varphi(\omega)$ besitzt immer eine niederfrequente Asymptote $\varphi(\omega \to 0) = -\pi/2$ und eine hochfrequente Asymptote $\varphi(\omega \to \infty) = -(n-m)\pi/2$.

Beispiel 7.5: Das sogenannte IT1-Glied wird durch die Übertragungsfunktion

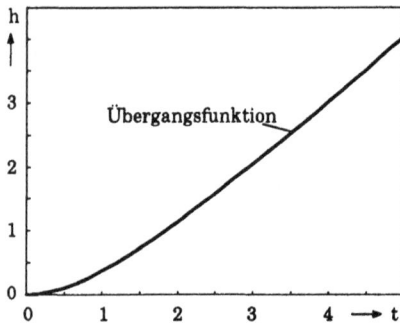

$$G(s) = \frac{K_I}{s(1+Ts)}$$

beschrieben. Die Übergangsfunktion sowie der Amplituden- und Phasengang lauten:

$$H(s) = \frac{K_I}{s(1+Ts)}\frac{1}{s} = \frac{K_I/T}{s^2(s+1/T)},$$

$$\Rightarrow \quad h(t) = K_I\left[t - 1 + Te^{-t/T}\right],$$

$$A(\omega) = \frac{K_I}{\omega\sqrt{1+T^2\omega^2}}, \quad \varphi(\omega) = -\frac{\pi}{2} - \arctan(T\omega).$$

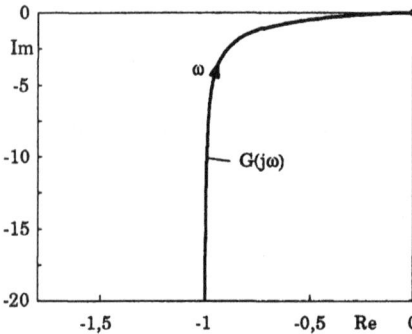

Bild 7.7

Die Übergangsfunktion sowie die Ortskurve des Frequenzganges sind in Bild 7.7 dargestellt.

Beispiel 7.6: Ein I-Glied werde durch folgende Übertragungsfunktion beschrieben:

$$G(s) = \frac{5(1+s)}{s(1+0,5s)^2}.$$

Gesucht sind die Übergangsfunktion, die Ortskurve von $G(j\omega)$ sowie die Frequenzkennlinien.

Lösung:

$$H(s) = \frac{5(1+s)}{s(1+0,5s)^2}\frac{1}{s} = \frac{20(s+1)}{s^2(s+2)^2} \quad \Rightarrow \quad h(t) = 5t(1-e^{-2t}).$$

$$A(\omega) = \frac{5\sqrt{1+\omega^2}}{\omega(1+0,25\omega^2)}, \quad \varphi(\omega) = -\frac{\pi}{2} + \arctan(\omega) - 2\arctan(0,5\omega).$$

Bild 7.8 zeigt die Übergangsfunktion, die Ortskurve und die Frequenzkennlinien dieses Systems.

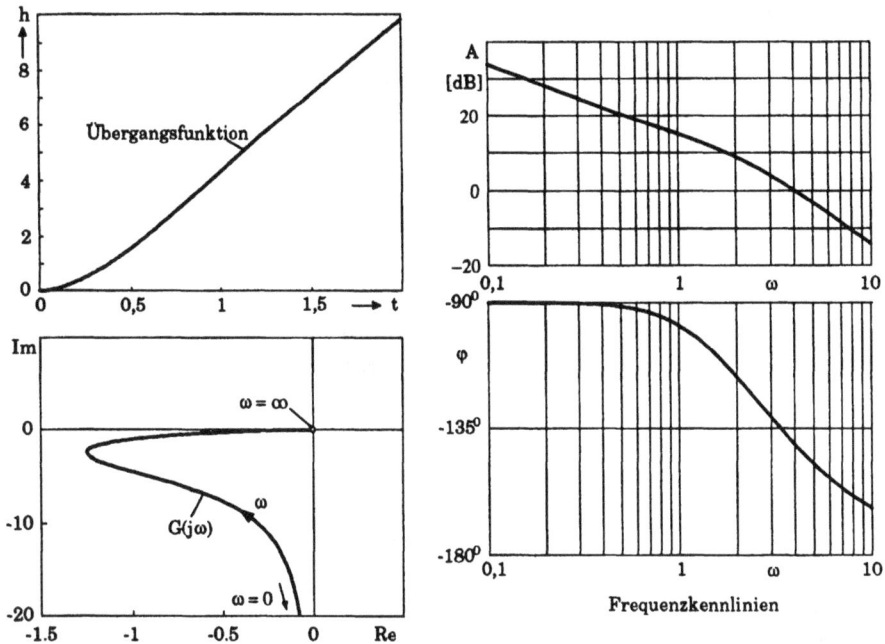

Bild 7.8

Es können auch Übertragungsglieder mit mehrfacher integrierender Wirkung auftreten. Als Beispiel sei hier das sogenannte I2T1-Glied betrachtet.

Beispiel 7.7: Die Übertragungsfunktion des I2T1-Gliedes lautet: $G(s) = \dfrac{K_I}{s^2(1+Ts)}$.

Man erhält für die Übergangsfunktion sowie den Amplituden- und Phasengang:

$$H(s) = \frac{K_I}{s^2(1+Ts)}\frac{1}{s} = \frac{K_I/T}{s^3(s+1/T)} \;\Rightarrow\; h(t) = K_I\Big[T^2 - Tt + 0{,}5t^2 - T^2 e^{-t/T}\Big],$$

$$A(\omega) = \frac{K_I}{\omega^2\sqrt{1+T^2\omega^2}}, \qquad \varphi(\omega) = -\pi - \arctan(T\omega).$$

Die Ortskurve sowie die Frequenzkennlinien sind in Bild 7.9 dargestellt.

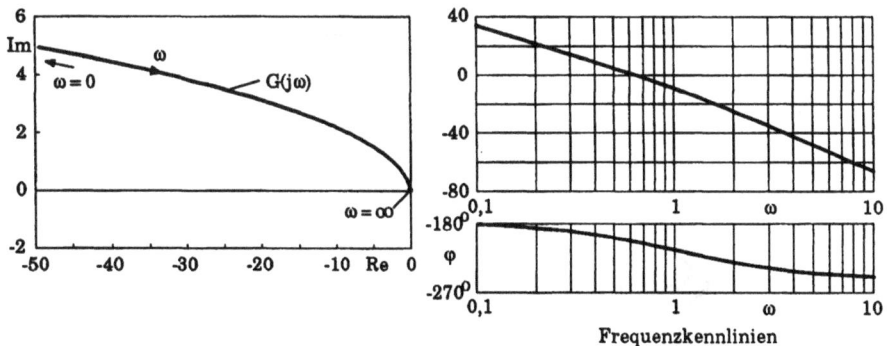

Bild 7.9

7.2 Phasenminimumsysteme - Nichtphasenminimumsysteme

Ein Übertragungssystem wird *Phasenminimumsystem (reguläres System)* genannt, wenn der Frequenzgang $G(j\omega)$ bei jeder Kreisfrequenz ω die kleinstmögliche Phasenverschiebung bei gegebenem Amplitudengang aufweist. Ein wichtiges Merkmal von Phasenminimumsystemen ist, daß die Kenntnis des Amplitudenganges $A(\omega)$ im Bode-Diagramm alleine genügt, um auf die Übertragungsfunktion zu schließen.

Ein Übertragungssystem wird zu einem *Nichtphasenminimumsystem*, wenn sein Phasengang betragsmäßig größere Werte annimmt, als dies auf Grund seines Amplitudenganges zu erwarten ist. Nichtphasenminimum-Verhalten wird durch Allpaßglieder oder Totzeitglieder in Serie mit einem Phasenminimumsystem verursacht.

7.2.1 Totzeitglieder

Bild 7.10 verdeutlicht das Ein/Ausgangsverhalten eines reinen Totzeitgliedes.

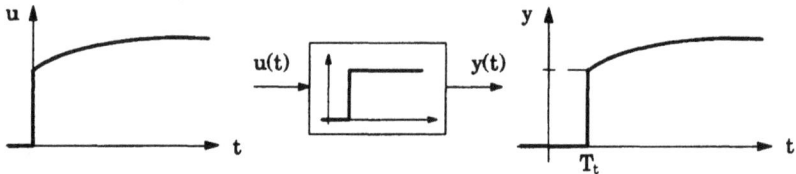

Bild 7.10: Totzeitverhalten

Totzeitglieder treten immer dann auf, wenn Transportvorgänge modelliert werden. Ein typisches Beispiel für ein Totzeitglied ist, aufgrund seiner Laufzeit, das Förderband. Auch bei der Beschreibung von PTn-Gliedern (siehe Bild 7.3) durch eine Ersatztotzeit T_u hat man es mit Totzeitverhalten zu tun.

Für das reine Totzeitglied gilt: $y(t) = u(t - T_t),$ (7.12)

bzw. mit Satz (**4.4**): $G(s) = e^{-sT_t}.$ (7.13)

Für den Frequenzgang erhält man sodann:

$$G(j\omega) = e^{-j\omega T_t} = \cos(\omega T_t) - j\sin(\omega T_t),$$ (7.14)

bzw.: $A(\omega) = 1, \quad \varphi(\omega) = -\omega T_t.$ (7.15)

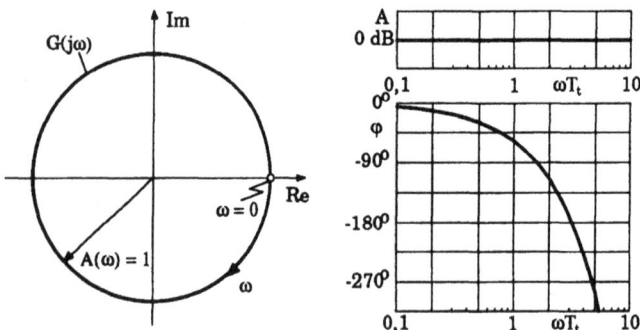

Bild 7.11: Ortskurve und Frequenzkennlinien des reinen Totzeitgliedes

Die Tatsache, daß für den Amplitudengang $A(\omega) = 1$ gilt, und zwar unabhängig von der Kreisfrequenz ω, hat zur Folge, daß der Amplitudengang einer Serienschaltung von einem Totzeitglied und einem Phasenminimumsystem vom Totzeitglied nicht beeinflußt wird. In Bild 7.11 sind die Ortskurve des Frequenzganges $G(j\omega)$ sowie die Frequenzkennlinien des Totzeitgliedes $A(\omega)$ und $\varphi(\omega)$ dargestellt.

Wird ein reines Totzeitglied in Serie mit einem Phasenminimumsystem geschaltet, so entsteht insgesamt ein Nichtphasenminimumsystem, da die Phase des Gesamtsystems durch die Phase des Totzeitgliedes (im negativen Sinne) vergrößert wird, die Amplitudenkennlinie durch das Totzeitglied jedoch nicht verändert wird.

Beispiel 7.8: Es werde ein PT1-Glied in Serie mit einem reinen Totzeitglied betrachtet:

$$G(s) = \frac{2}{1+s} e^{-2s}.$$

Für die Übergangsfunktion erhält man:

$$H(s) = \frac{2}{s(1+s)} e^{-2s} \;\Rightarrow\; h(t) = 2\left[1 - e^{-(t-2)}\right]\sigma(t-2).$$

Diese Lösung kommt dadurch zustande, daß man in der Sprungantwort des PT1-Gliedes t durch $(t-2)$ ersetzt. Durch die Multiplikation mit der Einheitssprungfunktion bei $t = 2$, $\sigma(t-2)$, wird erkennbar gemacht, daß die Lösung nur für $t \geq 2$ gültig ist. Für den Frequenzgang erhält man:

$$G(j\omega) = \frac{2}{1+j\omega} e^{-j2\omega}; \quad A(\omega) = \frac{2}{\sqrt{1+\omega^2}}, \quad \varphi(\omega) = -\arctan(\omega) - 2\omega.$$

Die Ortskurve und das Bode-Diagramm sind in Bild 7.12 dargestellt.

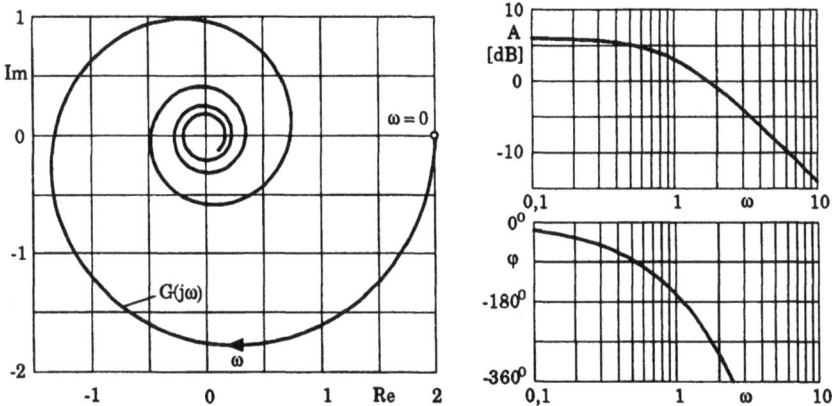

Bild 7.12

7.2.2 Allpaßglieder

In allen bisher besprochenen Fällen wurde stillschweigend angenommen, daß das Zählerpolynom der Übertragungsfunktion laut Gleichung (7.1) ausschließlich Nullstellen in der linken Halbebene besitzt. Bedingt durch Mitkopplungen oder durch die physikalischen Eigenschaften des modellierten Systems können jedoch auch positive Nullstellen in der Übertragungsfunktion G(s) auftreten.

Beispiel 7.9: Es sollen die durch die folgenden Übertragungsfunktionen beschriebenen Übertragungssysteme hinsichtlich ihrer Bode-Diagramme miteinander verglichen werden:

$$G_1(s) = \frac{2(1+4s)}{(1+s)(1+10s)}; \quad G_2(s) = \frac{2(1-4s)}{(1+s)(1+10s)}.$$

Man erhält für die Amplituden- und Phasengänge:

$$A_1(\omega) = A_2(\omega) = \frac{2\sqrt{1+16\omega^2}}{\sqrt{(1+\omega^2)(1+100\omega^2)}},$$

$$\varphi_1(\omega) = \arctan(4\omega) - \arctan(\omega) - \arctan(10\omega); \quad \varphi_2(\omega) = -\arctan(4\omega) - \arctan(\omega) - \arctan(10\omega).$$

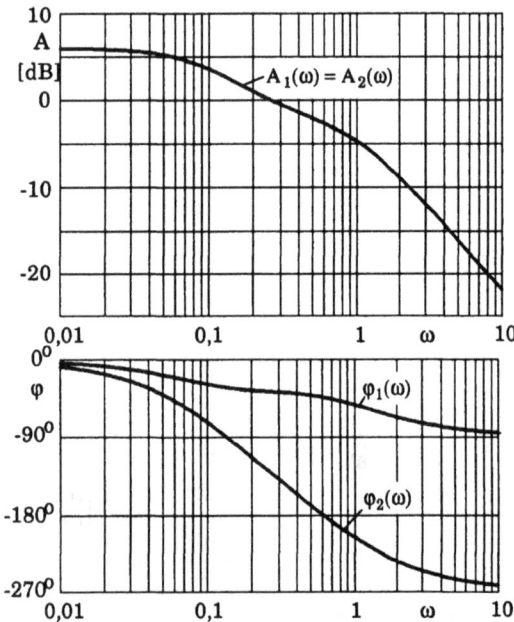

Bild 7.13

Aus den obigen Ergebnissen bzw. aus den in Bild 7.13 dargestellten Bode-Diagrammen erkennt man, daß die Amplitudengänge der beiden Systeme identisch sind, der Phasengang $\varphi_2(\omega)$ jedoch größere negative Werte annimmt als $\varphi_1(\omega)$. Es handelt sich demnach beim System mit der Übertragungsfunktion $G_2(j\omega)$ um ein Nichtphasenminimumsystem. Wie man leicht erkennen kann, wird diese Eigenschaft durch die Nullstelle in der rechten Halbebene verursacht.

Schreibt man die Übertragungsfunktion $G_2(j\omega)$ um zu:

$$G_2(s) = \frac{2(1+4s)}{(1+s)(1+10s)} \frac{(1-4s)}{(1+4s)}$$

$$= G_{PM} G_A(s),$$

so kann man dies als Serienschaltung eines Phasenminimumsystems $G_{PM}(s)$ und eines sogenannten Allpaßgliedes 1.Ordnung $G_A(s)$ auffassen. Der Allpaß 1.Ordnung besitzt folgenden Amplitudengang und Phasengang:

$$A_A(\omega) = \frac{\sqrt{1+16\omega^2}}{\sqrt{1+16\omega^2}} = 1, \quad \varphi(\omega) = -2\arctan(4\omega).$$

Das reguläre Übertragungsglied $G_{PM}(s) = G_1(s)$ besitzt den gleichen Amplitudengang wie $G_2(s)$, jedoch den Phasengang

$$\varphi_{PM}(\omega) = \arctan(4\omega) - \arctan(\omega) - \arctan(10\omega).$$

$G_{PM}(s)$ hat also bei gleichem Amplitudengang die kleinere, minimale Phasenverschiebung.

Allgemein gilt: Werden beliebige Serienschaltungen von Allpaßgliedern mit einer Übertragungsfunktion $G_{PM}(s)$ multipliziert, dann haben die Frequenzgänge der so entstehenden Übertragungsglieder zwar die gleichen Beträge, jedoch nur der reguläre Frequenzgang $G_{PM}(j\omega)$ für sich alleine besitzt bei jeder Frequenz ω die kleinstmögliche Phasenverschiebung.

Die Übergangsfunktion sowie die Ortskurve des Frequenzganges eines reinen Allpasses 1.Ordnung und 2.Ordnung sind im folgenden dargestellt.

Allpaß 1.Ordnung: $\qquad\qquad\qquad G_A(s) = \dfrac{1 - Ts}{1 + Ts}.$ $\qquad\qquad\qquad$ (7.16)

$$A_A(\omega) = 1, \quad \varphi_A(\omega) = -2\arctan(T\omega). \qquad\qquad (7.17)$$

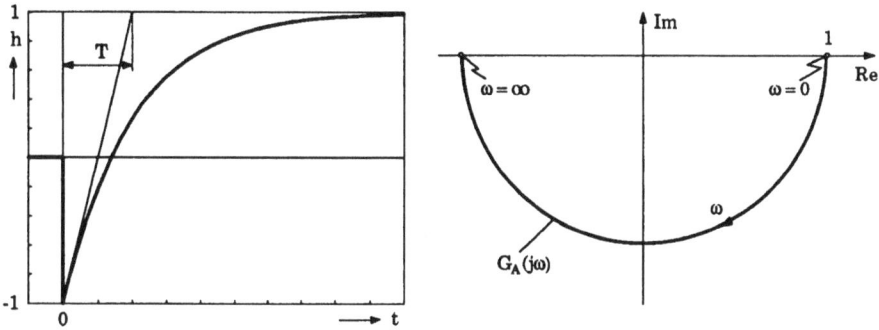

Bild 7.14: Übergangsfunktion und Ortskurve eines reinen Allpasses 1.Ordnung

Allpaß 2.Ordnung: $\qquad\qquad\qquad G_A(s) = \dfrac{1 - T_1 s + T_2^2 s^2}{1 + T_1 s + T_2^2 s^2}.$ $\qquad\qquad$ (7.18)

$$A_A(\omega) = 1, \quad \varphi_A(\omega) = -2\arctan\left(\frac{T_1\omega}{1 - T_2^2\omega^2}\right). \qquad (7.19)$$

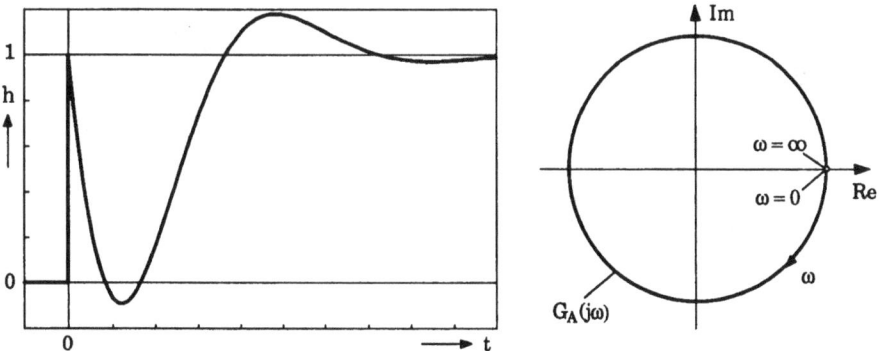

Bild 7.15: Übergangsfunktion und Ortskurve eines reinen Allpasses 2.Ordnung

Beispiel 7.10: In Bild 7.16 sind die Frequenzkennlinien eines Nichtphasenminimumsystems dargestellt. Es sollen daraus die Struktur und die Parameter der diesem System zugrunde liegenden Übertragungsfunktion bestimmt werden.

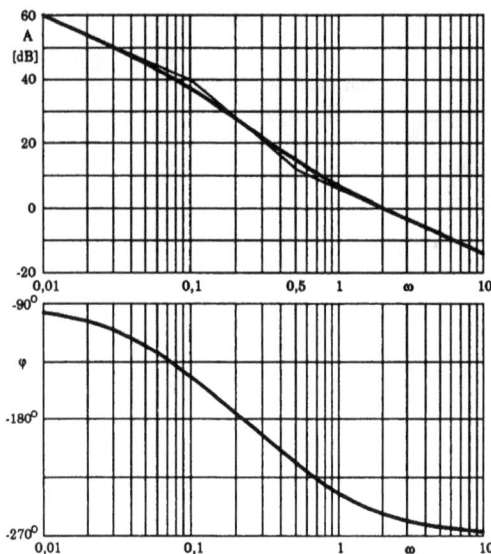

Bild 7.16

Lösung: Nach dem Einzeichnen der asymptotischen Näherung des Amplitudenganges, würde man daraus, nach Bestimmung der Eckfrequenzen sowie der Verstärkung, eine Übertragungsfunktion

$$G(s) = \frac{10(1+2s)}{s(1+10s)}$$

ablesen. Die hochfrequente Asymptote des Phasenganges müßte für dieses System bei $\varphi(\infty) = -90°$ verlaufen. Aus dem tatsächlichen Phasengang ersieht man jedoch, daß diese bei $\varphi(\infty) = -270°$ verläuft. Daraus schließt man, daß es sich um ein nichtreguläres System handeln muß, d.h., daß das Übertragungsglied Allpaßverhalten aufweist. Die tatsächliche Übertragungsfunktion muß daher lauten:

$$G(s) = \frac{10(1-2s)}{s(1+10s)}.$$

Ein Totzeitglied kann durch ein Allpaßglied 2.Ordnung mit der Übertragungsfunktion

$$G(s) = e^{-T_t s} \approx \frac{(T_t s)^2 - 6(T_t s) + 12}{(T_t s)^2 + 6(T_t s) + 12}; \quad \text{für} \quad 0 < \omega < \frac{2\sqrt{3}}{T_t} \tag{7.20}$$

in guter Näherung beschrieben werden (Padé-Approximation).

Beispiel 7.10: Das Totzeitglied $G(s) = e^{-2s}$ kann durch das Allpaßglied 2.Ordnung mit der Übertragungsfunktion

$$G_A(s) = \frac{4s^2 - 12s + 12}{4s^2 + 12s + 12} = \frac{1 - s + s^2/3}{1 + s + s^2/3}$$

im Frequenzbereich $0 < \omega < \sqrt{3}$ angenähert werden. In Bild 7.17 sind die Phasengänge des Totzeitgliedes und seiner Näherung dargestellt.

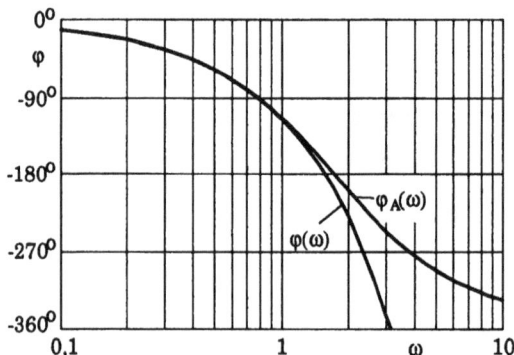

Bild 7.17

7.3 Aufgaben

Aufgabe 7.1: Gegeben sind folgende Übertragungsfunktionen:

$$a)\ G(s) = \frac{2(s+2)}{(s+1)(s+5)}, \qquad b)\ G(s) = \frac{10}{(s+1/3)^2(s+2)},$$

$$c)\ G(s) = \frac{5s(s+4)}{(s^2+2s+2)} \qquad d)\ G(s) = \frac{2s}{(1+2s)(1+0,8s+s^2)},$$

$$e)\ G(s) = \frac{(1+s)(1+4s)}{s(1+0,5s)}, \qquad f)\ G(s) = \frac{4(1+5s)}{s(1+s)}.$$

Berechnen und zeichnen Sie jeweils die Übergangsfunktion und die Ortskurve des Frequenzganges.

Aufgabe 7.2: Gegeben sind folgende Übertragungsfunktionen totzeitbehafteter Übertragungsglieder.

$$a)\ G(s) = \frac{2}{s(s+1)}e^{-2s}, \qquad b)\ G(s) = \frac{s+1}{s^2+4s+16}e^{-s}.$$

Berechnen und zeichnen Sie jeweils die Übergangsfunktion sowie das Bode-Diagramm. Zeichnen Sie, falls möglich und sinnvoll, zuerst die asymptotischen Näherungen der Frequenzkennlinien.

Aufgabe 7.3: Gegeben sind folgende Übertragungsfunktionen mit Nullstellen in der rechten Halbebene:

$$a)\ G(s) = \frac{2(1-s)}{s(1+s)}, \qquad b)\ G(s) = \frac{1-0,5s}{s^2+4s+16}.$$

Berechnen und zeichnen Sie jeweils die Übergangsfunktion, die Ortskurve des Frequenzganges sowie das Bode-Diagramm. Zeichnen Sie, falls möglich und sinnvoll, für die Frequenzkennlinien auch die asymptotische Näherung ein.

Aufgabe 7.4: Gegeben sind die in Bild 7.18 dargestellten Ortskurven von Frequenzgängen dynamischer Übertragungsglieder. Bestimmen Sie dafür die Struktur der jeweiligen dazugehörenden Übertragungsfunktionen mit minimalem Zähler- und Nennergrad.

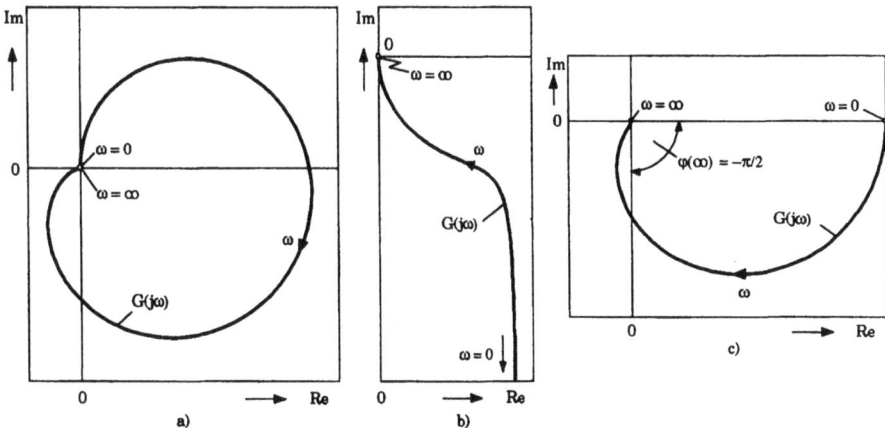

Bild 7.18

Aufgabe 7.5: Betrachten Sie die in Bild 7.19 dargestellten Übergangsfunktionen. Bestimmen Sie mit Hilfe der Grenzwertsätze der Laplace-Transformation die Struktur der jeweils dazugehörenden Übertragungsfunktionen mit minimalem Zähler- und Nennergrad.

Aufgabe 7.6: Betrachten Sie die in Bild 7.20 dargestellten Gewichtsfunktionen. Bestimmen Sie mit Hilfe der Grenzwertsätze der Laplace-Transformation die Struktur der jeweils dazugehörenden Übertragungsfunktionen mit minimalem Zähler- und Nennergrad.

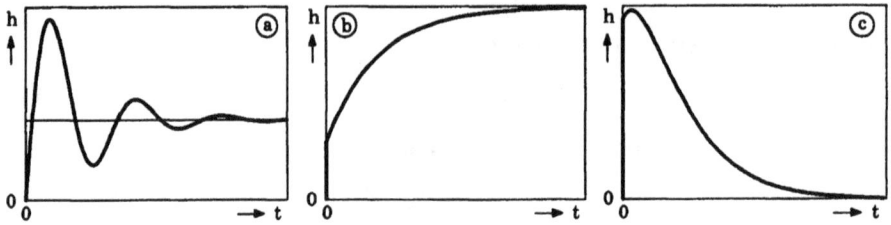

Bild 7.19

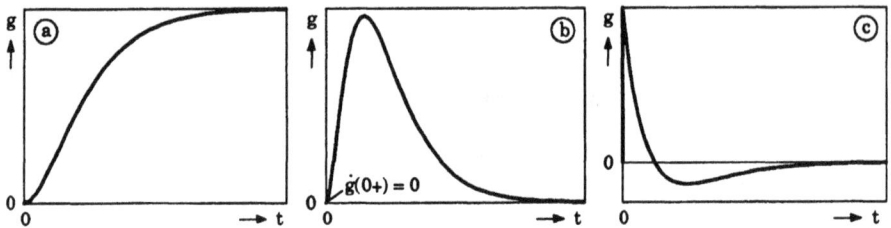

Bild 7.20

Aufgabe 7.7: In Bild 7.21 sind die Frequenzkennlinien eines nichtregulären Systems dargestellt. Bestimmen Sie die Struktur und Parameter der diesem System zugrunde liegenden Übertragungsfunktion.

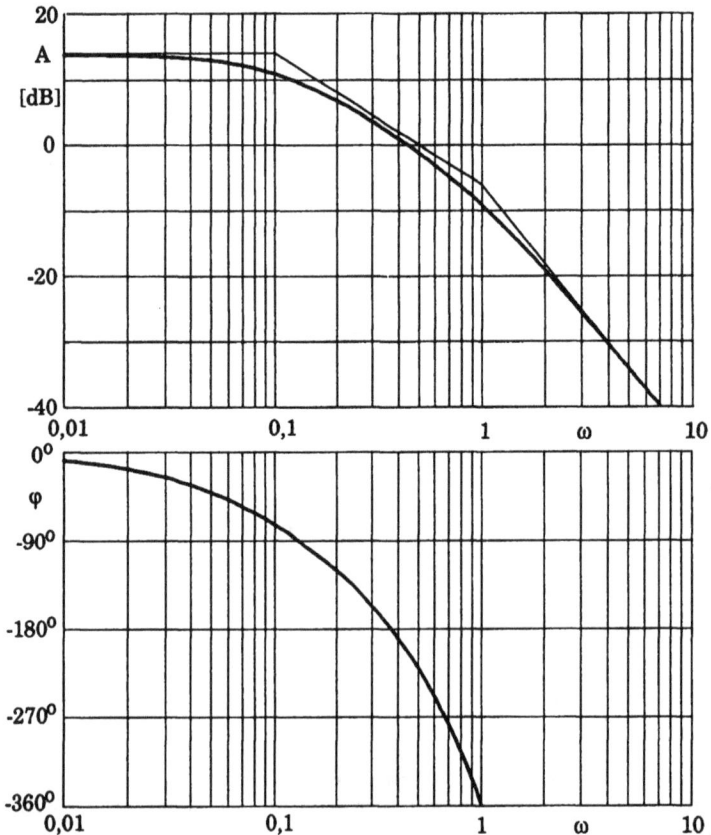

Bild 7.21

8. Regler

In Bild 8.1 ist nochmals das Blockschaltbild des Standard-Eingrößenregelkreises darge-stellt.

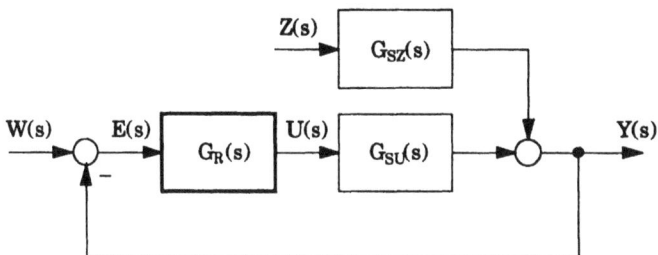

Bild 8.1: Blockschaltbild des Standard-Eingrößenregelkreises

Die Aufgabe des Regelungstechnikers ist es nunmehr, den Regler, repräsentiert durch die Übertragungsfunktion $G_R(s)$, so zu entwerfen, daß das statische und dynamische Verhalten des geschlossenen Regelkreises seinen Vorstellungen entspricht, d.h. gewissen Spezifikationen genügt. In diesem Kapitel werden die am häufigsten verwendeten Reglertypen angegeben, ihre Charakteristik im Zeit- und Frequenzbereich behandelt sowie Möglichkeiten der Realisierung besprochen.

Es wird an dieser Stelle angenommen, daß es sich bei den Reglern um sogenannte Einheitsregler handelt, deren Eingangssignal e(t) (Regelfehler, Regeldifferenz) und Ausgangssignal u(t) (Stellgröße) Einheitssignale sind (z.B. 0 – 20 mA oder 0 – 10 V).

8.1 Reglertypen

Im folgenden werden alle gebräuchlichen Reglertypen durch ihre Gleichung im Zeitbereich, Übertragungsfunktion, Übergangsfunktion und Frequenzgang charakterisiert, wobei zwischen idealen und realen Reglern unterschieden wird. Es handelt sich dabei bei allen Typen um Varianten des sogenannten *PID-Reglers* (Proportionalwirkender-Integrierender-Differenzierender Regler). Der Regler bildet aus der jeweils anliegenden Regeldifferenz e(t) dynamisch die Stellgröße u(t). Seine Übertragungsfunktion lautet allgemein:

$$G_R(s) = \frac{U(s)}{E(s)}. \tag{8.1}$$

8.1.1 P-Regler

Reglergleichung: $\qquad\qquad\qquad u(t) = K_p e(t) \tag{8.2}$

Reglerübertragungsfunktion: $\qquad\quad G_R(s) = K_p \tag{8.3}$

Neben der Reglerverstärkung K_p ist auch noch der Proportionalbereich (P-Bereich) als Einstellwert üblich. Er ist wie folgt definiert:

$$\text{P-Bereich} = \frac{1}{K_p} \times 100 \ [\%] \tag{8.4}$$

Ist $K_p = 1$ (P-Bereich = 100%), dann erfordert das volle Aussteuern des Stellbereiches (von u_{min} bis u_{max}, z.B. 4 – 20 mA) ein Durchlaufen von 100% des Regelbereiches bzw. des Bereiches des Regelfehlers. Bei einer Verstärkung $K_p < 1$ ist das Durchlaufen von mehr als 100% des Regelbereiches notwendig, um den Stellbereich voll auszusteuern. Umgekehrt genügt bei $K_p > 1$ weniger als das volle Durchlaufen des Regelbereiches, um den Stellbereich zu 100% auszusteuern.

Die Übergangsfunktion eines P-Reglers lautet $h_R(t) = K_p \sigma(t)$. Die Frequenzkennlinien sind gleich denen der Grundform P-Glied (vgl. Abschnitt 6.3.2).

8.1.2 I-Regler

Reglergleichung: $$u(t) = K_I \int_0^t e(\tau) d\tau \tag{8.5}$$

Reglerübertragungsfunktion: $$G_R(s) = \frac{K_I}{s} \tag{8.6}$$

Die Übergangsfunktion des reinen I-Reglers $h_R(t) = K_I \rho(t)$ sowie die Ortskurve des Frequenzganges und das Bode-Diagramm sind in Bild 8.2 dargestellt.

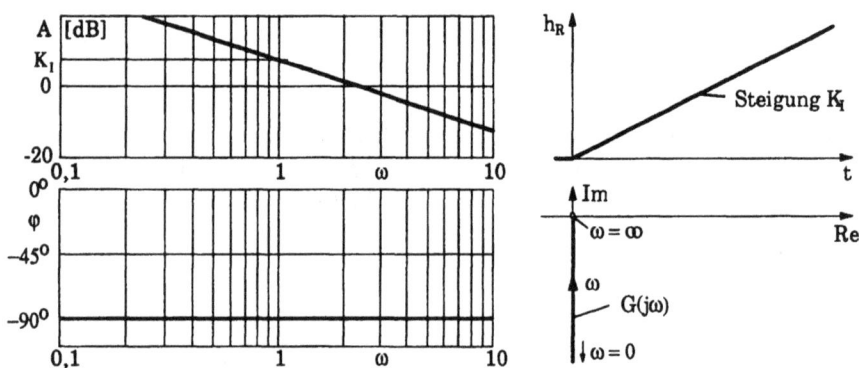

Bild 8.2: Frequenzkennlinien, Übergangsfunktion und Ortskurve eines I-Reglers

8.1.3 PI-Regler

Der PI-Regler ist eine Kombination eines P- und eines I-Reglers (Parallelschaltung). Neben der Reglerverstärkung K_p wird hier als zweiter Reglerparameter die sogenannte Nachstellzeit T_n eingeführt.

Reglergleichung: $$u(t) = K_p e(t) + K_I \int_0^t e(\tau) d\tau = K_p \left[e(t) + \frac{1}{T_n} \int_0^t e(\tau) d\tau \right], \quad T_n = \frac{K_p}{K_I}. \tag{8.7}$$

Reglerübertragungsfunktion:

$$G_R(s) = K_p + \frac{K_I}{s} = K_p \frac{1 + T_n s}{T_n s} \quad \text{oder} \quad G_R(s) = K_R \frac{1 + T_n s}{s}, \quad K_R = \frac{K_p}{T_n}. \tag{8.8}$$

Die Übergangsfunktion sowie die Ortskurve des Frequenzganges und das Bode-Diagramm eines PI-Reglers sind in Bild 8.3 dargestellt.

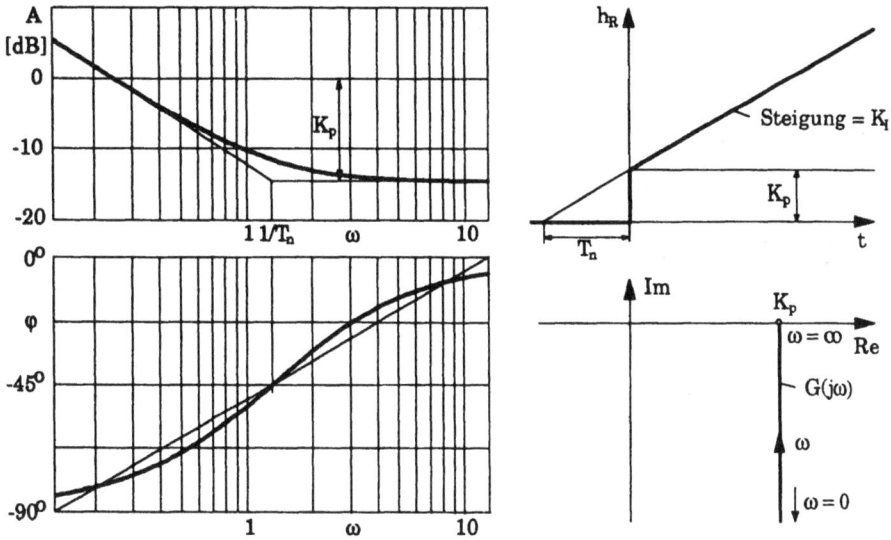

Bild 8.3: Frequenzkennlinien, Übergangsfunktion und Ortskurve eines PI-Reglers

8.1.4 Idealer PD-Regler

Der ideale PD-Regler, bei dem neben der Proportionalwirkung auch die differenzierende Wirkung verwendet wird, ist nur von theoretischem Interesse, da er nicht realisiert werden kann. Er wird der Vollständigkeit halber dennoch angegeben. Als weiterer Reglerparameter wird die sogenannte Vorhaltezeit T_v eingeführt.

Reglergleichung: $u(t) = K_p e(t) + K_D \dfrac{de(t)}{dt} = K_p[e(t) + T_v \dot{e}(t)], \quad T_v = \dfrac{K_D}{K_p}.$ (8.9)

Reglerübertragungsfunktion: $G_R(s) = K_p + K_D s = K_p[1 + T_v s].$ (8.10)

Die Übergangsfunktion, die Ortskurve des Frequenzganges sowie das Bode-Diagramm eines idealen PD-Reglers sind in Bild 8.4 dargestellt.

8.1.5 Idealer PID-Regler

Beim idealen PID-Regler, der ebenfalls nicht realisierbar ist, kommen alle drei Wirkungen zum Einsatz.

Reglergleichung:

$$u(t) = K_p e(t) + K_I \int_0^t e(\tau) d\tau + K_D \frac{de(t)}{dt} = K_p\left[e(t) + \frac{1}{T_n} \int_0^t e(\tau) d\tau + T_v \dot{e}(t)\right].$$ (8.11)

Reglerübertragungsfunktion:

$$G_R(s) = K_p\left[1 + \frac{1}{T_n s} + T_v s\right] = K_p \frac{1 + T_n s + T_n T_v s^2}{T_n s} = K_R \frac{1 + T_n s + T_n T_v s^2}{s},$$ (8.12)

oder: $G_R(s) = K_R \dfrac{(1+T_1 s)(1+T_2 s)}{s}$, $K_R = \dfrac{K_p}{T_n}$, $T_n = T_1 + T_2$, $T_n T_v = T_1 T_2$.   (8.13)

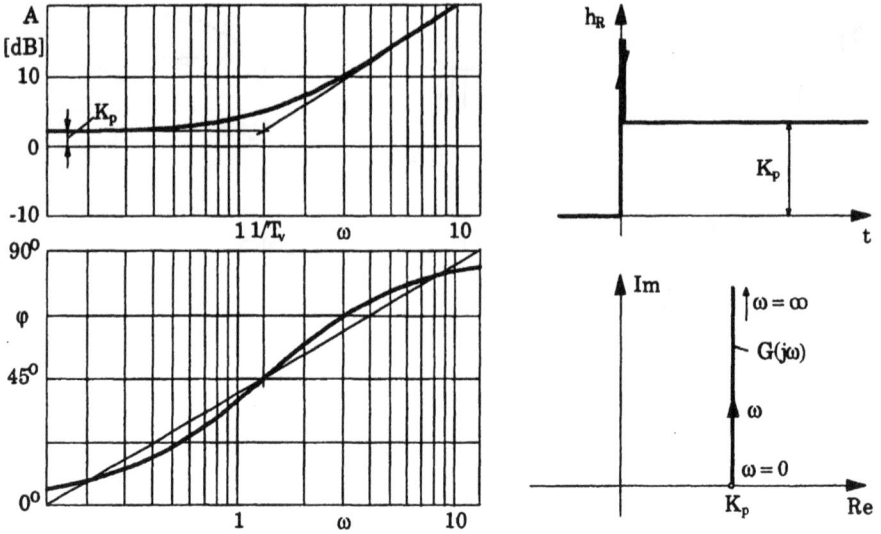

Bild 8.4: Frequenzkennlinien, Übergangsfunktion und Ortskurve des idealen PD-Reglers

Die Übergangsfunktion, die Ortskurve des Frequenzganges und die Frequenzkennlinien des idealen PID-Reglers sind in Bild 8.5 dargestellt.

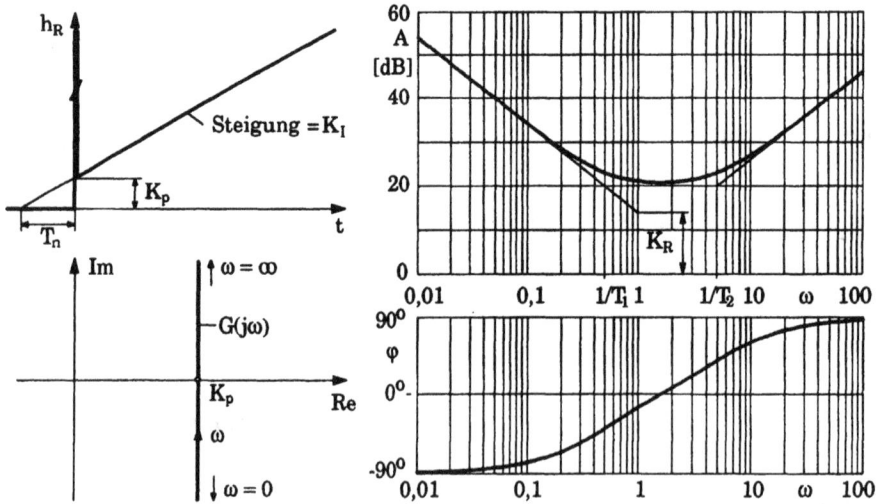

Bild 8.5: Übergangsfunktion, Ortskurve und Frequenzkennlinien des idealen PID-Reglers

In Bild 8.6 ist die Realisierung des idealen PID-Reglers in Form einer Parallelschaltung von P-, I- und D-Anteil dargestellt. Ersetzt man den nicht realisierbaren idealen D-Anteil durch das realisierbare DT1-Glied (Vorhalteglied), so erhält man den realen PID-Regler.

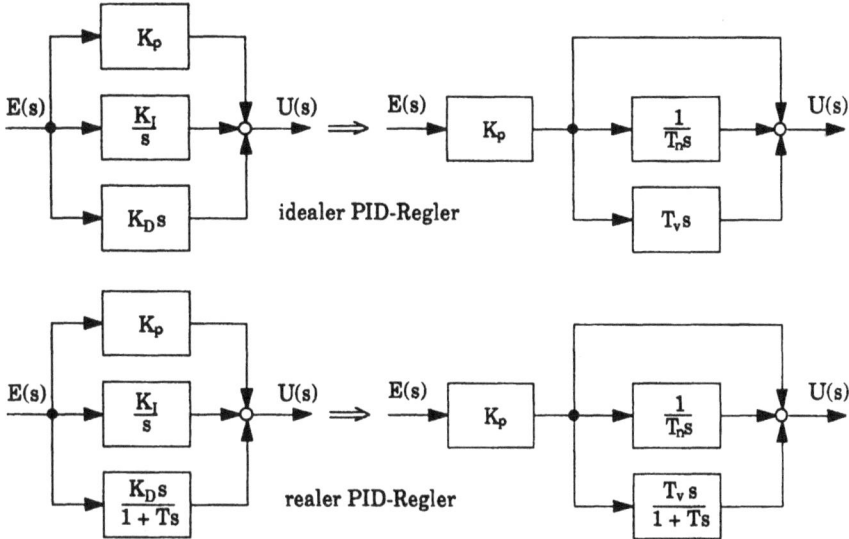

Bild 8.6: Parallelrealisierung des idealen und des realen PID-Reglers

8.1.6 Realer PID-Regler

Aus Bild 8.6 folgt für die Reglerübertragungsfunktion:

$$G_R(s) = K_p\left[1 + \frac{1}{T_n s} + \frac{T_v s}{1 + Ts}\right] = K_p \frac{1 + (T + T_n)s + T_n(T + T_v)s^2}{T_n s(1 + Ts)},$$

bzw.:

$$G_R(s) = K_R \frac{(1 + T_1 s)(1 + T_2 s)}{s(1 + Ts)} \quad \text{oder} \quad G_R(s) = K_R \frac{1 + 2\zeta\tau s + \tau^2 s^2}{s(1 + Ts)}. \tag{8.14}$$

Die beiden Varianten der Reglerübertragungsfunktion in (8.14) bedeuten je nach Entwurfserfordernis reelle bzw. konjugiert komplexe Reglernullstellen.

Reglergleichung: $\quad T\ddot{u}(t) + \dot{u}(t) = K_R e(t) + K_R(T_1 + T_2)\dot{e}(t) + K_R T_1 T_2 \ddot{e}(t).$ $\tag{8.15}$

In Bild 8.7 sind die Übergangsfunktion, die Ortskurve des Frequenzganges $G(j\omega)$ sowie die Frequenzkennlinien des realen PID-Reglers dargestellt.

8.1.7 Realer PD-Regler (Lead-Glied)

Setzt man im Blockschaltbild des realen PID-Reglers in Bild 8.6 $T_n = \infty$, so erhält man den realen PD-Regler.

Reglerübertragungsfunktion:

$$G_R(s) = K_p\left[1 + \frac{T_v s}{1 + Ts}\right] = K_p \frac{1 + (T + T_v)s}{1 + Ts} = K_p \frac{1 + T_1 s}{1 + Ts}. \tag{8.16}$$

In Gleichung (8.16) gilt immer $T_1 > T$, d.h. die Polstelle des realen PD-Reglers liegt immer links von dessen Nullstelle.

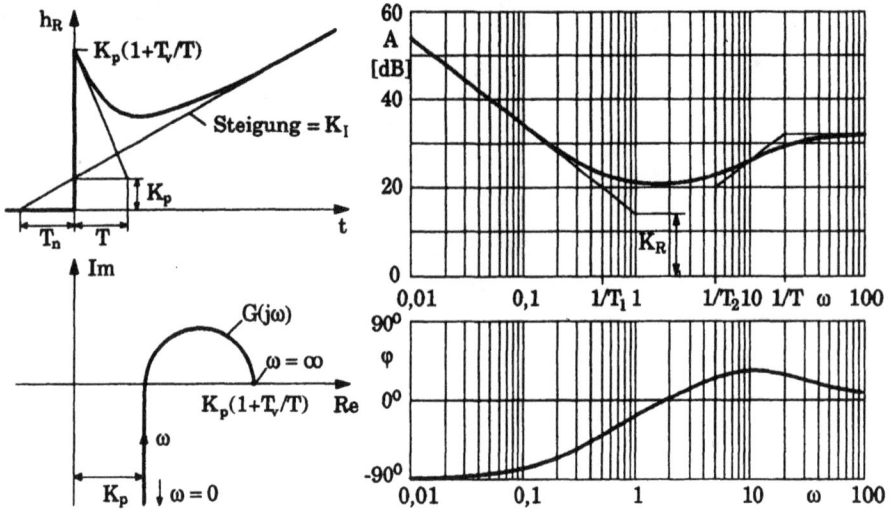

Bild 8.7: Übergangsfunktion, Ortskurve und Bode-Diagramm des realen PID-Reglers

Reglergleichung: $T\dot{u}(t) + u(t) = K_p e(t) + K_p T_1 \dot{e}(t).$ (8.17)

Bild 8.8 zeigt die Übergangsfunktion, Ortskurve des Frequenzganges sowie die Frequenz-kennlinien des realen PD-Reglers.

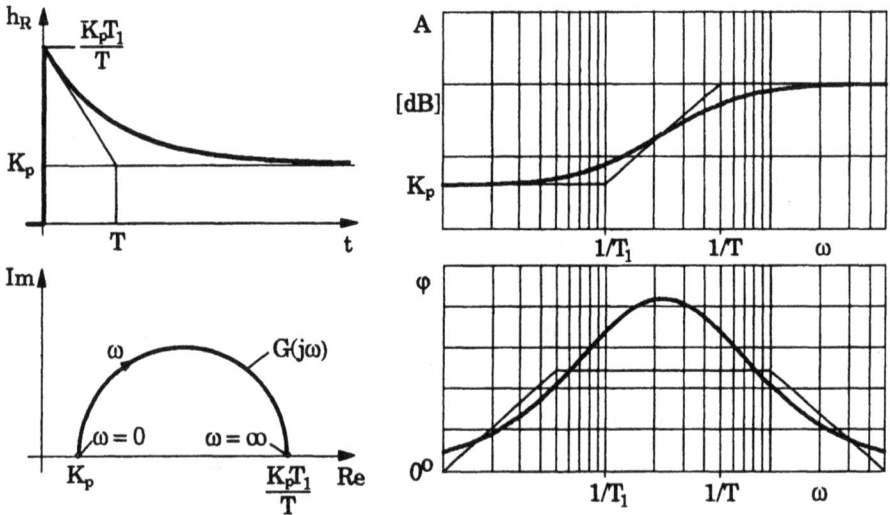

Bild 8.8: Übergangsfunktion, Ortskurve und Bode-Diagramm des realen PD-Reglers

Das sogenannte *Lead-Glied* (phasenanhebendes Korrekturglied) besitzt die Übertragungs-funktion

$$G_R(s) = \alpha \frac{1+Ts}{1+\alpha Ts}, \quad 0 < \alpha < 1. \tag{8.18}$$

Es ist dies ein realer PD-Regler mit einer fixen Verstärkung α und wird meist in Serie mit einer zusätzlichen Verstärkung K_p eingesetzt. Bild 8.9 zeigt die Frequenzkennlinien des Lead-Gliedes.

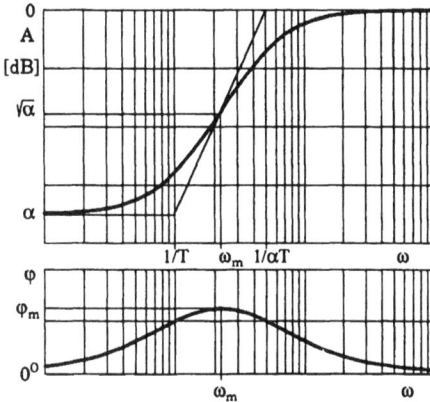

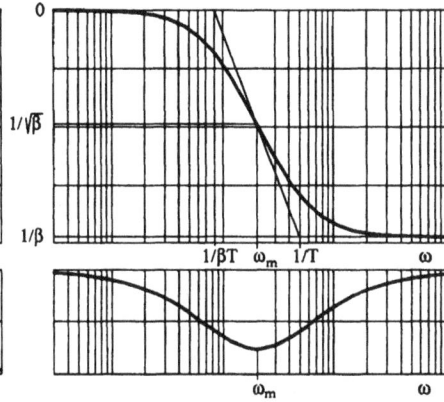

Bild 8.9: Frequenzkennlinien des Lead-Gliedes   Bild 8.10: Frequenzkennlinien des Lag-Gliedes

Die maximale Phasenanhebung und die Kreisfrequenz, bei welcher diese auftritt, sind:

$$\omega_m = \frac{1}{T\sqrt{\alpha}}, \quad \varphi_m = \arcsin\frac{1-\alpha}{1+\alpha}. \tag{8.19}$$

Wie man beim Entwurf von Regelkreisen in Kapitel 11 sehen wird, ist die phasenanhe-bende Wirkung des Lead-Gliedes von Bedeutung.

8.1.8 Lag-Glied

Das sogenannte *Lag-Glied* (phasenabsenkendes Korrekturglied) besitzt die Übertragungs-funktion:

$$G(s) = \frac{1+Ts}{1+\beta Ts}, \quad \beta > 1 \tag{8.20}$$

Entwurfsparameter sind die Zeitkonstante T und der Faktor β. Das Lag-Glied wird meist ebenfalls mit einer Verstärkung K_p in Serie geschaltet verwendet, wobei seine amplitudenabsenkende Wirkung bei höheren Frequenzen von Bedeutung ist. In Bild 8.10 sind die Frequenzkennlinien des Lag-Gliedes dargestellt.

8.1.9 Lead-Lag-Glied

Das Lead-Lag-Korrekturglied vereinigt in verschiedenen Frequenzbereichen die phasen-absenkende Wirkung des Lag-Gliedes und die phasenanhebende Wirkung des Lead-Glie-des. Seine Übertragungsfunktion lautet:

$$G(s) = \frac{(1+T_1 s)(1+T_2 s)}{(1+T_1 s/\beta)(1+\beta T_2 s)}, \quad T_2 > T_1, \quad \beta > 1 \qquad (8.21)$$

Bild 8.11 zeigt die Frequenzkennlinien des Lead-Lag-Gliedes.

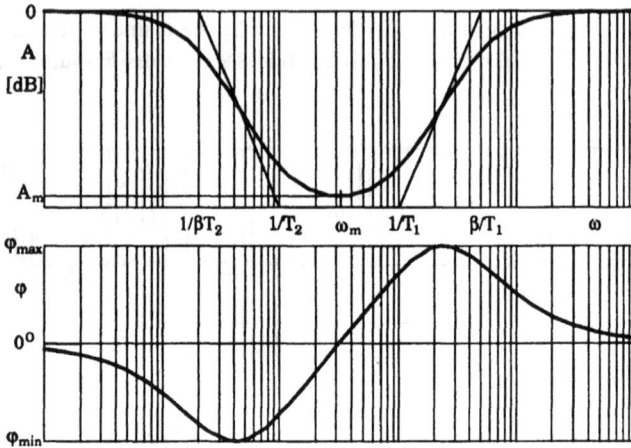

Bild 8.11: Frequenzkennlinien des Lead-Lag-Gliedes

8.2 Technische Realisierung von Reglern

Regler werden heute nur mehr in geringem Ausmaß als elektronisch-analoge Regler, sondern fast ausschließlich als sogenannte Abtastregler (digitale Regler) realisiert. Trotzdem soll, wenigstens vom Prinzip her, in diesem Abschnitt auch auf die elektronisch-analoge Realisierung eingegangen werden.

8.2.1 Elektronische Regler

Zur Erzielung des gewünschten Übertragungsverhaltens wird ein Operationsverstärker mit einem Eingangs- und einem Rückkopplungsnetzwerk mit den Impedanzen $Z_1(s)$ bzw. $Z_2(s)$ beschaltet (siehe Bild 8.12).

Man erhält dann für die Regler-übertragungsfunktion:

$$G_R(s) = \frac{U_a(s)}{U_e(s)} = -\frac{Z_2(s)}{Z_1(s)}. \qquad (8.22)$$

Es ist zu beachten, daß bei dieser Art der Beschaltung des Operationsverstärkers eine Vor-

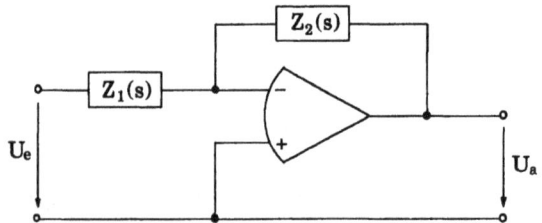

Bild 8.12: Beschalteter Operationsverstärker

zeichenumkehr auftritt. Bei den Eingangs- und Rückführnetzwerken handelt es sich bei den Standard-Reglern um einfache RC-Glieder.

Beispiel 8.1: Der in Bild 8.13 dargestellte beschaltete Operationsverstärker verwirklicht einen idealen PID-Regler. Die Impedanzen des Eingangs- und Rückführnetzwerkes sind:

$$Z_1(s) = \frac{R_1}{1+R_1C_1s}, \quad Z_2(s) = \frac{1+R_2C_2s}{C_2s}.$$

Damit erhält man mit Gleichung (8.22) für die Übertragungsfunktion des PID-Reglers:

$$G_R(s) = -\frac{(1+R_1C_1s)(1+R_2C_2s)}{R_1C_2s}$$

$$= -K_p\frac{1+T_ns+T_nT_vs^2}{T_ns}.$$

Die Reglerparameter lauten dann:

$$T_n = R_1C_1 + R_2C_2,$$

$$K_p = \frac{T_n}{R_1C_2} \quad T_v = \frac{R_1R_2C_1C_2}{T_n}.$$

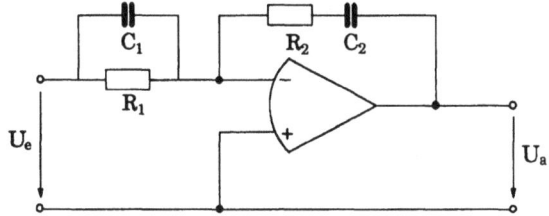

Bild 8.13: Realisierung eines PID-Reglers

8.2.2 Digitale Regler-Realisierung

In Bild 8.14 ist der Signalflußplan eines digitalen Eingrößenreglers dargestellt.

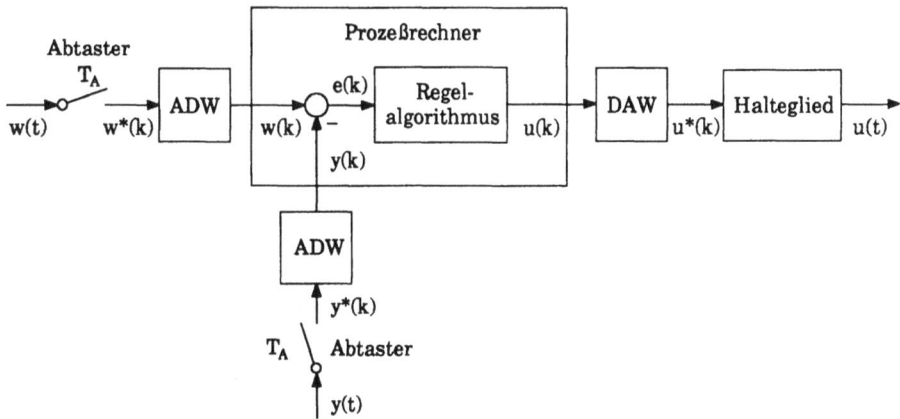

Bild 8.14: Signalflußbild eines digitalen Reglers

Sowohl die Regelgröße y(t) als auch der Sollwert (die Führungsgröße) w(t) werden periodisch mit der Abtastfrequenz $f_A = 1/T_A$ synchron abgetastet, worin T_A die (konstante) Abtastzeit ist. Die analogen Signalfolgen {w*(k)} und {y*(k)} werden sodann im sogenannten Analog-Digital-Wandler (ADW) in die binären Signalfolgen {w(k)} und {y(k)} umgewandelt. Im Prozeßrechner wird zuerst der Regelfehler e(k) gebildet und danach durch den Regelalgorithmus die binäre Stellsignalfolge {u(k)} gebildet, die wiederum mit Hilfe des Digital-Analog-Wandlers (DAW) in die analoge Stellwertfolge {u*(k)} gewandelt wird. Da die Stelleinrichtung mit einem Abtastsignal nichts anzufangen weiß, ist danach noch ein Halteglied notwendig, das aus der Wertefolge ein quasi-stetiges (treppenförmiges) Stellsignal erzeugt.

Anmerkung: Die in Bild 8.14 dargestellte Anordnung entspricht nicht der hardwaremäßigen Realisierung, sondern verdeutlicht nur den signalmäßigen Ablauf. So wird normaler-

weise der Sollwert (die Führungsgröße) w(k) bereits im Rechner gespeichert vorliegen und
nicht extern zugeführt.

In Bild 8.15 sind die einzelnen in Bild 8.14 auftretenden Signale eines digitalen Reglers
zusammengefaßt dargestellt.

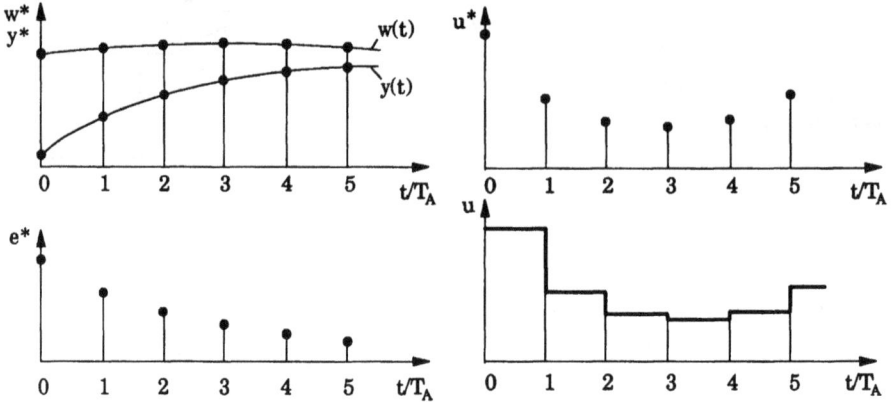

Bild 8.15

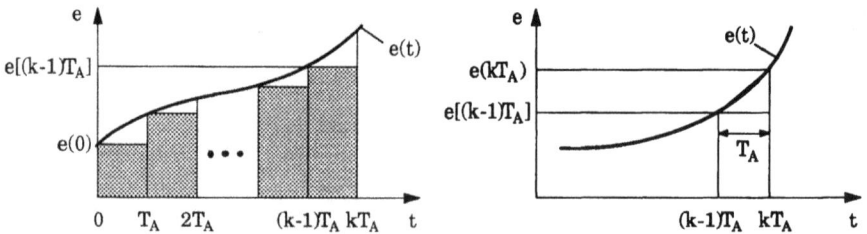

Bild 8.16

Digitaler PID-Algorithmus:

Die Übertragungsfunktion des idealen PID-Reglers lautet:

$$u(t) = K_p \left[e(t) + \frac{1}{T_n} \int_0^t e(\tau) d\tau + T_v \frac{de(t)}{dt} \right].$$
(8.11)

Für eine Realisierung des PID-Algorithmus auf dem Digitalrechner muß die Gleichung
(8.11) zeitdiskret approximiert werden. Dazu wird das Integral über $e(\tau)$ z.B. durch die
Rechtecksumme

$$\int_0^t e(\tau) d\tau \approx \sum_{i=0}^{k-1} e(i) T_A,$$
(8.22)

und der Differentialquotient durch den Rückwärtsdifferenzenquotienten

$$\frac{de(t)}{dt} \approx \frac{e(k) - e(k-1)}{T_A}$$
(8.23)

laut Bild 8.16 approximiert. Es sind natürlich auch andere Approximationen der Differentiation und Integration möglich, auf die jedoch hier nicht eingegangen wird. Man erhält mit dieser Näherung folgende Differenzengleichung für den PID-Algorithmus:

$$u(k) = K_p\left[e(k) + \frac{T_A}{T_n}\sum_{i=0}^{k-1}e(i) + \frac{T_v}{T_A}(e(k) - e(k-1))\right]. \qquad (8.24)$$

Diese Differenzengleichung ist für die Realisierung ungeeignet, da sie eine Speicherung aller zurückliegenden Regelfehlerwerte erfordert. Man schreibt daher diese Gleichung nochmals, und zwar für den Zeitpunkt (k-1) an:

$$u(k-1) = K_p\left[e(k-1) + \frac{T_A}{T_n}\sum_{i=0}^{k-2}e(i) + \frac{T_v}{T_A}(e(k-1) - e(k-2))\right]. \qquad (8.25)$$

Subtrahiert man Gleichung (8.25) von (8.24), so erhält man den sogenannten *PID-Stellungsalgorithmus*:

$$u(k) = u(k-1) + d_0 e(k) + d_1 e(k-1) + d_2 e(k-2). \qquad (8.26)$$

Die Koeffizienten dieser Differenzengleichung, die im übrigen nur mehr die Abspeicherung von zwei zurückliegenden Regelfehlerwerten erfordert, lauten:

$$d_0 = K_p\left[1 + \frac{T_v}{T_A}\right], \quad d_1 = K_p\left[-1 + \frac{T_A}{T_n} - \frac{2T_v}{T_A}\right], \quad d_2 = K_p\frac{T_v}{T_A}. \qquad (8.27)$$

Anmerkung: Bei der digitalen Realisierung des PID-Algorithmus tritt neben den üblichen Reglerparametern noch die Abtastzeit T_A als Entwurfsparameter auf, eine Tatsache, der für das dynamische Verhalten des geschlossenen Regelkreises eine entscheidende Bedeutung zukommt.

Ist dem DAW in Bild 8.14 ein analoges Integrierglied (z.B. ein Schrittmotor) nachgeschaltet, das die Aufgabe des Haltegliedes übernimmt, dann kann mit der Definition $\Delta u(k) = u(k) - u(k-1)$ der sogenannte *PID-Geschwindigkeitsalgorithmus*

$$\Delta u(k) = d_0 e(k) + d_1 e(k-1) + d_2 e(k-2) \qquad (8.28)$$

verwendet werden.

Beispiel 8.2: Der digitale PD-Stellungsalgorithmus wird durch die Differenzengleichung (8.26) mit den Parametern (8.27) mit $T_n = \infty$ beschrieben. Es soll für $K_p = 1$ und $T_v = 2\,s$ der Einfluß der Abtastzeit T_A auf die Übergangsfunktion des Reglers untersucht werden.

Lösung: Es werden dazu die Werte $T_A = 1\,s$ und $T_A = 0{,}5\,s$ gewählt. Die entsprechenden Differenzengleichungen lauten dann:

$$u(k) = u(k-1) + 3e(k) - 5e(k-1) + 2e(k-2),$$
$$u(k) = u(k-1) + 5e(k) - 9e(k-1) + 4e(k-2).$$

Unter der Annahme, daß $u(-1) = 0$, $e(-1) = 0$ und $e(-2) = 0$ gilt und $e(k) = 1$ für $k = 0, 1, 2, \ldots$, ist (Einheitssprungfunktion), können die Werte der Stellgröße $u(k)$, $k = 0, 1, 2, \ldots$, rekursiv berechnet werden. Das Ergebnis ist in Bild 8.17 dargestellt. Wie man aus dem Bild deutlich sieht, nähert sich die Übergangsfunktion des digitalen PD-

Reglers um so mehr jener des idealen kontinuierlichen (Bild 8.4), je kleiner die Abtastzeit gewählt wird. Außerdem ist deutlich die Abhängigkeit zwischen Abtastzeit und Vorhaltezeit festzustellen.

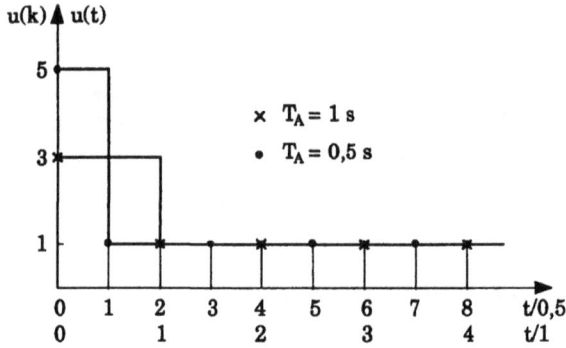

Bild 8.17

8.3 Aufgaben

Aufgabe 8.1: Es ist ein PI-Regler mit der Übertragungsfunktion

$$G_R(s) = K_R \frac{1+T_n s}{s} = \frac{2}{15} \frac{1+0,3s}{s}$$

durch geeignetes Beschalten eines Operationsverstärkers zu realisieren.

Aufgabe 8.2: Es ist ein realer PD-Regler mit der Übertragungsfunktion

$$G_R(s) = K_p \frac{1+T_v s}{1+Ts}$$

elektrisch analog zu realisieren. Geben Sie ein dafür geeignetes Eingangs- und Rückkopplungsnetzwerk an.

Aufgabe 8.3: Ermitteln Sie für den PI-Regler mit der Übertragungsfunktion

$$G_R(s) = K_p \frac{1+T_n s}{T_n s}$$

den Stellungsalgorithmus. Benutzen Sie zur Näherung der Integration statt der Rechtecksumme, wie in Bild 8.16, die Trapezregel.

Aufgabe 8.4: Geben Sie für den realen PD-Regler aus Aufgabe 8.2 die Differenzengleichung an. Verwenden Sie zur Approximation der zeitlichen Ableitungen die Rückwärtsdifferenzen-Methode.

9. Stabilität

9.1 Definition der Stabilität

(9.1) Ein lineares dynamisches Übertragungssystem heißt *asymptotisch stabil*, wenn seine Gewichtsfunktion g(t) asymptotisch gegen Null abklingt, d.h. wenn gilt:

$$\lim_{t \to \infty} g(t) = 0. \tag{9.1}$$

(9.2) Geht die Gewichtsfunktion betragsmäßig mit wachsendem t gegen Unendlich, so nennt man das System *instabil*.

(9.3) Ein dynamisches System wird *grenzstabil* genannt, wenn seine Gewichtsfunktion mit wachsendem t einen endlichen Wert nicht überschreitet oder einem endlichen Grenzwert zustrebt.

Beispiel 9.1: Für das PT1-Glied gilt:

$$G(s) = \frac{K}{1 + Ts} \quad \text{bzw.} \quad g(t) = \frac{K}{T} e^{-t/T}.$$

Die Definition **(9.1)** ist erfüllt, es handelt sich also um ein asymptotisch stabiles Übertragungssystem.

Beispiel 9.2: Ein Übertragungsglied werde beschrieben durch:

$$G(s) = \frac{2}{s^2 - 2s + 5} \quad \text{bzw.} \quad g(t) = e^t \sin 2t.$$

Wie man sich leicht überzeugen kann, ist in diesem Fall die Definition **(9.2)** erfüllt; die Gewichtsfunktion ist eine Sinusfunktion, deren Amplitude für $t \to \infty$ über alle Grenzen anwächst. Es handelt sich demnach um ein instabiles Übertragungsglied.

Beispiel 9.3: Ein dynamisches Übertragungssystem werde beschrieben durch:

$$G(s) = \frac{8}{s(s^2 + 4s + 8)} \quad \text{bzw.} \quad g(t) = 1 - e^{-2t}(\sin 2t + \cos 2t).$$

Es handelt sich hier um ein grenzstabiles System, da g(t) für $t \to \infty$ gegen den Grenzwert $g(\infty) = 1$ strebt.

Wird ein dynamisches Übertragungsglied durch eine gebrochen rationale Übertragungsfunktion

$$G(s) = \frac{Q(s)}{R(s)} = \frac{Q(s)}{b_0 + b_1 s + \ldots + b_n s^n} \tag{9.2}$$

beschrieben, so kann die Stabilität anhand des Nennerpolynoms, des sogenannten *charakteristischen Polynoms*, bzw. anhand der Lage der Pole der Übertragungsfunktion untersucht werden.

(9.4) Ein dynamisches System ist genau dann *asymptotisch stabil,* wenn für alle Pole der
       Übertragungsfunktion gilt:

$$\text{Re}\, p_v < 0, \quad v = 1, 2, \ldots, n, \tag{9.3}$$

d.h. wenn alle Pole in der linken s-Halbebene liegen.

(9.5) Ein dynamisches Übertragungsglied ist genau dann *instabil,* wenn mindestens ein
       Pol seiner Übertragungsfunktion in der rechten s-Halbebene liegt oder wenn
       mindestens ein μ-facher Pol ($\mu \geq 2$) auf der Imaginärachse der s-Ebene liegt.

(9.6) Ein dynamisches System ist genau dann *grenzstabil,* wenn kein Pol in der rechten
       s-Halbebene liegt, keine Mehrfachpole auf der Imaginärachse liegen und auf dieser
       mindestens ein einfacher Pol oder ein einfaches komplexes Polpaar liegen.

9.2 Stabilität im geschlossenen Regelkreis

Die allgemeinen Definitionen der Stabilität werden nunmehr auf den geschlossenen
Regelkreis angewandt. In Bild 9.1 ist die schon in den vorangegangenen Kapiteln
verwendete Standardform des Eingrößenregelkreises nochmals dargestellt.

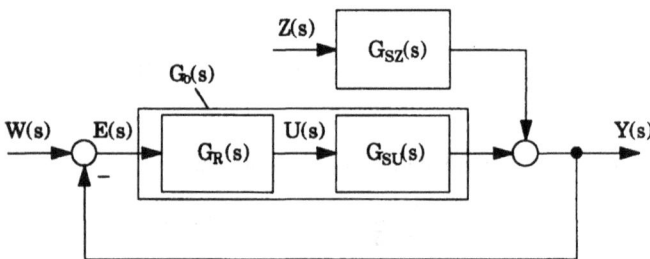

Bild 9.1: Standard-Eingrößenregelkreis

Für das Führungsverhalten gilt mit $G_o(s) = Q_o(s) / R_o(s)$:

$$G_W(s) = \frac{G_o(s)}{1 + G_o(s)} = \frac{Q_o(s)}{Q_o(s) + R_o(s)}. \tag{9.4}$$

Für das Störverhalten des geschlossenen Kreises erhält man:

$$G_Z(s) = \frac{G_{SZ}(s)}{1 + G_o(s)} = \frac{R_o(s)}{Q_o(s) + R_o(s)} G_{SZ}(s). \tag{9.5}$$

Unter der Voraussetzung, daß die Störübertragungsfunktion der Strecke - die ja als bekannt vorausgesetzt wird - kein instabiles Verhalten aufweist, sind also für die Stabilität
des geschlossenen Regelkreises bezüglich des Führungs- und Störverhaltens dessen
charakteristisches Polynom bzw. dessen Pole verantwortlich. Die Pole sind dabei die Wurzeln der charakteristischen Gleichung

$$Q_o(s) + R_o(s) = b_0 + b_1 s + b_2 s^2 + \ldots + b_n s^n = 0. \tag{9.6}$$

Beispiel 9.4: Von einem Regelkreis nach Bild 9.1 sind die Regler-, Stell- und Störübertragungsfunktion wie folgt gegeben:

$$G_R(s) = K_p, \quad G_{SU}(s) = \frac{3}{s(s+1)(s+3)}, \quad G_{SZ}(s) = \frac{1}{s(s+1)}.$$

Die Führungs- und Störübertragungsfunktion des geschlossenen Regelkreises lauten:

$$G_W(s) = \frac{3K_p}{s^3 + 4s^2 + 3s + 3K_p}, \quad G_Z(s) = \frac{s+3}{s^3 + 4s^2 + 3s + 3K_p}.$$

Die Stabilität ist also durch die Wurzeln der charakteristischen Gleichung

$$s^3 + 4s^2 + 3s + 3K_p = 0,$$

d.h. durch die Lage der Pole des geschlossenen Regelkreises bestimmt. Wie man sich leicht überzeugen kann, liegen für $K_p < 3$ alle drei Pole in der linken s-Halbebene, der Kreis ist daher asymptotisch stabil. Für $K_p = 3$ liegt ein Polpaar bei

$$s_{1,2} = \pm j\sqrt{3}$$

auf der Imaginärachse und der dritte Pol p_3 in der linken s-Halbebene, der Regelkreis ist in diesem Fall grenzstabil. Für $K_p > 3$ liegt ein konjugiert komplexes Polpaar in der rechten s-Halbebene, der geschlossene Kreis ist somit instabil.

9.3 Stabilitätskriterien

Zur Untersuchung der Stabilität eines *geschlossenen Regelkreises* wurden zahlreiche Kriterien entwickelt, die es erlauben, aufgrund der Kenntnis der Übertragungsfunktion $G_o(s)$ bzw. der Ortskurve $G_o(j\omega)$ des *offenen Regelkreises*, eine Aussage bezüglich der Stabilität zu machen, ohne die Pole explizit berechnen zu müssen. Exemplarisch werden in diesem Repetitorium zwei dieser Kriterien, nämlich das Hurwitz- und das Nyquist-Kriterium, angegeben.

9.3.1 Hurwitz-Kriterium

Das Hurwitz-Kriterium ist das am häufigsten verwendete *algebraische Stabilitätskriterium*. Voraussetzung für dessen Anwendung ist die Kenntnis der charakteristischen Gleichung des geschlossenen Regelkreises

$$1 + G_o(s) = 1 + Q_o(s) / R_o(s) = 0,$$

bzw. des charakteristischen Polynoms

$$P(s) = Q_o(s) + R_o(s) = b_n s^n + b_{n-1} s^{n-1} + \ldots + b_2 s^2 + b_1 s + b_0. \tag{9.7}$$

Das Hurwitz-Kriterium für die asymptotische Stabilität lautet (ohne Beweis) wie folgt:

(9.7) *Notwendige Bedingung:*
Die Koeffizienten des charakteristischen Polynoms b_j $(j = 0, 1, \ldots, n)$ müssen alle von Null verschieden sein und gleiches (positives) Vorzeichen besitzen.

(9.8) *Notwendige und hinreichende Bedingung:*
$b_n > 0$ und alle n Koeffizienten-Determinanten (Hurwitz-Determinanten) H_1 bis H_n der Hurwitz-Matrix **H** müssen größer Null sein.

$$H = \begin{bmatrix} b_{n-1} & b_n & 0 & \dots & 0 \\ b_{n-3} & b_{n-2} & b_{n-1} & \dots & 0 \\ b_{n-5} & b_{n-4} & b_{n-3} & \dots & 0 \\ \cdot & \cdot & \cdot & \dots & \cdot \\ 0 & 0 & 0 & \dots & b_0 \end{bmatrix}$$

(9.9) Die Hurwitz-Matrix **H** lautet: (9.8)

Die Hurwitz-Determinanten H_1 bis H_n sind als Determinanten entlang der Hauptdiagonale in der Matrix **H** definiert:

$$H_1 = b_{n-1}, \quad H_2 = \begin{vmatrix} b_{n-1} & b_n \\ b_{n-3} & b_{n-2} \end{vmatrix}, \quad H_3 = \begin{vmatrix} b_{n-1} & b_n & 0 \\ b_{n-3} & b_{n-2} & b_{n-1} \\ b_{n-5} & b_{n-4} & b_{n-3} \end{vmatrix}, \quad \dots H_n = b_0 H_{n-1}.$$

Ist die notwendige Bedingung (9.7) erfüllt, dann müssen die Hurwitz-Determinanten H_1 und H_n nicht berechnet werden, weil für $b_0 > 0$ und $H_{n-1} > 0$ auch $H_n > 0$ ist. Auch die Forderung $H_1 > 0$ ist bereits mit $b_{n-1} > 0$ erfüllt.

Beispiel 9.5: Es werde nochmals der Regelkreis aus Beispiel 9.4 betrachtet. Das charakteristische Polynom lautet im vorliegenden Fall:

$$P(s) = s^3 + 4s^2 + 3s + 3K_p.$$

Die notwendige Bedingung für asymptotische Stabilität ist für $K_p > 0$ erfüllt. Die notwendige und hinreichende Bedingung für asymptotische Stabilität lautet $H_2 > 0$:

$$H_2 = \begin{vmatrix} 4 & 1 \\ 3K_p & 3 \end{vmatrix} > 0 \quad \Rightarrow \quad 12 - 3K_p > 0 \quad \Rightarrow \quad K_p < 3.$$

Für $K_p = K_{pkrit.} = 3$ ist $H_2 = 0$, d.h. der geschlossene Regelkreis befindet sich an der Stabilitätsgrenze. Ist $K_p > 3$, dann ist die notwendige und hinreichende Bedingung nicht erfüllt und der Regelkreis daher instabil.

Beispiel 9.6: Von einem Regelkreis nach Bild 9.1 seien die Reglerübertragungsfunktion und die Stellübertragungsfunktion der Strecke wie folgt gegeben:

$$G_R(s) = K_p \frac{1 + T_n s}{T_n s}, \quad T_n > 0; \quad G_{SU}(s) = \frac{1}{(1+s)(1+2s)}.$$

Mit Hilfe des Hurwitz-Kriteriums soll jener Bereich der Reglerparameter bestimmt werden, für den der geschlossene Regelkreis asymptotisch stabil ist.

Lösung: Die Übertragungsfunktion $G_o(s)$ sowie das charakteristische Polynom lauten:

$$G_o(s) = \frac{K_p(1 + T_n s)}{T_n s(1+s)(1+2s)}, \quad P(s) = 2T_n s^3 + 3T_n s^2 + T_n(1+K_p)s + K_p.$$

Die notwendige Bedingung für asymptotische Stabilität ist mit $K_p > 0$ und $T_n > 0$ erfüllt. Die Hurwitz-Matrix **H** und die Hurwitz-Determinante H_2 lauten für diesen Regelkreis:

$$H = \begin{bmatrix} 3T_n & 2T_n & 0 \\ K_p & T_n(1+K_p) & 3T_n \\ 0 & 0 & K_p \end{bmatrix}, \quad H_2 = \begin{vmatrix} 3T_n & 2T_n \\ K_p & T_n(1+K_p) \end{vmatrix}.$$

Aus der Bedingung $H_2 > 0$ folgt als Bedingung für asymptotische Stabilität für die beiden Reglerparameter K_p und T_n:

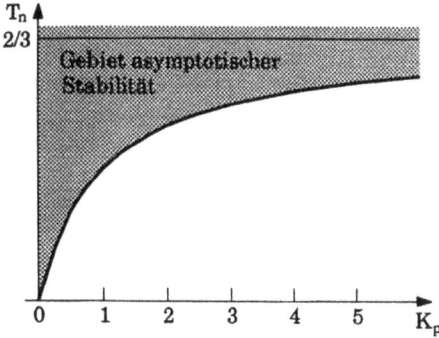

$$3T_n^2(1+K_p) - 2K_p T_n > 0 \quad \Rightarrow \quad T_n > \frac{2K_p}{3(1+K_p)}.$$

Zusammen mit der Bedingung, daß $K_p > 0$ sein muß (notwendige Bedingung), ergibt sich das in Bild 9.2 dargestellte Gebiet asymptotischer Stabilität in der $K_p - T_n$-Parameterebene.

Bild 9.2

9.3.2 Allgemeines Stabilitätskriterium von Nyquist

Das allgemeine Stabilitätskriterium von Nyquist basiert auf einem Satz aus der Theorie der Funktionen von komplexen Variablen von Cauchy. Der Satz von Cauchy befaßt sich mit der Abbildung von geschlossenen Kurvenzügen (den sogenannten Konturen) in der komplexen s-Ebene durch eine gebrochen rationale Abbildungsfunktion F(s) in die F(s)-Ebene und lautet (ohne Beweis) wie folgt:

(9.10) Schließt eine Kontur Γ in der s-Ebene N Nullstellen und P Pole der Abbildungsfunktion F(s) ein, durchläuft keine Pole und Nullstellen von F(s) und wird im Uhrzeigersinn durchlaufen, dann umkreist die Kontur Γ_F in der F(s)-Ebene deren Ursprung U = N – P-mal im Uhrzeigersinn.

Um einen asymptotisch stabilen Regelkreis garantieren zu können, muß sichergestellt sein, daß alle Nullstellen der charakteristischen Gleichung

$$1 + G_o(s) = \frac{Q_o(s)}{R_o(s)} + 1 = 0 \qquad (9.9)$$

in der linken s-Halbebene liegen. Nyquist wählt als Kontur den in Bild 9.3 dargestellten Kurvenzug in der s-Ebene und als Abbildungsfunktion

$$F(s) = 1 + G_o(s) = \frac{Q_o(s) + R_o(s)}{R_o(s)}. \qquad (9.10)$$

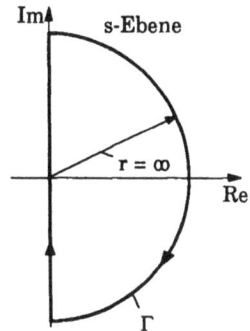

Bild 9.3: Nyquist-Kontur

Zu beachten ist, daß durch diese Wahl der Abbildungsfunktion deren Nullstellen gleich den Polen des geschlossenen Regelkreises sind. Die Pole von F(s) sind die Pole des offenen Regelkreises, deren Lage als bekannt vorausgesetzt wird. Liegen Pole des offenen Regelkreises auf der Imaginärachse, so muß die Kontur Γ derart verändert werden, daß sie diese Pole nicht durchläuft. Das allgemeine Nyquist-Stabilitätskriterium lautet dann:

(9.11) Ein Regelkreis ist dann und nur dann asymptotisch stabil, wenn die Anzahl der Umkreisungen des Ursprunges der F(s)-Ebene <u>gegen</u> den Uhrzeigersinn durch die Kontur Γ_F gleich der Anzahl der Pole von $G_o(s)$ in der rechten s-Halbebene ist.

Da Umkreisungen gegen den Uhrzeigersinn negativ gezählt werden, gilt die Beziehung $N = U + P = 0$, d.h. es liegen keine Nullstellen von F(s) und damit keine Pole des geschlossenen Regelkreises in der rechten s-Halbebene. Verläuft die Kontur Γ_F durch den Ursprung, so ist der geschlossene Regelkreis grenzstabil.

Für eine alternative Formulierung des allgemeinen Stabilitätskriteriums von Nyquist definiert man eine neue Abbildungsfunktion

$$F^*(s) = F(s) - 1 = G_o(s). \qquad (9.11)$$

Es wird als Abbildungsfunktion also die Übertragungsfunktion des offenen Regelkreises verwendet. Das Stabilitätskriterium lautet sodann:

(9.12) Ein Regelkreis ist dann und nur dann asymptotisch stabil, wenn die Anzahl der Umkreisungen des Punktes $(-1 \pm j0)$ der F*(s)-Ebene ($G_o(s)$-Ebene) gegen den Uhrzeigersinn durch die Kontur Γ_F. gleich der Anzahl der Pole von $G_o(s)$ in der rechten s-Halbebene ist.

Beispiel 9.7: Gegeben ist die Übertragungsfunktion eines offenen Regelkreises:

$$G_o(s) = \frac{10K_p}{s^3 + 4s^2 + 9s + 10}.$$

Es ist die Stabilität des geschlossenen Regelkreises für $K_p = 1$ und $K_p = 4$ mit Hilfe des allgemeinen Nyquist-Kriteriums zu untersuchen.

Lösung: Die Pole des offenen Regelkreises liegen bei $p_1 = -2$, $p_{2,3} = -1 \pm j2$, d.h. es liegen alle Pole in der linken Halbebene.

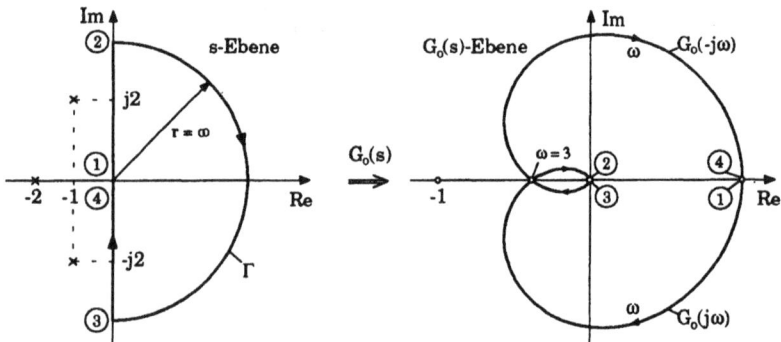

Bild 9.4

Bild 9.4 zeigt die Kontur Γ und deren Abbildung in der $G_o(s)$-Ebene für $K_p = 1$. Die positive Imaginärachse wird dabei auf $G_o(j\omega)$, die negative Imaginärachse auf $G_o(-j\omega)$ abgebildet. Der Halbkreis mit dem Radius $r = \infty$ wird in den Ursprung der $G_o(s)$-Ebene abgebildet. Wie man aus der Nyquist-Ortskurve ersehen kann, umkreist diese den Punkt

$(-1 \pm j0)$ weder im noch gegen den Uhrzeigersinn, d.h. es gilt $U = 0$. Da $P = 0$ ist, folgt $N = U + P = 0$, d.h. es liegen keine Pole des geschlossenen Regelkreises in der rechten s-Halbebene. Der Regelkreis ist für $K_p = 1$ also asymptotisch stabil.

Für $K_p = 4$ erhält man die Nyquist-Ortskurve in Bild 9.5. In diesem Fall wird der Punkt $(-1 \pm j0)$ zweimal im Uhrzeigersinn umlaufen, d.h. es gilt $U = 2$ und mit $P = 0$, $N = U + P = 2$. Es liegen für diese Reglerverstärkung zwei Pole des geschlossenen Kreises in der rechten s-Halbebene, dieser ist somit instabil. Der grenzstabile Fall tritt dann ein, wenn $G_0(j\omega)$ und damit auch $G_0(-j\omega)$ genau durch den Punkt $(-1 \pm j0)$ gehen. Das ist in diesem Beispiel für $K_p = 2{,}6$ der Fall. Der grenzstabile Fall ist ebenfalls in Bild 9.5 dargestellt.

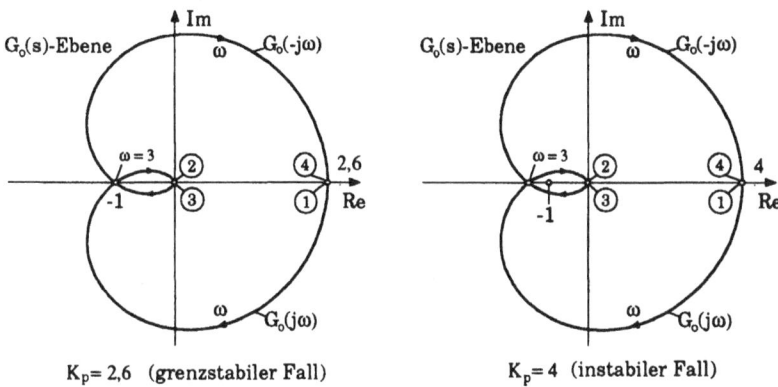

Bild 9.5

Beispiel 9.8: Betrachtet werde der Regelkreis mit der Übertragungsfunktion

$$G_0(s) = \frac{K_p}{s(s-1)}.$$

Es ist die Stabilität des geschlossenen Regelkreises in Abhängigkeit von der Reglerverstärkung K_p mit Hilfe des allgemeinen Nyquist-Kriteriums zu untersuchen.

Lösung: Der offene Kreis besitzt einen Pol im Ursprung und einen in der rechten s-Halbebene. Die Kontur Γ ist daher wie in Bild 9.6 dargestellt zu wählen, d.h. der Pol im Ursprung ist durch einen Halbkreis mit einem Radius $\varepsilon \to 0$ zu umfahren. Die Gleichung dieses Halbkreises lautet:

$$s = \varepsilon\, e^{j\theta}, \quad -\frac{\pi}{2} \le \theta \le \frac{\pi}{2}, \quad \varepsilon \to 0.$$

Die Abbildung dieser Kontur mit Hilfe der Abbildungsfunktion $G_0(s)$ führt auf die ebenfalls in Bild 9.6 dargestellte Nyquist-Ortskurve. Die positive Imaginärachse (1 - 2) wird dabei auf $G_0(j\omega)$ abgebildet. Der Halbkreis mit dem Radius $r \to \infty$ wird in den Ursprung der $G_0(s)$-Ebene abgebildet (2 - 3), während die negative Imaginärachse (3 - 4) als $G_0(-j\omega)$ ($G_0(j\omega)$ gespiegelt um die reelle Achse) abgebildet wird. Für die Abbildung des Halbkreises mit dem Radius $\varepsilon \to 0$ (4 - 1) erhält man:

$$\lim_{\varepsilon \to 0} G_0(s = \varepsilon\, e^{j\theta}) = \lim_{\varepsilon \to 0}\left[\frac{K_p}{\varepsilon\, e^{j\theta}(\varepsilon\, e^{j\theta} - 1)}\right] = \lim_{\varepsilon \to 0}\left[\frac{K_p}{-\varepsilon\, e^{j\theta}}\right] = \lim_{\varepsilon \to 0}\left[\frac{K_p}{\varepsilon}\right] e^{-j(\theta + \pi)}, \quad -\frac{\pi}{2} \le \theta \le \frac{\pi}{2}.$$

Man erhält somit den in Bild 9.6 dargestellten Halbkreis mit dem Radius R → ∞.

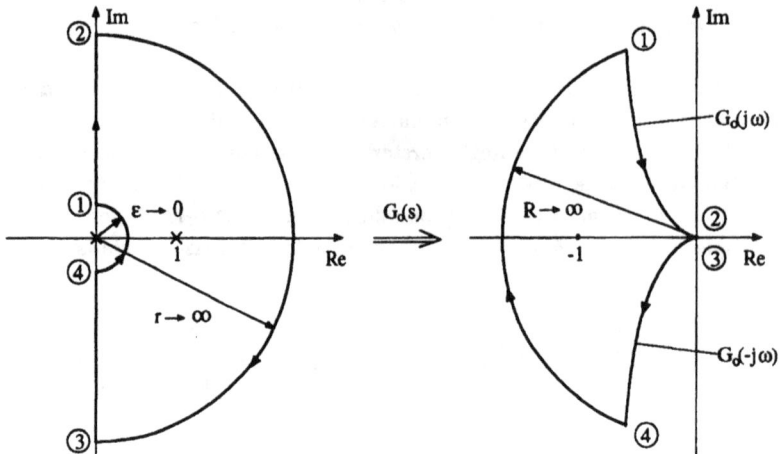

Bild 9.6

Bestimmung der Stabilität: Es liegt ein Pol innerhalb der Kontur Γ, d.h. es gilt P = 1. Aus der Nyquist-Ortskurve erkennt man, daß der Punkt (−1±j0) einmal im Uhrzeigersinn umlaufen wird, d.h. U = 1. Damit folgt N = U + P = 2. Es liegen also unabhängig von K_p immer beide Pole des geschlossenen Regelkreises in der rechten s-Halbebene, der geschlossene Regelkreis ist daher strukturinstabil.

9.3.3 Vereinfachtes Stabilitätskriterium von Nyquist

Damit das vereinfachte Nyquist-Kriterium verwendet werden kann, muß die Übertragungsfunktion $G_o(s)$ folgende Bedingungen erfüllen:

(9.13) $G_o(s)$ besitzt nur Pole in der linken s-Halbebene mit Ausnahme eines Poles im Ursprung.

(9.14) Die Ordnung des Nennerpolynoms $R_o(s)$ ist höher als jene des Zählerpolynoms $Q_o(s)$. Dadurch ist gewährleistet, daß die Ortskurve $G_o(j\omega)$ für $\omega \to \infty$ immer im Ursprung der $G_o(s)$-Ebene endet.

Werden diese Bedingungen erfüllt, dann ist bei geeigneter Kontur Γ immer P = 0. Eine Konstruktion der gesamten Nyquist-Ortskurve ist nicht mehr notwendig. Man kann die Überprüfung der Stabilitätsbedingung (U = 0) durch Einzeichnen der Ortskurve $G_o(j\omega)$ überprüfen. Das Stabilitätskriterium kann dann wie folgt formuliert werden:

(9.15) Liegt der Punkt (−1±j0) der $G_o(s)$-Ebene beim Durchlaufen der Ortskurve $G_o(j\omega)$ mit steigendem ω links von dieser, so entspricht dies dem Fall U = 0. Der geschlossene Regelkreis ist asymptotisch stabil.

(9.16) Verläuft die Ortskurve $G_o(j\omega)$ genau durch den Punkt (−1±j0) der $G_o(s)$-Ebene, so befindet sich der geschlossene Regelkreis an der Stabilitätsgrenze.

(9.17) Liegt der Punkt (−1±j0) der $G_o(s)$-Ebene beim Durchlaufen von $G_o(j\omega)$ mit steigendem ω rechts von der Ortskurve, dann ist der Regelkreis instabil.

In Bild 9.7 sind diese drei Fälle dargestellt. Das vereinfachte Nyquist-Kriterium kann auch dann angewendet werden, wenn das offene System Totzeitverhalten aufweist, ansonsten jedoch die oben genannten Bedingungen erfüllt.

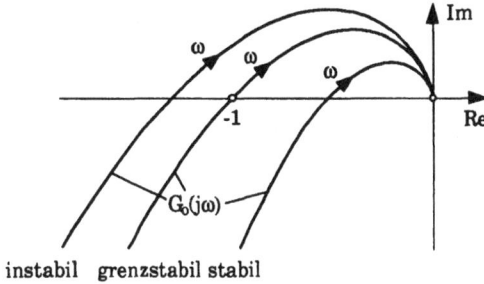

Bild 9.7

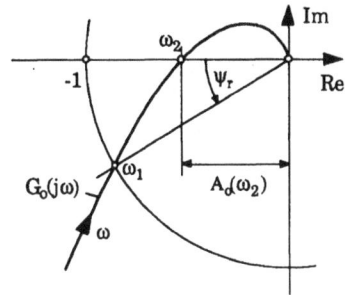

Bild 9.8: Definition von Amplituden- und Phasenreserve

9.3.4 Amplituden- und Phasenreserve

Die Amplituden- und Phasenreserve sind ein Maß für die Stabilität eines Regelkreises. Sie sind wie folgt definiert:

Amplitudenreserve:

$$A_r = \frac{1}{A_o(\omega_2)}, \quad \varphi_o(\omega_2) = -\pi. \tag{9.12}$$

A_r ist demnach jene Verstärkung, mit der $G_o(j\omega)$ multipliziert werden muß, um das System an die Stabilitätsgrenze zu bringen. ω_2 ist dabei jene Kreisfrequenz, bei der die Ortskurve die negative reelle Achse schneidet. Sie wird als *Phasendurchtrittsfrequenz* bezeichnet. Für ein asymptotisch stabiles System muß $A_r > 1$ sein.

Phasenreserve:

$$\psi_r = \pi + \varphi_o(\omega_1), \quad A_o(\omega_1) = 1. \tag{9.13}$$

ω_1 ist darin jene Kreisfrequenz, bei der die Ortskurve $G_o(j\omega)$ den Einheitskreis schneidet. Sie wird als *Amplitudendurchtrittsfrequenz* bezeichnet. Für ein asymptotisch stabiles System muß $\psi_r > 0$ sein. Diese Definitionen werden in Bild 9.8 verdeutlicht.

Beispiel 9.9: Gegeben ist die Übertragungsfunktion eines offenen Regelkreises:

$$G_o(s) = \frac{4K_p}{s(s^2 + 4s + 16)}.$$

Es soll mit Hilfe des vereinfachten Nyquist-Kriteriums für $K_p = 8$, 16 und 24 die Stabilität des geschlossenen Regelkreises untersucht werden.

Lösung: Die Pole des offenen Kreises liegen bei $p_1 = 0$ und $p_{2,3} = -2 \pm j2\sqrt{3}$, die Bedingungen für die Anwendung des vereinfachten Nyquist-Kriteriums sind also erfüllt. Man erhält:

$$G_o(j\omega) = \frac{4K_p}{j\omega(-\omega^2 + 4j\omega + 16)}, \quad \operatorname{Re} G_o(j\omega) = \frac{-16K_p}{16\omega^2 + (16 - \omega^2)^2}, \quad \operatorname{Im} G_o(j\omega) = \frac{4K_p(\omega^2 - 16)}{16\omega^3 + \omega(16 - \omega^2)^2},$$

bzw.: $A_o(\omega) = \dfrac{4K_p}{\omega\sqrt{16\omega^2 + (16-\omega^2)^2}}$, $\varphi_o(\omega) = -\dfrac{\pi}{2} - \arctan\dfrac{4\omega}{16-\omega^2}$.

Aus $\varphi_o(\omega) = -\pi$ oder $\mathrm{Im}G_o(j\omega) = 0$ erhält man für die Phasendurchtrittsfrequenz $\omega_2 = 4\ \mathrm{s}^{-1}$. Setzt man diese in $A_o(\omega)$ ein, so erhält man mit Gleichung (9.12) für die Amplitudenreserve $A_r = 16/K_p$. Der Regelkreis befindet sich demnach für $K_p = 16$ ($A_r = 1$) an der Stabilitätsgrenze, ist für $K_p = 8$ ($A_r = 2$) asymptotisch stabil und für $K_p = 24$ ($A_r = 2/3$) instabil. Die Ortskurven für die drei gewählten Verstärkungen sind in Bild 9.9 dargestellt.

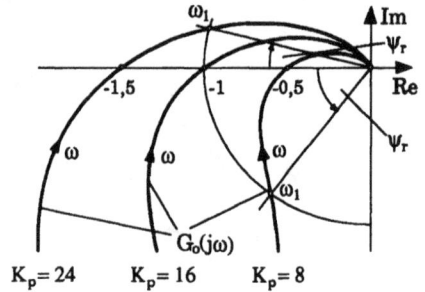

Bild 9.9

Aus $A_o(\omega) = 1$ erhält man für für $K_p = 8$ die Amplitudendurchtrittsfrequenz $\omega_1 = 2{,}26\,\mathrm{s}^{-1}$ und damit $\psi_r = 50{,}3°$ (asymptotisch stabiles Verhalten). Für $K_p = 24$ erhält man $\omega_1 = 4{,}76\,\mathrm{s}^{-1}$ und $\psi_r = -19{,}3°$ (instabiles Verhalten). Diese Phasenreserven sind ebenfalls in Bild 9.9 eingezeichnet. Für $K_p = 16$ gilt $\omega_1 = \omega_2 = 4\ \mathrm{s}^{-1}$ und damit $\psi_r = 0°$, der Regelkreis befindet sich an der Stabilitätsgrenze.

Das vereinfachte Nyquist-Kriterium kann auch in den Frequenzkennlinien (im Bode-Diagramm) angewendet werden.

Beispiel 9.10: Bild 9.10 zeigt die Frequenzkennlinien eines asymptotisch stabilen, grenzstabilen und eines instabilen offenen Regelkreises mit der Übertragungsfunktion

$$G_o(s) = \dfrac{K_p}{s(s+1)^2}$$

für $K_p = 2 =$ kritische Reglerverstärkung $K_{pkrit.}$, $K_p < K_{pkrit.}$ und $K_p > K_{pkrit.}$. Im grenzstabilen Fall gilt $\omega_1 = \omega_2$ und damit $A_r = 0\,\mathrm{dB}$ sowie $\psi_r = 0°$. Für $K_p < K_{pkrit.}$ verschiebt sich der Amplitudengang nach unten, es gilt $\omega_1 < \omega_2$, und der geschlossene Kreis ist asymptotisch stabil. Andererseits verschiebt sich die Amplitudenkennlinie für $K_p > K_{pkrit.}$ nach oben, es gilt $\omega_1 > \omega_2$. Der geschlossene Regelkreis ist damit instabil. Die entsprechende Amplituden- und Phasenreserve kann wie eingezeichnet abgelesen werden.

Beispiel 9.11: Von einem Regelkreis ist die Übertragungsfunktion

$$G_o(s) = G_R(s)G_{SU}(s) = \dfrac{0{,}5(1+s)}{(1+0{,}05s)}\dfrac{1}{s(1+0{,}5s)(1+2s)}$$

gegeben. Es ist die Stabilität des geschlossenen Regelkreises zu untersuchen.

Lösung: In Bild 9.11 sind die Frequenzkennlinien des offenen Regelkreises dargestellt. Aus diesen ersieht man, daß die Phasendurchtrittsfrequenz größer als die Amplitudendurchtrittsfrequenz ist ($\omega_2 > \omega_1$), der Regelkreis also asymptotisch stabil ist.

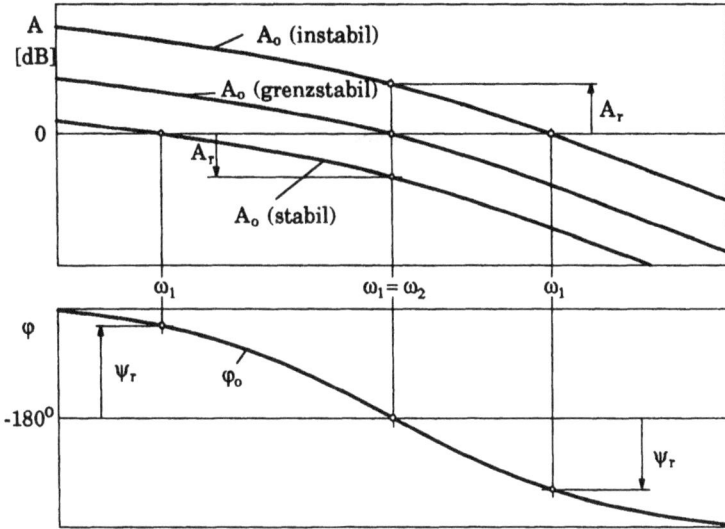

Bild 9.10: Verinfachtes Nyquist-Kriterium im Bode-Diagramm

Aus dem Bode-Diagramm liest man bei $\omega_1 \cong 0,41$ s^{-1} für die Phasenreserve

$$\psi_r = 180° + \varphi_o(\omega_1) \cong 180° - 120° = 60°$$

ab. Die Phasendurchtrittsfrequenz ist $\omega_2 \cong 5,4$ s^{-1}. Man liest für die Amplitudenreserve ab:

$$A_r[dB] \cong 0dB - (-35dB) = 35dB \quad \Rightarrow \quad A_r = 56,2.$$

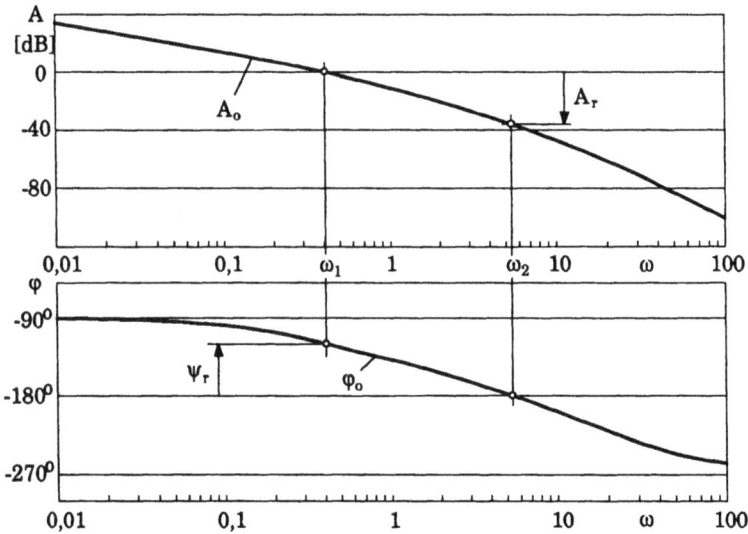

Bild 9.11

9.3.5 Zweiortskurven-Verfahren

Das Zweiortskurven-Verfahren ist eine Variante des vereinfachten Nyquist-Kriteriums und kann vor allem im Bode-Diagramm vorteilhaft angewendet werden. Für die Anwendung dieses Kriteriums müssen die Frequenzkennlinien der Regelstrecke gemessen oder berechnet vorliegen. Dazu werden sodann der inverse Regleramplitudengang $1/A_R(\omega)$ sowie die Phasenkennlinie $-\pi - \varphi_R(\omega)$ eingezeichnet. Der Schnittpunkt von $\varphi_S(\omega)$ mit $-\pi - \varphi_R(\omega)$ ergibt die Phasendurchtrittsfrequenz ω_2 und der von $A_S(\omega)$ mit $1/A_R(\omega)$ die Amplitudendurchtrittsfrequenz ω_1. Das Kriterium kann dann wie folgt definiert werden:

(9.18) Der geschlossene Regelkreis ist dann und nur dann asymptotisch stabil, wenn gilt:

$$A_S(\omega_2) < \frac{1}{A_R(\omega_2)}. \tag{9.14}$$

(9.19) Der geschlossene Regelkreis ist genau an der Stabilitätsgrenze für:

$$A_S(\omega_2) = \frac{1}{A_R(\omega_2)}. \tag{9.15}$$

(9.20) Der geschlossene Regelkreis ist instabil, wenn gilt:

$$A_S(\omega_2) > \frac{1}{A_R(\omega_2)}. \tag{9.16}$$

Hinweis: $1/A_R(\omega)$ erhält man durch Spiegelung von $A_R(\omega)$ an der 0-dB-Linie und die Kennlinie $-\pi - \varphi_R(\omega)$ durch Spiegelung von $\varphi_R(\omega)$ an der Geraden $\varphi(\omega) = -\pi/2$.

Beispiel 9.12: In Bild 9.12 sind die Frequenzkennlinien einer Regelstrecke gegeben. Diese Strecke soll mit einem PI-Regler mit der Übertragungsfunktion

$$G_R(s) = \frac{1+10s}{s}$$

geregelt werden. Es ist mit Hilfe des Zweiortskurvenverfahrens die Stabilität des geschlossenen Regelkreises zu untersuchen.

Lösung: Man zeichnet sich die Frequenzkennlinien des Reglers ein und spiegelt diese sodann um die 0-dB-Linie bzw. um die Linie $\omega = -\pi/2$. Damit erhält man den Amplitudengang $1/A_R(\omega)$ sowie den Phasengang $-\pi - \varphi_R(\omega)$.

Durch den Schnittpunkt der Phasengänge φ_S und $-\pi - \varphi_R(\omega)$ erhält man für die Phasendurchtrittsfrequenz $\omega_2 = 0,58\,\text{s}^{-1}$. Aus den Amplitudenkennlinien ersieht man, daß gilt:

$$A_S(\omega_2) > 1/A_R(\omega_2),$$

der geschlossene Kreis nach Satz **(9.20)** also instabil ist. Die Amplitudenreserve A_r in [dB] kann wie folgt abgelesen werden:

$$A_r[\text{dB}] = -A_S[\text{dB}] + 1/A_R[\text{dB}].$$

Ist $A_S > 1/A_R$, so ergibt sich, wie in diesem Beispiel, die Amplitudenreserve in [dB] negativ. Für stabile Systeme ergibt sich folglich eine in [dB] positive Amplitudenreserve. Die Phasenreserve kann bei der Amplitudendurchtrittsfrequenz abgelesen werden. Sie ist:

$$\psi_r = \pi + \varphi_o(\omega_1) = \varphi_S(\omega_1) - (-\pi - \varphi_R(\omega_1)).$$

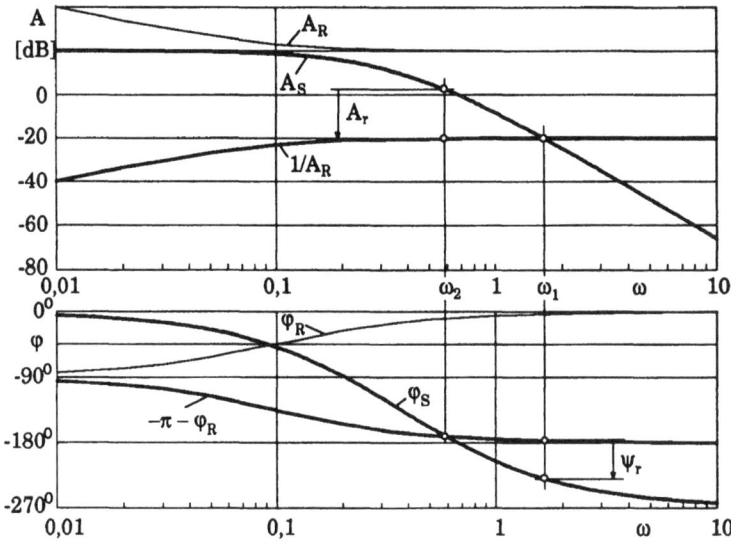

Bild 9.12

Ist wie in diesem Beispiel bei der Amplitudendurchtrittsfrequenz $\varphi_S < -\pi - \varphi_R$, so erhält man eine negative Phasenreserve und damit einen instabilen Regelkreis. In einem stabilen Kreis ergibt sich folglich eine positive Phasenreserve.

9.4 Absolute und relative Stabilitätsgüte

9.4.1 Absolute Stabilitätsgüte

Verschärft man die Stabilitätsbedingung, indem man von den Polen des geschlossenen Regelkreises verlangt, daß diese links von der Geraden $s = -k \pm j\omega$ liegen, wie dies in Bild 9.13 dargestellt ist, dann spricht man von einer geforderten *absoluten Stabilitätsgüte*. Diese Forderung bedeutet, daß alle Eigenvorgänge im geschlossenen Regelkreis schneller abklingen als die Exponentialfunktion e^{-kt}. Die Pole s_ν $(\nu = 1, ..., n)$ werden nunmehr in einem um $|k|$ nach links verschobenen neuen Koordinatensystem betrachtet: $\bar{s}_\nu = s_\nu + |k|$. Ersetzt man in der charakteristischen Gleichung bzw. im charakteristischen Polynom s durch $\bar{s} - |k|$, so erhält man ein neues charakteristisches Polynom, auf das, um die absolute Stabilitätsgüte zu überprüfen, z.B. wieder das Hurwitz-Kriterium angewendet werden kann.

Beispiel 9.13: Es werde ein Regelkreis mit der Übertragungsfunktion

$$G_o(s) = G_R(s)G_S(s) = \frac{K_R(1+T_n s)}{s} \frac{15}{(s+3)(s+5)}$$

betrachtet. Dabei wird $K_R > 0$ und $T_n > 0$ vorausgesetzt. Es soll mit Hilfe des Hurwitz-Kriteriums jener Bereich der $K_R - T_n$-Ebene bestimmt werden, für den gilt, daß eine absolute Stabilitätsgüte von $k = 1$ erzielt wird.

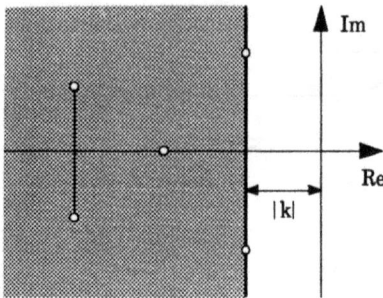

Bild 9.13: Absolute Stabilitätsgüte   Bild 9.14: Relative Stabilitätsgüte

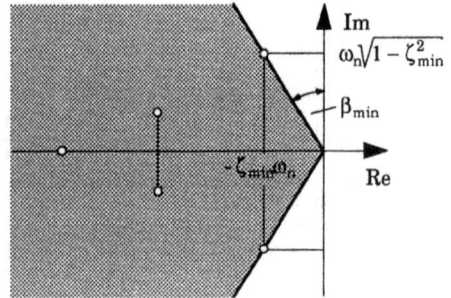

Lösung: Das charakteristische Polynom lautet:

$$P(s) = s^3 + 8s^2 + (15 + 15K_R T_n)s + 15K_R.$$

Man ersetzt nunmehr in P(s) s durch $\bar{s} - 1$ und erhält:

$$P(\bar{s}) = (\bar{s} - 1)^3 + 8(\bar{s} - 1)^2 + (15 + 15K_R T_n)(\bar{s} - 1) + 15K_R = \bar{s}^3 + 5\bar{s}^2 + (2 + 15K_R T_n)\bar{s} + (15K_R - 15K_R T_n - 8).$$

Mit $K_R > 0$ und $T_n > 0$ ist die notwendige Bedingung **(9.7)** erfüllt mit:

$$T_n < \frac{15K_R - 8}{15K_R}.$$

Die notwendige und hinreichende Bedingung **(9.8)** lautet hier:

$$H_2 = \begin{vmatrix} 5 & 1 \\ (15K_R - 15K_R T_n - 8) & (2 + 15K_R T_n) \end{vmatrix} > 0, \quad \text{bzw.:} \quad 90K_R T_n - 15K_R + 18 > 0.$$

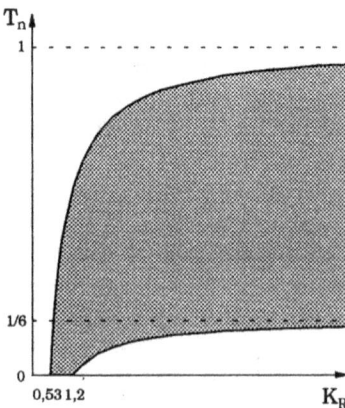

Damit erhält man als zweite Bedingung für die Reglerparameter K_R und T_n:

$$T_n > \frac{15K_R - 18}{90K_R}.$$

In Bild 9.15 ist der Bereich asymptotischer Stabilität in der $K_R - T_n$-Ebene dargestellt.

Bild 9.15

9.4.2 Relative Stabilitätsgüte

Die *relative Stabilitätsgüte* ist ein Maß für das Abklingen einer Schwingung. Es wird dazu in der s-Ebene ein minimaler Dämpfungsgrad ζ_{min} und damit ein Dämpfungswinkel β_{min} vorgeschrieben. Als Begrenzungen des für die Lage der Pole zulässigen Gebietes ergeben sich zwei symmetrisch zur negativen reellen Achse durch den Ursprung verlaufende Geraden (siehe Bild 9.14). Wie man aus Bild 9.14 ablesen kann, gilt für den Pol s_1 des geschlossenen Regelkreises auf der Begrenzungsgeraden:

$$\tan\beta_{min} = \frac{\zeta_{min}}{\sqrt{1-\zeta_{min}^2}}. \tag{9.17}$$

Die relative Stabilitätsgüte kann mit dem vereinfachten Nyquist-Kriterium in modifizierter Form überprüft werden. Dazu bildet man anstelle der positiven Imaginärachse die Gerade

$$s = \sigma + j\omega = \omega_n\left(-\zeta_{min} + j\sqrt{1-\zeta_{min}^2}\right) \tag{9.18}$$

mit $G_o(s)$ in die $G_o(s)$-Ebene ab. Die resultierende Ortskurve $\tilde{G}_o(j\omega)$ muß für die geforderte relative Stabilitätsgüte den Punkt $(-1 \pm j0)$ beim Durchlaufen mit steigendem ω wieder links liegen lassen.

Beispiel 9.14: Ein offener Regelkreis besitze eine Übertragungsfunktion

$$G_o(s) = \frac{8K_p(1+0,125s)}{s(s+3)}.$$

Es ist mit Hilfe des vereinfachten Nyquist-Kriteriums in modifizierter Form jener Bereich von K_p zu bestimmen, für den der geschlossene Regelkreis die relative Stabilitätsgüte $\zeta_{min} = \sqrt{2}/2$ erfüllt.

Lösung: Es ist die Gerade entsprechend dem Dämpfungswinkel $\beta_{min} = \arcsin\zeta_{min}$ abzubilden ($\tan\beta_{min} = 1$). Die Gleichung dieser Geraden lautet $s = \omega(-1+j)$. Man erhält:

$$\tilde{G}_o(j\omega) = \frac{K_p[(8-\omega)+j\omega]}{-3\omega + j(3\omega - 2\omega^2)},$$

$$\operatorname{Re}\tilde{G}_o(j\omega) = -K_p\frac{2\omega^2 - 6\omega + 24}{\omega[9+(3-2\omega)^2]}, \quad \operatorname{Im}\tilde{G}_o(j\omega) = -K_p\frac{2\omega^2 - 16\omega + 24}{\omega[9+(3-2\omega)^2]}.$$

Aus $\operatorname{Im}\tilde{G}_o(j\omega) = 0$ erhält man die Kreisfrequenzen, bei welchen die Ortskurve die reelle Achse schneidet zu: $_1\omega_2 = 2 \text{ s}^{-1}$ und $_2\omega_2 = 6 \text{ s}^{-1}$. Die entsprechenden Realteile sind: $\operatorname{Re}\tilde{G}_o(j2) = -K$ und $\operatorname{Re}\tilde{G}_o(j6) = -K/9$. Die Ortskurve ist in Bild 9.16 dargestellt.

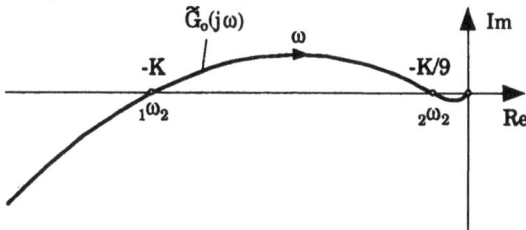

Bild 9.16

Es müssen 3 Fälle unterschieden werden:

A) $-1 < -K$ bzw. $K < 1$

Die Ortskurve läuft rechts am Punkt $(-1 \pm j0)$ vorbei.

B) $-1 > -K$ und $-K/9 > -1$

bzw. $1 < K < 9$

Die Ortskurve verläuft in diesem Fall mit steigendem ω links vom Punkt $(-1 \pm j0)$.

C) $-K/9 < -1$ bzw. $K > 9$

Für diesen Bereich von K_p läuft die Ortskurve am Punkt $(-1 \pm j0)$ wiederum rechts vorbei. Das Ergebnis kann wie folgt zusammengefaßt werden: Für die Bereiche $K < 1$ und $K > 9$ erfüllt der geschlossene Regelkreis die an ihn gestellten Forderungen hinsichtlich der relativen Stabilitätsgüte.

9.5 Aufgaben

Aufgabe 9.1: In einem Regelkreis ist die Regelstrecke durch die Übertragungsfunktion

$$\text{a) } G_{SU}(s) = \frac{1}{(s+3)(s+2)(s-1)}, \quad \text{b) } G_{SU}(s) = \frac{10}{s(s+3)(s+12)}$$

gegeben. Diese Strecken sollen jeweils mit einem P-Regler geregelt werden. Bestimmen Sie mit Hilfe des Hurwitz-Kriteriums jenen Bereich der Reglerverstärkung, für welchen der geschlossene Regelkreis asymptotisch stabiles Verhalten aufweist.

Aufgabe 9.2: Ein PI-Regler mit $T_n > 0$ und die Regelstrecken mit den Übertragungsfunktionen

$$\text{a) } G_{SU}(s) = \frac{2(1-s)}{(s+2)}, \quad \text{b) } G_{SU}(s) = \frac{5}{s^2 + 4s + 20}$$

sind in einem Regelkreis laut Bild 9.1 verschaltet. Bestimmen Sie für beide Fälle mit Hilfe des Hurwitz-Kriteriums jenen Bereich der K_p-T_n-Ebene, in dem der geschlossene Regelkreis asymptotisch stabil ist. Skizzieren Sie diesen Bereich in der Reglerparameterebene.

Aufgabe 9.3: Die Übertragungsfunktion eines offenen Regelkreises sei:

$$G_o(s) = \frac{K_p(1+T_v s)}{s(s-1)}, \quad T_v > 0.$$

Geben Sie eine geeignete Kontur Γ an, zeichnen Sie die Nyquist-Ortskurve und bestimmen Sie die Stabilität des geschlossenen Regelkreises in Abhängigkeit von den Reglerparametern.

Aufgabe 9.4: Die Übertragungsfunktion eines offenen Regelkreises lautet:

$$G_o(s) = G_R(s)G_{SU}(s) = \frac{K_R(1+0{,}75s+0{,}125s^2)}{s} \cdot \frac{1}{s^2 - 2s + 2}.$$

Geben Sie die geeignete Kontur Γ an und zeichnen Sie die Nyquist-Kontur. Bestimmen Sie mit Hilfe des allgemeinen Nyquist-Kriteriums jenen Bereich von K_R, für den der geschlossene Regelkreis asymptotisch stabil ist. Überprüfen Sie Ihr Ergebnis mit Hilfe des Hurwitz-Kriteriums.

Aufgabe 9.5: Gegeben ist ein Regelkreis bestehend aus einem PI-Regler und einer Strecke mit reinem Totzeitverhalten. Die Übertragungsfunktion des offenen Kreises lautet:

$$G_o(s) = \frac{K_R(1+s)}{s(1+0{,}5s)} e^{-2s}.$$

Zeichnen Sie für $K_R = 1$ die Frequenzkennlinien des offenen Regelkreises. Bestimmen Sie mit Hilfe des vereinfachten Nyquist-Kriteriums die Stabilität des geschlossenen Kreises. Wie groß sind die Amplituden- und die Phasenreserve?

Aufgabe 9.6: Betrachten Sie den Regelkreis von Aufgabe 9.5. Zeichnen Sie für $K_R = 0{,}5$ die Ortskurve des Frequenzganges und bestimmen Sie die Amplituden- und Phasenreserve. Ist der geschlossene Regelkreis asymptotisch stabil?

Aufgabe 9.7: Gegeben ist die Übertragungsfunktion eines offenen Regelkreises

$$G_o(s) = G_R(s)G_{SU}(s) = K_p \frac{1+0{,}2s}{(1+0{,}05s)} \cdot \frac{10}{s(1+0{,}1s)(1+0{,}5s)}.$$

a) Zeichnen Sie für $K_p = 1$ die Frequenzkennlinien des offenen Kreises in asymptotischer Näherung und bestimmen Sie die Stabilität des geschlossenen Kreises. Wie groß sind die Amplituden- und Phasenreserve?

b) Zeichnen Sie die Frequenzkennlinien in den entscheidenden Frequenzbereichen exakt und bestimmen Sie wieder A_r und ψ_r. Ist die durch die asymptotische Näherung ermittelte Lösung akzeptabel?

Aufgabe 9.8: Wiederholen Sie Aufgabe 9.7 in Form der Zweiortskurvenmethode. Gehen Sie also davon aus, daß es sich bei den von Ihnen gezeichneten Frequenzkennlinien der Strecke um gemessene Kennlinien handelt.

Aufgabe 9.9: Gegeben sind die in Bild 9.17 dargestellten Frequenzkennlinien einer Regelstrecke.

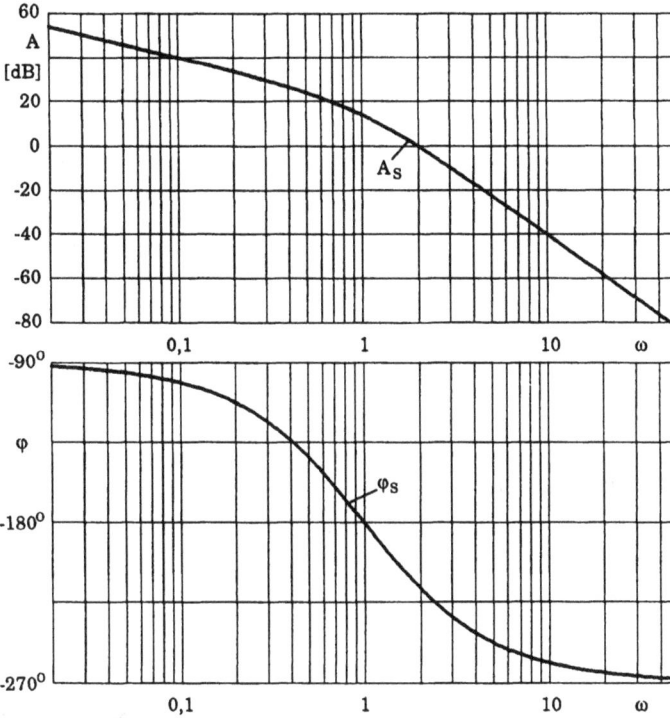

Bild 9.17

Diese Regelstrecke soll in einem Kreis mit Einheitsrückführung mit einem idealen PD-Regler mit $K_p = 0,1$ und $T_v = 1\,s$ geregelt werden. Bestimmen Sie mit Hilfe der Zweiortskurvenmethode die resultierende Phasenreserve ψ_r. Welche Aussage können Sie bezüglich der Amplitudenreserve machen?

Aufgabe 9.10: Gegeben ist die Übertragungsfunktion eines offenen Regelkreises:

$$G_o(s) = K_R \frac{(1 + T_n s)}{s} \frac{(1 - s)}{(s + 3)}, \quad T_n > 0, \quad K_R > 0.$$

Bestimmen Sie mit Hilfe des Hurwitz-Kriteriums jenen Bereich der $K_R - T_n$-Ebene, in dem alle Pole des geschlossenen Regelkreises links von der Geraden $s = -1 \pm j\omega$ liegen (absolute Stabilitätsgüte). Zeichnen Sie diesen Bereich in der Reglerparameterebene ein.

Aufgabe 9.11: Die Übertragungsfunktion eines offenen Regelkreises lautet:

$$G_o(s) = G_R(s)G_{SU}(s) = K_p(1 + \frac{1}{6}s)\frac{1}{s^2 - 16}.$$

Bestimmen Sie mit Hilfe des allgemeinen Nyquist-Kriteriums jenen Bereich der Reglerverstärkung K_p, für den alle Pole des geschlossenen Regelkreises einen Mindestdämpfungsgrad $\zeta_{min} = \sqrt{2}/2$ besitzen. Geben Sie dazu die geeignete Kontur Γ in der s-Ebene an und zeichnen Sie die resultierende Nyquist-Ortskurve.

Aufgabe 9.12: In einem Regelkreis mit Einheitsrückführung wird die Strecke mit der Übertragungsfunktion

$$G_{SU}(s) = \frac{6}{s(s + 4)^2}$$

mit einem P-Regler geregelt. Bestimmen Sie mit Hilfe des vereinfachten Nyquist-Kriteriums jenen Bereich der Reglerverstärkung K_p, für den alle Pole des geschlossenen Regelkreises einen Mindestdämpfungsgrad $\zeta_{min} = 0,5$ besitzen.

10. Entwurf im Zeitbereich

10.1 Allgemeines

In dem in Bild 10.1 dargestellten Regelkreis ist normalerweise die Regelstrecke durch ihr Stell- und Störverhalten unveränderbar vorgegeben.

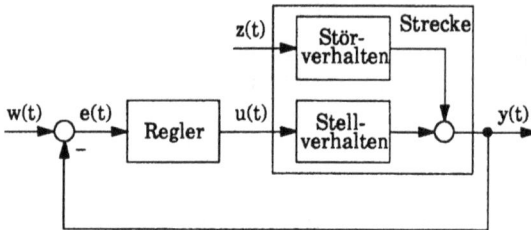

Bild 10.1: Standard-Eingrößenregelkreis

Des weiteren ist bei Verwendung konventioneller Regler, wie sie in Kapitel 8 vorgestellt wurden, die Struktur des Reglers (der eigentliche Regelalgorithmus) auf die dort angeführten Reglertypen beschränkt. Der Entwurf der Regelung besteht somit darin, eine geeignete Reglerstruktur zu wählen und die Reglerparameter, entsprechend den vorgegebenen Anforderungen an den geschlossenen Regelkreis, zu bestimmen. An einen Regelkreis werden gewöhnlich folgende Anforderungen gestellt:

- Der Regelkreis soll stabil mit einer vorgegebenen relativen und/oder absoluten Stabilitätsgüte sein.

- Die Regelgröße y(t) soll einer sich zeitlich ändernden Führungsgröße möglichst genau und schnell folgen.

- Störungen sollen einen möglichst geringen Einfluß auf die Regelgröße haben.

Diese Anforderungen werden durch sogenannte Spezifikationen erfaßt, wobei man *statische* und *dynamische Spezifikationen* unterscheidet.

10.2 Spezifikationen

10.2.1 Statische Spezifikationen

Die statischen Spezifikationen sind ein Maß für die bleibende (stationäre) Regeldifferenz $e(\infty)$, wenn als Führungsgröße (oder Störgröße) spezielle Testfunktionen angelegt werden. Sie dienen im wesentlichen dazu, die richtige Reglerstruktur auszuwählen. Die Übertragungsfunktion des offenen Regelkreises $G_o(s) = G_R(s)G_{SU}(s)$ werde zur Definition der statischen Spezifikationen in der in Gleichung (10.1) dargestellten Form angeschrieben:

$$G_o(s) = \frac{K\prod_{j=1}^{m}(s-s_j)}{s^l \prod_{k=1}^{n-1}(s-s_k)} = \frac{KQ(s)}{s^l R(s)} = \frac{Q_o(s)}{R_o(s)}; \quad n \geq m, \quad l \geq 0. \tag{10.1}$$

1. Führungsverhalten:

Von der Regeldifferenz e(t) wird verlangt, daß sie für $t \to \infty$ verschwindet oder zumindest sehr klein wird. Diese Forderung wird für zwei spezielle Führungsgrößen, nämlich für $w(t) = \sigma(t)$ (Einheitssprungfunktion) und $w(t) = \rho(t)$ (Einheitsrampenfunktion) überprüft. Für den Regelfehler gilt im Regelkreis mit Einheitsrückführung laut Bild 10.1 und mit Gleichung (10.1):

$$E(s) = \frac{1}{1 + G_o(s)} W(s) = \frac{1}{1 + \dfrac{KQ(s)}{s^l R(s)}} W(s). \tag{10.2}$$

Positionsfehler:

(10.1) Der *Positionsfehler* ist der Regelfehler (die Regeldifferenz) im Beharrungszustand nach einer sprungförmigen Änderung der Führungsgröße (Einheitssprung $w(t) = \sigma(t)$).

Es gilt:
$$e(\infty) = \lim_{s \to 0} sE(s) = \lim_{s \to 0} s \frac{1}{1 + G_o(s)} \frac{1}{s} = \lim_{s \to 0} \frac{1}{1 + \dfrac{KQ(s)}{s^l R(s)}}. \tag{10.3}$$

a) Für Systeme mit globalem P-Verhalten $(l = 0)$ erhält man für den Positionsfehler:

$$e(\infty) = \frac{1}{1 + K_o}; \quad K_o = \lim_{s \to 0} G_o(s). \tag{10.4}$$

K_o wird Positionsfehlerkonstante genannt.

b) Für Systeme mit globalem I-Verhalten $(l > 0)$ gilt:

$$e(\infty) = \lim_{s \to 0} \frac{1}{1 + \dfrac{KQ(s)}{s^l R(s)}} = 0. \tag{10.5}$$

Geschwindigkeitsfehler:

(10.2) Der *Geschwindigkeitsfehler* ist der Regelfehler im Beharrungszustand bei einer rampenförmigen Änderung (Einheitsrampe $w(t) = \rho(t)$) der Führungsgröße.

Mit $W(s) = 1/s^2$ erhält man allgemein für den Geschwindigkeitsfehler:

$$e(\infty) = \lim_{s \to 0} \frac{1}{s[1 + G_o(s)]} = \lim_{s \to 0} \frac{1}{sG_o(s)} = \frac{1}{K_I}. \tag{10.6}$$

Der Wert K_I wird Geschwindigkeitsfehlerkonstante genannt. In Abhängigkeit von l, der Vielfachheit des Integralterms in $G_o(s)$, unterscheidet man drei Fälle:

a) $l = 0$ (globales P-Verhalten):

$$K_I = \lim_{s \to 0} sG_o(s) = 0 \quad \Rightarrow \quad e(\infty) = \infty. \tag{10.7}$$

b) $l = 1$ (einfaches I-Verhalten):

$$K_I = \lim_{s \to 0} sG_o(s) \neq 0 \quad \Rightarrow \quad e(\infty) = 1/K_I. \tag{10.8}$$

c) $l > 1$ (mehrfaches I-Verhalten):

$$K_I = \lim_{s \to 0} s G_o(s) = \infty \quad \Rightarrow \quad e(\infty) = 0. \tag{10.9}$$

Beispiel 10.1: Betrachtet wird der in Bild 10.2 dargestellte Regelkreis.

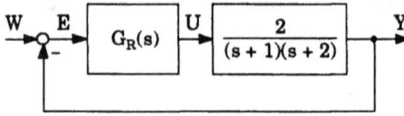

Bild 10.2

Es stehen ein P- und ein PI-Regler zur Regelung dieser Strecke zur Auswahl. Es sind der Positionsfehler und der Geschwindigkeitsfehler für diese beiden Fälle zu bestimmen.

Lösung: Die Übertragungsfunktion des offenen Regelkreises lautet für die beiden Fälle:

$$G_o(s) = \frac{2K_p}{(s+1)(s+2)} \quad \text{(P-Regler)}, \qquad G_o(s) = \frac{2K_p(1+T_n s)}{T_n s(s+1)(s+2)} \quad \text{(PI-Regler)}.$$

Die Positionsfehlerkonstante bzw. die Geschwindigkeitsfehlerkonstante lauten:

$$K_o = \lim_{s \to 0} G_o(s); \quad K_o = K_p \quad \text{(P-Regler)}, \quad K_o = \infty \quad \text{(PI-Regler)},$$

$$K_I = \lim_{s \to 0} s G_o(s); \quad K_I = 0 \quad \text{(P-Regler)}, \quad K_I = \frac{K_p}{T_n} \quad \text{(PI-Regler)}.$$

Damit erhält man für den Positionsfehler:

$$e(\infty) = \frac{1}{1+K_p} \quad \text{(P-Regler)}, \quad e(\infty) = \frac{1}{1+\infty} = 0 \quad \text{(PI-Regler)}.$$

Für den Geschwindigkeitsfehler ergeben sich:

$$e(\infty) = \frac{1}{0} = \infty \quad \text{(P-Regler)}, \quad e(\infty) = \frac{T_n}{K_p} \quad \text{(PI-Regler)}.$$

2. Störungsverhalten:

Für das Störungsverhalten des geschlossenen Regelkreises gilt:

$$Y(s) = G_Z(s) Z(s) = \frac{G_{SZ}(s)}{1 + G_o(s)} Z(s). \tag{10.10}$$

Als Spezifikation wird hier nur der Positionsfehler nach einem Störgrößensprung ($w(t) = 0$, $z(t) = \sigma(t)$) definiert:

$$e(\infty) = -y(\infty) = \lim_{s \to 0}(-s Y(s)) = \lim_{s \to 0} \frac{-G_{SZ}(s)}{1 + G_o(s)}. \tag{10.11}$$

Soll die sprungförmige Störung stationär keinen Einfluß auf die Regelgröße haben, d.h. wird verlangt, daß $e(\infty) = 0$ ist, dann muß die Störungsübertragungsfunktion des geschlossenen Regelkreises $G_Z(s)$ globales D-Verhalten besitzen. Diese Forderung kann nunmehr zur Auswahl der Reglerstruktur in Abhängigkeit von $G_{SU}(s)$ und $G_{SZ}(s)$ benutzt werden.

Beispiel 10.2: Es werde der in Bild 10.3 dargestellte Regelkreis betrachtet.

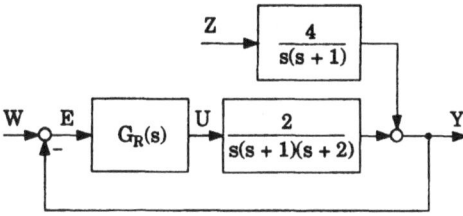

Bild 10.3

Es soll die Struktur der Reglerübertragungsfunktion derart bestimmt werden, daß nach einer sprungförmigen Störung keine bleibende Regeldifferenz auftritt ($e(\infty) = 0$). Für die Führungsgröße gelte dabei $w(t) = 0$. Wie groß sind mit dem gewählten Reglertyp der Positionsfehler und der Geschwindigkeitsfehler für das Führungsverhalten?

Lösung: Man erhält mit Gleichung (10.11) für den stationären Regelfehler die Forderung:

$$e(\infty) = \lim_{s \to 0} \frac{-\dfrac{4}{s(s+1)}}{1 + G_R(s)\dfrac{2}{s(s+1)(s+2)}} = \lim_{s \to 0} \frac{-4(s+2)}{s(s+1)(s+2) + 2G_R(s)} = 0.$$

Diese wird nur durch einen PI- oder PID-Regler erfüllt. Der Positionsfehler und der Geschwindigkeitsfehler ergeben sich mit den Übertragungsfunktionen

$$G_o(s) = \frac{2K_p(1 + T_n s)}{T_n s^2 (s+1)(s+2)} \quad \text{(PI-Regler)}, \qquad G_o(s) = \frac{2K_p(1 + T_n s + T_n T_v s^2)}{T_n s^2 (s+1)(s+2)} \quad \text{(PID-Regler)},$$

für die beiden Reglertypen zu:

Positionsfehler: $\qquad e(\infty) = \lim_{s \to 0} \dfrac{1}{1 + G_o(s)} = 0$ (PI- und PID-Regler).

Geschwindigkeitsfehler: $e(\infty) = \lim_{s \to 0} \dfrac{1}{s G_o(s)} = 0$ (PI- und PID-Regler).

10.2.2 Dynamische Spezifikationen

1. Führungsverhalten:

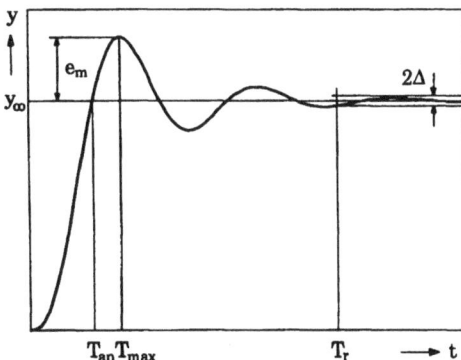

Bild 10.4

Um den Verlauf des Regelvorganges nach einem Führungsgrößensprung beurteilen zu können, wird die Übergangsfunktion des geschlossenen Regelkreises betrachtet (siehe Bild 10.4). Folgende Größen sind darin als dynamische Spezifikationen definiert:

- Die *Anregelzeit* T_{an}. Dies ist jene Zeit, nach der die Regelgröße erstmals den neuen Sollwert y_∞ erreicht.

- Die *maximale Überschwingweite* e_m. Sie gibt den Betrag der maximalen

Regeldifferenz an, die nach dem erstmaligen Erreichen des Sollwertes auftritt. Sie wird oft in % von y_∞ angegeben.

- Die T_{max}-Zeit beschreibt den Zeitpunkt des Auftretens der maximalen Überschwingweite.

- Die *Ausregelzeit* T_r. Es ist dies jene Zeit, nach der die Regelgröße innerhalb eines Toleranzbandes 2Δ ($\Delta = 2\%$ oder 5%) bleibt.

Der Versuch, T_{an}, T_{max} und e_m gleichzeitig zu minimieren, führt auf einen Widerspruch. Ein "guter" Entwurf ist daher immer ein Kompromiß bezüglich dieser Spezifikationen. Da die Zusammenhänge zwischen den oben definierten Spezifikationen und den Entwurfsparametern (den Reglerparametern K_p, T_n und T_v) im allgemeinen kompliziert sind, ist der analytische Entwurf für Regelstrecken höherer Ordnung sehr aufwendig und daher nicht praktikabel.

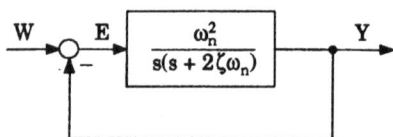

Bild 10.5

Für einen geschlossenen Regelkreis 2. Ordnung sind die dynamischen Spezifikationen analytisch angebbar. Man betrachtet dazu den Regelkreis in Bild 10.5. Man erhält damit:

$$G_W(s) = \frac{\omega_n^2}{s^2 + 2\zeta\omega_n s + \omega_n^2}. \qquad (10.12)$$

Die Sprungantwort des geschlossenen Regelkreises (siehe Bild 10.7) ist dann:

$$y(t) = \Delta w\left(1 - \exp(-\zeta\omega_n t)\left[\frac{\zeta}{\sqrt{1-\zeta^2}}\sin\omega t + \cos\omega t\right]\right), \quad \text{mit} \quad \omega = \omega_n\sqrt{1-\zeta^2}. \quad (10.13)$$

Darin sind ζ der Dämpfungsgrad, ω_n die Eigenfrequenz des ungedämpften und ω die des gedämpften Systems sowie Δu die Führungsgrößen-Sprunghöhe. Die Pole des geschlossenen Regelkreises sind nochmals in Bild 10.6 dargestellt.

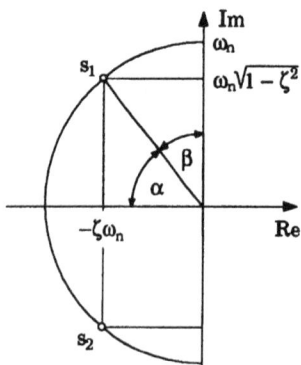

Bild 10.6

Man erhält für die Spezifikationen (ohne Ableitung):

$$T_{an} = \frac{\pi - \alpha}{\omega_n\sqrt{1-\zeta^2}}; \quad \alpha = \arctan\frac{\sqrt{1-\zeta^2}}{\zeta}, \qquad (10.14)$$

$$T_{max} = \frac{\pi}{\omega_n\sqrt{1-\zeta^2}}, \qquad (10.15)$$

$$e_m = y(T_{max}) - y_\infty = \exp\left(\frac{-\zeta\pi}{\sqrt{1-\zeta^2}}\right) \times 100 \quad [\%]. \quad (10.16)$$

Bei der Berechnung der Ausregelzeit T_r benutzt man die untere einhüllende Exponentialfunktion nach Bild 10.7:

Man erhält sodann für $\Delta = 2\%$ die 2%-Ausregelzeit:

$$y_\infty \left[1 - \frac{1}{\sqrt{1-\zeta^2}} \exp(-\zeta\omega_n T_r)\right] = 0,98\,y_\infty \Rightarrow T_r(2\%) = \frac{\ln(0,02\sqrt{1-\zeta^2})}{-\zeta\omega_n}, \qquad (10.17)$$

und für $\Delta = 5\%$ die 5%-Ausregelzeit:

$$y_\infty \left[1 - \frac{1}{\sqrt{1-\zeta^2}} \exp(-\zeta\omega_n T_r)\right] = 0,95\,y_\infty \Rightarrow T_r(5\%) = \frac{\ln(0,05\sqrt{1-\zeta^2})}{-\zeta\omega_n}. \qquad (10.18)$$

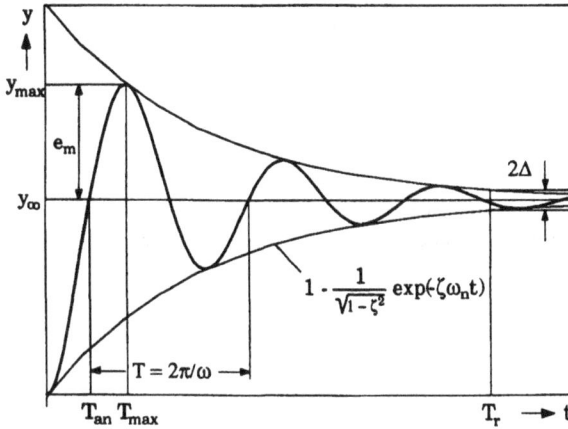

Gute Näherungen sind:

$$T_r(2\%) \approx \frac{4}{\zeta\omega_n} \qquad (10.19)$$

für die 2%-Ausregelzeit und:

$$T_r(5\%) \approx \frac{3}{\zeta\omega_n} \qquad (10.20)$$

für die 5%-Ausregelzeit.

Bild 10.7: Sprungantwort eines Regelkreises 2.Ordnung

Beispiel 10.3: Es wird der in Bild 10.8 dargestellte Regelkreis betrachtet.

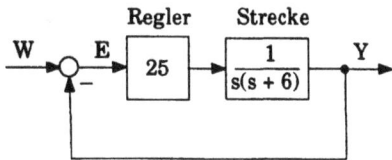

Bild 10.8

Es soll die maximale Überschwingweite e_m, T_{max}, die Anregelzeit T_{an} sowie die 2%-Ausregelzeit $T_r(2\%)$ bestimmt werden.

Lösung: Man erhält für die Führungsübertragungsfunktion

$$G_W(s) = \frac{25}{s^2 + 6s + 25}.$$

Damit folgt für die Eigenfrequenz des ungedämpften Systems sowie den Dämpfungsgrad:

$$\omega_n^2 = 25\,s^{-2} \Rightarrow \omega_n = 5\,s^{-1}; \quad 2\zeta\omega_n = 6 \Rightarrow \zeta = 0,6.$$

Unter Verwendung der Gleichungen (10.14) bis (10.17) und (10.19) erhält man schließlich:

$$\alpha = \arctan\frac{\sqrt{1-0,36}}{0,6} = 0,93, \quad T_{an} = \frac{\pi - 0,93}{5\sqrt{1-0,36}} = 0,55\,s,$$

$$T_{max} = \frac{\pi}{5\sqrt{1-0,36}} = 0,785\,s, \quad e_m = \exp\left(-\frac{0,6\pi}{\sqrt{1-0,36}}\right) = 0,095, \quad e_m = 9,5\%,$$

$$T_r(2\%) = \frac{\ln(0,02\sqrt{1-0,36})}{(-0,6)5} = 1,38\,s, \quad \text{bzw.} \quad T_r(2\%) \approx \frac{4}{(0,6)5} = 1,33\,s.$$

2. Störverhalten:

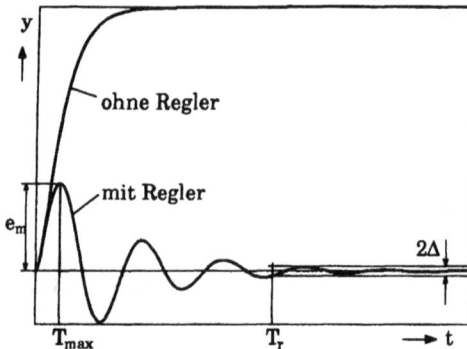

Ähnlich wie für das Führungsverhalten lassen sich für das Störverhalten Spezifikationen definieren. Bild 10.9 zeigt die Systemantwort eines geschlossenen Regelkreises auf eine Störung $z(t) = \Delta z\,\sigma(t)$. Es werden darin ebenfalls die Spezifikationen *maximale Überschwingweite* e_m zum Zeitpunkt T_{max} und die *Ausregelzeit* T_r definiert.

Bild 10.9: Störverhalten des geschlossenen Regelkreises

Zusammenfassung: Von den angeführten Spezifikationen sind die maximale Überschwingweite e_m und die Ausregelzeit T_r im wesentlichen für die Dämpfung des geschlossenen Regelkreises kennzeichnend, während die Anregelzeit T_{an} und die Zeit T_{max} für die Schnelligkeit charakteristisch sind. Beim Entwurf des Regelkreises ist außerdem immer die Tatsache im Auge zu behalten, daß die Stellgröße $u(t)$ beschränkt ist, daß also unter Bedachtnahme auf eine maximal mögliche Stellgröße zu entwerfen ist.

10.3 Entwurf durch Optimierung der Reglerparameter

Bei dieser Entwurfsmethode wird davon ausgegangen, daß der zu verwendende Reglertyp bereits durch Vorüberlegungen (z.B. statische Spezifikationen) festgelegt wurde. Um die im vorigen Abschnitt definierten, sich teilweise widersprechenden und daher nur durch einen Kompromiß zu erfüllenden Forderungen einer mathematischen Behandlung zugänglich zu machen, verwendet man die im folgenden erläuterten *Integralkriterien*. Da sie sich auf den zeitlichen Verlauf der Übergangsfunktion bzw. des Regelfehlers beziehen, spricht man von Optimierung im Zeitbereich.

Als Maß für die Regelgüte wird ein *Güteintegral (Gütefunktional)* der allgemeinen Form

$$J(\underline{P}) = \int_0^\infty f[e(t)]\,dt \qquad (10.21)$$

gewählt. $J(\underline{P})$ ist ein skalares Funktional der freien Reglerparameter, die im Vektor $\underline{P}$ zusammengefaßt sind. Die Regelung wird im Sinne des gewählten Kriteriums um so besser sein, je kleiner der Wert von J ist. Es muß also J minimiert werden, was nur durch eine entsprechende Wahl der freien Reglerparameter geschehen kann. Für den allgemeinsten hier betrachteten Reglertyp, den PID-Regler muß also gelten:

$$J(\underline{P}) = \int_0^\infty f\big[e(K_p, T_n, T_v, t)\big]\,dt \;\Rightarrow\; \text{Min.} \qquad (10.22)$$

Das gesuchte Minimum kann sowohl im Inneren als auch am Rand des durch die möglichen Einstellwerte der Reglerparameter begrenzten Definitionsbereiches liegen (absolutes Optimum oder Randoptimum).

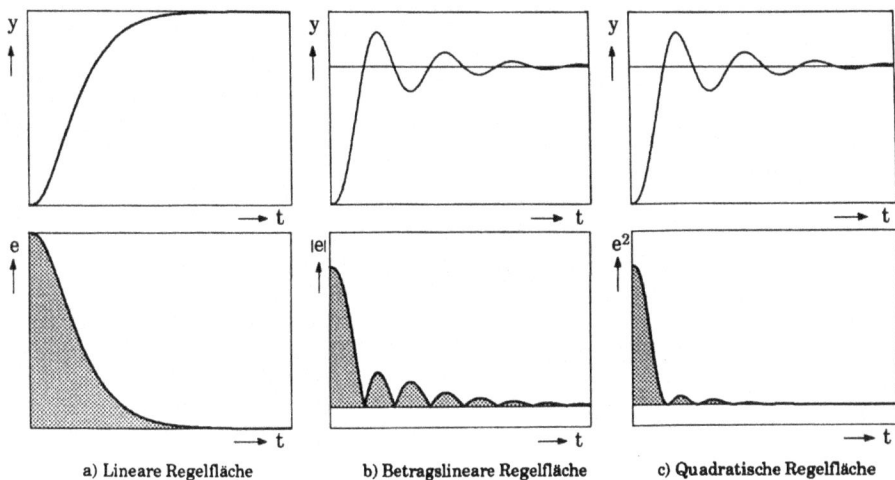

a) Lineare Regelfläche   b) Betragslineare Regelfläche   c) Quadratische Regelfläche

Bild 10.10

Die wichtigsten Integralkriterien sind:

Lineare Regelfläche:
$$J = \int_0^\infty e(t)\,dt \;\Rightarrow\; \text{Min.} \tag{10.23}$$

Sie eignet sich zur Optimierung stark gedämpfter monotoner Regelverläufe (Bild 10.10a).

Betragslineare Regelfläche:
$$J = \int_0^\infty |e(t)|\,dt \;\Rightarrow\; \text{Min.} \tag{10.24}$$

Dieses Kriterium ist für einen nichtmonotonen Einschwingvorgang geeignet, ist jedoch nur durch Rechnereinsatz auszuwerten (Bild 10.10b).

Quadratische Regelfläche:
$$J = \int_0^\infty e^2(t)\,dt \;\Rightarrow\; \text{Min.} \tag{10.25}$$

Dieses Kriterium hat sich in vielen Anwendungsfällen gut bewährt und hat den Vorteil, daß es sich analytisch wie folgt auswerten läßt.

Ist E(s) eine gebrochen rationale Funktion,

$$E(s) = \frac{c_0 + c_1 s + c_2 s^2 + \dots + c_{n-1} s^{n-1}}{d_0 + d_1 s + d_2 s^2 + \dots + d_n s^n}, \tag{10.26}$$

deren Pole in der linken s-Halbebene liegen, dann läßt sich das Güteintegral (10.25) durch die in Tabelle 10.1 angegebenen Beziehungen berechnen. Bezüglich der Herleitung dieser Beziehungen wird auf die regelungstechnische Literatur verwiesen.

Zeitbeschwerte betragslineare Regelfläche:
$$J = \int_0^\infty |e(t)|\,t\,dt \;\Rightarrow\; \text{Min.} \tag{10.27}$$

Quadratische Regelfläche und Stellaufwand:
$$J = \int_0^\infty \left[e^2(t) + \alpha u^2(t) \right] dt \;\Rightarrow\; \text{Min.} \tag{10.28}$$

n	J
1	$\dfrac{c_0^2}{2d_0d_1}$
2	$\dfrac{c_1^2d_0+c_0^2d_2}{2d_0d_1d_2}$
3	$\dfrac{c_2^2d_0d_1+(c_1^2-2c_0c_2)d_0d_3+c_0^2d_2d_3}{2d_0d_3(d_1d_2-d_0d_3)}$
4	$\dfrac{c_3^2(d_0d_1d_2-d_0^2d_3)+(c_2^2-2c_1c_3)d_0d_1d_4+(c_1^2-2c_0c_2)d_0d_3d_4+c_0^2(d_2d_3d_4-d_1d_4^2)}{2d_0d_4(d_1d_2d_3-d_1^2d_4-d_0d_3^2)}$

Tabelle 10.1

In diesem Kriterium wird der Stellaufwand (Stellenergie) bei der Minimierung ebenso berücksichtigt. Die Wahl des Bewertungsfaktors α erfolgt willkürlich.

Beispiel 10.4: Es wird der in Bild 10.11 dargestellte Regelkreis betrachtet.

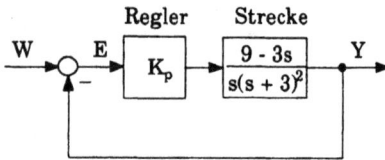

Bild 10.11

Die Reglerverstärkung K_p soll derart bestimmt werden, daß bei einem Sollwertsprung $w(t)=\sigma(t)$ das quadratische Gütefunktional minimiert wird.

Lösung: Bevor man die optimale Reglerverstärkung bestimmt, wird jener Bereich von K_p berechnet, für welchen der geschlossene Regelkreis stabil arbeitet. Die charakteristische Gleichung lautet:

$$s^3+6s^2+(9-3K_p)s+9K_p=0.$$

Die Auswertung des Hurwitz-Kriteriums ergibt einen Stabilitätsbereich $0<K_p<2$. Für den Regelfehler $E(s)$ ergibt sich aus dem Blockschaltbild:

$$E(s)=\frac{1}{1+G_o(s)}\frac{1}{s}=\frac{1}{1+\dfrac{K_p(9-3s)}{s(s+3)^2}}\frac{1}{s}=\frac{s^2+6s+9}{s^3+6s^2+(9-3K_p)s+9K_p}.$$

Mit den Koeffizienten des Zähler- und Nennerpolynoms von $E(s)$ erhält man für das Gütefunktional für $n=3$ aus der Tabelle 10.1:

$$J=\frac{9K_p(9-3K_p)+(36-2(9))9K_p+81(6)}{(2)9K_p\big[6(9-3K_p)-9K_p\big]}=\frac{18+9K_p-K_p^2}{36K_p-18K_p^2}.$$

Die Minimierung des Gütefunktionals ($dJ/dK_p=0$) führt auf die Gleichung

$$7K_p^2+36K_p-36=0$$

Die Lösung $K_{popt.} = 6/7$ liegt innerhalb des Stabilitätsbereiches und ist daher zulässig. Wie man sich leicht überzeugen kann, beträgt der Wert des Gütefunktionals für diese Verstärkung $J_{min} = 1,417$ und es handelt sich tatsächlich um ein Minimum.

10.4 Entwurf mit Hilfe empirischer Einstellregeln

Die empirischen Einstellregeln basieren entweder auf einer gemessenen Sprungantwort der Regelstrecke oder auf dem Verhalten des geschlossenen Regelkreises an der Stabilitätsgrenze. In beiden Methoden wird davon ausgegangen, daß die Struktur des zu verwendenden Reglers bereits festgelegt wurde. In den folgenden Abschnitten wird je eine typische Methode für die beiden Vorgangsweisen angegeben.

10.4.1 Einstellregeln nach Ziegler-Nichols (Schwingversuch)

Beim Schwingversuch nach Ziegler-Nichols wird der geschlossene Regelkreis betrachtet. Die Vorgangsweise ist folgende:

1) Der jeweils verwendete Regler wird auf P-Verhalten geschaltet ($T_n \rightarrow \infty$, $T_v \rightarrow 0$).

2) Die Reglerverstärkung wird, ausgehend von kleinen Werten, solange vergrößert, bis der geschlossene Regelkreis Dauerschwingungen ausführt, d.h. bis sich dieser an der Stabilitätsgrenze befindet.

3) Der dabei eingestellte Wert der Reglerverstärkung wird als $K_{pkrit.}$ bezeichnet. Die Periodendauer der sich einstellenden Dauerschwingung $T_{krit.}$ wird gemessen.

4) Anhand der Tabelle 10.2 werden die Reglerparameter K_p T_n und T_v für den verwendeten Reglertyp bestimmt.

Beispiel 10.5: Es wird der in Bild 10.12 dargestellte Regelkreis betrachtet.

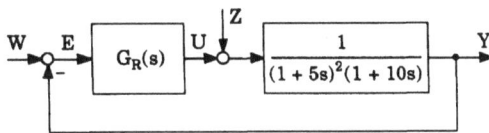

Bild 10.12

Damit nach einer sprungförmigen Führungsgrößenänderung kein bleibender Regelfehler auftritt, soll entweder ein PI-Regler oder ein idealer PID-Regler verwendet werden. Es sollen die Reglerparameter für beide Reglertypen nach dem Schwingversuch von Ziegler-Nichols rechnerisch ermittelt und die Führungs- und Störungsübergangsfunktionen miteinander verglichen werden.

Lösung: Mit einem P-Regler lautet die charakteristische Gleichung:

$$250s^3 + 125s^2 + 20s + 1 + K_p = 0.$$

Setzt man zur Bestimmung der Stabilitätsgrenze in der charakteristischen Gleichung $s = j\omega$, so erhält man:

$$250(j\omega)^3 + 125(j\omega)^2 + 20(j\omega) + 1 + K_p = 0 \quad \text{bzw.}$$

$$(1 + K_p - 125\omega^2) + j(20\omega - 250\omega^3) = 0$$

Reglertyp	Reglerparameter		
	K_p	T_n	T_v
P	$0,5 K_{pkrit.}$	---	---
PD	$0,8 K_{pkrit.}$	---	$0,12 T_{krit.}$
PI	$0,45 K_{pkrit.}$	$0,85 T_{krit.}$	--
PID	$0,6 K_{pkrit.}$	$0,5 T_{krit.}$	$0,12 T_{krit.}$

Tabelle 10.2

Aus dieser Gleichung erhält man für ω und K_p an der Stabilitätsgrenze bzw. $T_{krit.}$:

$$K_{pkrit.} = 9, \quad \omega_{krit.} = 0,2\sqrt{2}\ s^{-1} \;\Rightarrow\; T_{krit.} = \frac{2\pi}{\omega_{krit.}} \cong 22,2\ s.$$

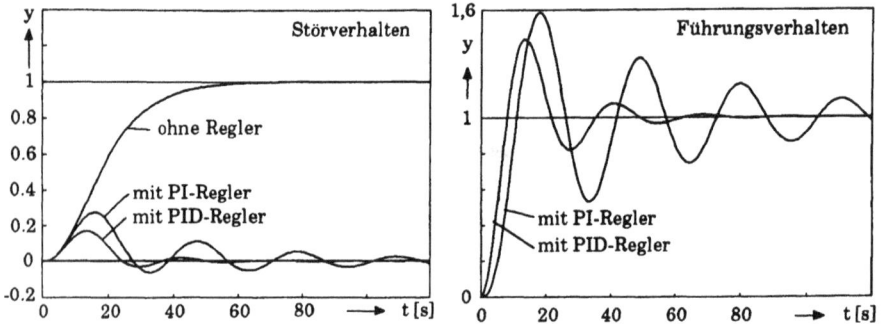

Bild 10.13

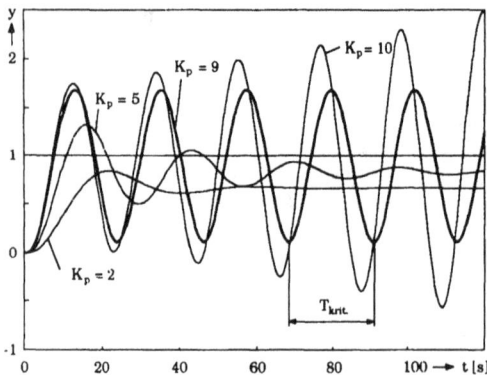

Bild 10.14

Mit den Parameterwerten aus Tabelle 10.2 ergeben sich folgende Regler:

$$G_R(s) = \frac{4(1+18,9s)}{18,9s},$$

$$G_R(s) = \frac{5,4(1+11,1s+30s^2)}{11,1s}.$$

In Bild 10.13 sind die resultierenden Störungs- und Führungsübergangs-funktionen des geschlossenen Regel-kreises dargestellt. Dabei stellt man fest, daß der nach Ziegler-Nichols optimierte PI-Regler kein akzepta-bles Führungs- und Störungsverhal-ten des geschlossenen Regelkreises ergibt, da dieser zu wenig gedämpft ist. In Bild 10.14 ist der Schwingversuch, wie er in der Praxis durchgeführt würde, dargestellt. Wie deutlich zu erkennen ist, verlaufen die Einschwingvorgänge nach einem Führungsgrößensprung mit steigendem K_p immer weniger gedämpft. Für $K_p = 9$ ist die Stabilitätsgrenze erreicht, für $K_p = 10$ ist der Regelkreis bereits instabil.

10.4.2 Einstellregeln basierend auf der Sprungantwort der Strecke

Als Beispiel für die vielen existierenden Methoden werden hier die Einstellregeln nach Chien-Hrones-Reswick erläutert, die eine Ermittlung der Reglerparameter anhand einer aperiodisch verlaufenden Streckensprungantwort erlauben.

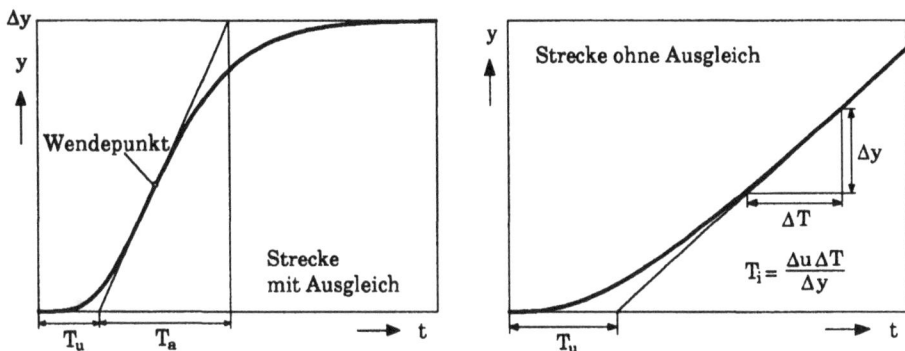

Bild 10.15: Streckensprungantworten

1. Strecken mit Ausgleich:

Nach dem Anlegen der Wendetangente an die Sprungantwort (siehe Bild 10.15) mißt man die Verzugszeit T_u und die Ausgleichszeit T_a aus dem Diagramm ab. Die Streckenverstärkung erhält man zu $K_S = \Delta y / \Delta u$, worin Δu die Höhe des Stellgrößensprunges ist. Mit diesen drei, für eine Strecke mit Ausgleich (P-Strecke) charakteristischen Größen bestimmt man für den von seiner Struktur her vorgegebenen Regler aus Tabelle 10.3 die Einstellwerte der Reglerparameter.

Reglertyp	Aperiodischer Regelvorgang		20% Überschwingen	
	Führung	Störung	Führung	Störung
P	$K_p = \dfrac{0,3T_a}{K_S T_u}$	$K_p = \dfrac{0,3T_a}{K_S T_u}$	$K_p = \dfrac{0,7T_a}{K_S T_u}$	$K_p = \dfrac{0,7T_a}{K_S T_u}$
PI	$K_p = \dfrac{0,35T_a}{K_S T_u}$ $T_n = 1,2T_a$	$K_p = \dfrac{0,6T_a}{K_S T_u}$ $T_n = 4T_u$	$K_p = \dfrac{0,6T_a}{K_S T_u}$ $T_n = T_a$	$K_p = \dfrac{0,7T_a}{K_S T_u}$ $T_n = 2,3T_u$
PID	$K_p = \dfrac{0,6T_a}{K_S T_u}$ $T_n = T_a$ $T_v = 0,5T_u$	$K_p = \dfrac{0,95T_a}{K_S T_u}$ $T_n = 2,4T_u$ $T_v = 0,42T_u$	$K_p = \dfrac{0,95T_a}{K_S T_u}$ $T_n = 1,35T_a$ $T_v = 0,47T_u$	$K_p = \dfrac{1,2T_a}{K_S T_u}$ $T_n = 2,3T_u$ $T_v = 0,42T_u$
PD	mittlere Werte für Störung $K_p = \dfrac{1,8T_a}{K_S T_u}$ $T_v = 0,5T_u$			

Tabelle 10.3

2. Strecken ohne Ausgleich:

Liegt die Sprungantwort einer Strecke ohne Ausgleich vor, so zeichnet man die Asymptote wie in Bild 10.15 dargestellt ein, mißt die Verzugszeit T_u, die Zeit ΔT sowie den Wert Δy heraus und berechnet die Integrationszeitkonstante T_i. Mit T_i und T_u geht man sodann in Tabelle 10.4 und liest für den vorgegebenen Reglertyp die Einstellwerte der Reglerparameter ab.

Reglertyp	Reglerparameter		
	K_p	T_n	T_v
P	$0,5T_i / T_u$	--	---
PD	$0,5T_i / T_u$	--	$0,5T_u$
PI	$0,4T_i / T_u$	$5T_u$	---
PID	$0,4T_i / T_u$	$3,2T_u$	$0,8T_u$

Tabelle 10.4

Beispiel 10.6: Der in Beispiel 10.5 betrachtete Regelkreis soll nunmehr mit Hilfe der Einstellregeln von Chien-Hrones-Reswick entworfen werden. Bild 10.16 zeigt die Sprungantwort der Regelstrecke mit $\Delta u = 1$.

Aus der Sprungantwort liest man ab:

$$T_u = 5\,\text{s}, \quad T_a = 24,5\,\text{s}.$$

Mit $\Delta u = 1$ und $\Delta y = 1$ aus dem Diagramm folgt $K_S = 1$. In Tabelle 10.5 sind alle Einstellwerte der Reglerparameter zusammengefaßt. Die Bilder 10.17 und 10.18 zeigen die Übergangsfunktionen für Führung und Störung.

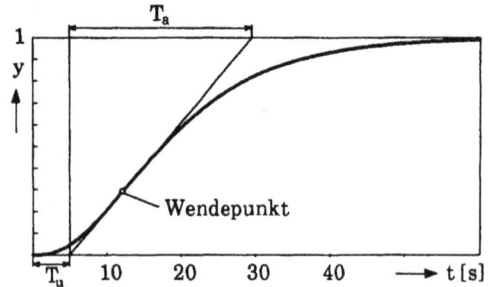

Bild 10.16: Sprungantwort der Regelstrecke

Reglertyp	aperiodischer Regelvorgang		20% Überschwingen	
	Führung	Störung	Führung	Störung
PI	$K_p = 1,71$ $T_n = 29,4\,\text{s}$	$K_p = 2,94$ $T_n = 20\,\text{s}$	$K_p = 2,94$ $T_n = 24,5\,\text{s}$	$K_p = 3,43$ $T_n = 11,5\,\text{s}$
PID	$K_p = 2,94$ $T_n = 24,5\,\text{s}$ $T_v = 2,5\,\text{s}$	$K_p = 4,66$ $T_n = 12\,\text{s}$ $T_v = 2,1\,\text{s}$	$K_p = 4,66$ $T_n = 33,1\,\text{s}$ $T_v = 2,35\,\text{s}$	$K_p = 5,88$ $T_n = 11,5\,\text{s}$ $T_v = 2,1\,\text{s}$

Tabelle 10.5

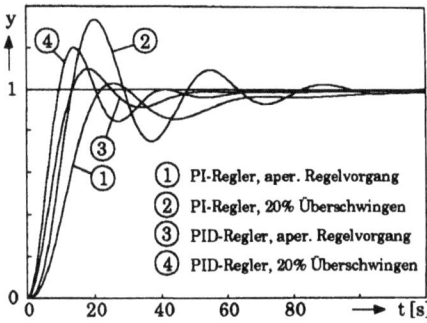

Bild 10.17

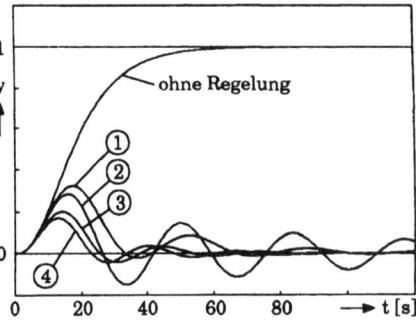

Bild 10.18

Zusammenfassend kann zu den empirischen Einstellregeln folgendes gesagt werden: Da sie für eine große Klasse von Systemen entwickelt wurden, sind die damit ermittelten Einstellwerte der Reglerparameter im individuellen Anwendungsfall nicht immer günstig. Durch eine Nacheinstellung können in den meisten Fällen dem Anwender besser erscheinende Störungs- und Führungsantworten erzielt werden. Dennoch haben sich diese Methoden, vor allem in der Regelung verfahrenstechnischer Prozesse, aufgrund ihrer einfachen Handhabung sehr gut bewährt.

10.5 Aufgaben

Aufgabe 10.1: Bestimmen Sie für folgende Übertragungsfunktionen des offenen Regelkreises jeweils den Positionsfehler und den Geschwindigkeitsfehler.

$$\text{a) } G_o(s) = \frac{24(s+2)}{(s+4)(s^2+2s+2)}, \quad \text{b) } G_o(s) = \frac{25(s+1)}{s(s^2+2s+5)}, \quad \text{c) } G_o(s) = \frac{K_R(1+T_n s)}{s}e^{-\tau s}.$$

Aufgabe 10.2: Betrachten Sie den in Bild 10.19 dargestellten Regelkreis mit einer zusätzlichen Geschwindigkeitsrückführung.

Geben Sie die Störübertragungsfunktion $G_Z(s)$ des geschlossenen Regelkreises an. Bestimmen Sie die Reglerverstärkung K_p sowie die Geschwindigkeits-Rückführkonstante K derart, daß der geschlossene Kreis einen Dämpfungsgrad $\zeta = 0,5$ besitzt und $y(t)$ nach einer Störgrößenänderung $z(t) = \sigma(t)$ den stationären Wert $y(\infty) = 0,04$ annimmt. Geben Sie ferner die Führungsübertragungsfunktion $G_W(s)$ an und berechnen Sie den Positionsfehler, T_{an}, e_m sowie $T_r(2\%)$.

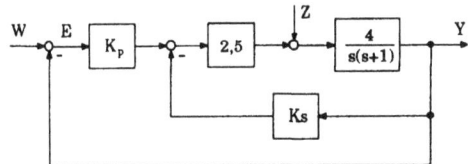

Bild 10.19

Aufgabe 10.3: In Bild 10.20 ist stark vereinfacht das Blockschaltbild einer Produktionsanlage dargestellt.

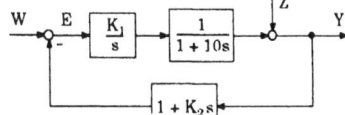

Bild 10.20

Regelgröße ist das Produktangebot, Führungsgröße die Produktnachfrage, der I-Regler repräsentiert die Management-Funktionen, und die PT1-Strecke stellt das Engineering und die eigentliche Produktion dar. Erfaßt (gemessen) wird das Produktangebot selbst sowie dessen zeitliche Änderung. Die Betriebsleitung hat für die Antwort auf eine sprungförmige Nachfrageänderung $w(t) = a\sigma(t)$ folgende Spezifikationen vorgegeben: 2%-Ausregelzeit, $T_r = 20$ Monate, maximales Überschwingen $e_m = 9,5\%$. Geben Sie die Führungs- und Störungsübertragungsfunktion des geschlossenen Regelkreises an. Wie müssen die Parameter K_1 und K_2 gewählt werden, damit diese Anforderungen an den Regelkreis erfüllt werden? Wie groß ist dann die Anregelzeit T_{an} sowie der Regelfehler nach einer sprungförmigen Störung der Produktion $z(t) = b\sigma(t)$?

Aufgabe 10.4: Die Übertragungsfunktion eines offenen Regelkreises lautet

$$G_0(s) = \frac{K_p}{s(s+1)(s+2)}.$$

Bestimmen Sie zuerst mit Hilfe des Hurwitz-Kriteriums jenen Bereich der Reglerverstärkung K_p, für den der Regelkreis asymptotisch stabil ist. Bestimmen Sie sodann die optimale Reglerverstärkung durch Minimierung des quadratischen Gütekriteriums nach einem Führungsgrößensprung $w(t) = \sigma(t)$. Skizzieren Sie die Führungssprung-antwort.

Aufgabe 10.5: Betrachten Sie den in Bild 10.21 dargestellten Regelkreis mit $T_n > 0$.

Bestimmen Sie die optimalen Reglerparameter durch die Minimierung des quadratischen Güte-kriteriums nach einer sprungförmigen Störung $z(t) = \sigma(t)$. Bestimmen Sie vorher den Bereich asymptotischer Stabilität in der Reglerparameter-ebene.

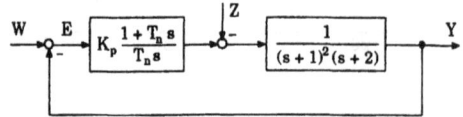

Bild 10.21

Aufgabe 10.6: Die Übertragungsfunktion einer Regelstrecke lautet:

$$G_{SU}(s) = \frac{0,5}{s(s+1)(s+0,5)}.$$

Zeichnen Sie die Ortskurve des Frequenzganges der Strecke $G_{SU}(j\omega)$. Bestimmen Sie sodann mit Hilfe der Einstellregeln von Ziegler-Nichols rechnerisch die Parameter für einen P- und einen idealen PD-Regler. Zeichnen Sie die Führungsübergangsfunktionen.

Aufgabe 10.7: Eine Regelstrecke werde durch die Übertragungsfunktion

$$G_{SU}(s) = \frac{0,048}{(s+0,1)(s+0,3)(s+2)(s+4)} e^{-3s}$$

beschrieben. Zeichnen Sie die Frequenzkennlinien der Strecke und bestimmen Sie daraus mit Hilfe der Einstellre-geln von Ziegler-Nichols die Parameter eines PI-Reglers sowie eines idealen PID-Reglers. Bestimmen Sie mit Hilfe der Zweiortskurvenmethode im Bode-Diagramm für beide Entwürfe die Amplituden- und Phasenreserve.

Aufgabe 10.8: Bild 10.22 zeigt die gemessene Sprungantwort der Regelstrecke aus Beispiel 10.6 für $\Delta u = 5$. Bestimmen Sie mit Hilfe der Einstellregeln von Chien-Hrones-Reswick die Reglerparameter eines PI- und eines idealen PID-Reglers sowohl für Führungs- als auch Störungsverhalten.

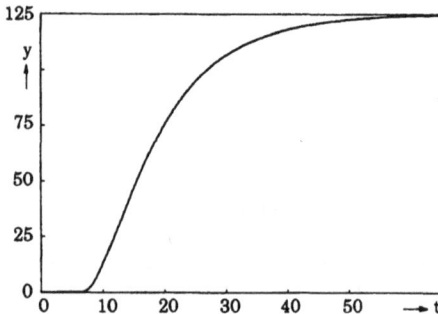

Bild 10.22

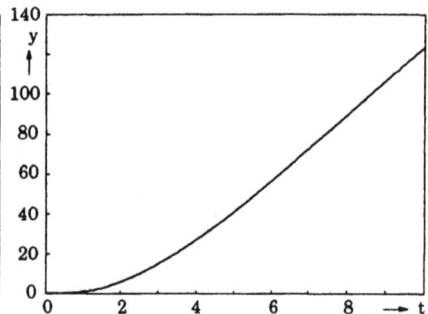

Bild 10.23

Aufgabe 10.9: In Bild 10.23 ist für $\Delta u = 10$ die gemessene Sprungantwort eines Systems mit global integrierendem Übertragungsverhalten dargestellt. Bestimmen Sie mit Hilfe der Einstellregeln von Chien-Hrones-Reswick die Reglerparameter für einen P- und einen idealen PD-Regler.

11. Entwurf in den Frequenzkennlinien

11.1 Allgemeines

Das Ziel beim Entwurf im Bode-Diagramm ist es, die *Frequenzkennlinien des offenen Regelkreises* durch die Kennlinien des Korrekturgliedes (des Reglers) derart zu verändern, daß der *Frequenzgang des geschlossenen Regelkreises* den gestellten Anforderungen entspricht. Im Standard-Eingrößenregelkreis, wie er in Bild 11.1 nochmals dargestellt ist, muß davon ausgegangen werden, daß beim Entwurf des Regelkreises die Frequenzgänge $G_{SU}(j\omega)$ und $G_{SZ}(j\omega)$ als unveränderbar vorgegeben zu betrachten sind. Die Frequenzkennlinien $A_o(\omega)$ und $\varphi_o(\omega)$ werden also durch Addition entsprechender Reglerkennlinien $A_R(\omega)$ bzw. $\varphi_R(\omega)$ in die gewünschte Form gebracht.

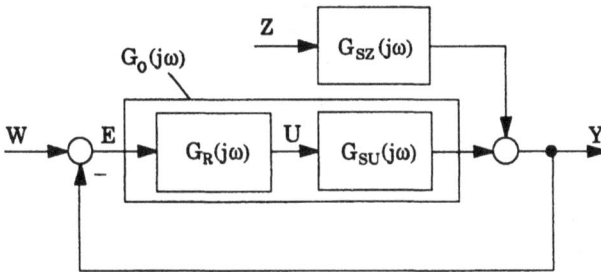

Bild 11.1: Standard-Eingrößenregelkreis

11.2 Anforderungen an den geschlossenen Regelkreis

Es gibt vier Grundanforderungen, die ein Regelkreis auf jeden Fall erfüllen muß. Sie werden im folgenden zusammengestellt und ihre Auswirkungen auf die Frequenzkennlinien des offenen Kreises diskutiert.

(11.1) Der Regelkreis muß asymptotisch stabil sein.

Die Stabilität ist für Führungs- und Störverhalten identisch, da für beide Fälle dasselbe charakteristische Polynom gilt. Die Untersuchung der Stabilität kann z.B. mit Hilfe des vereinfachten Nyquist-Kriteriums (z.B. auch in der Variante des Zweiortskurvenverfahrens) im Bode-Diagramm erfolgen.

(11.2) Der Regelkreis muß eine bestimmte stationäre Genauigkeit aufweisen.

In Kapitel 10 wurden die statischen Spezifikationen Positionsfehler und Geschwindigkeitsfehler definiert. Grundsätzlich kann eine Verbesserung des stationären Verhaltens durch zwei Maßnahmen bewirkt werden: durch die Erhöhung der Verstärkung des offenen Regelkreises K_o bzw. durch die Einführung eines I-Anteiles im Regler (Korrekturglied).

Anmerkung: Die Forderungen (11.1) und (11.2) sind gegensätzlich, da eine Erhöhung der
Verstärkung K_o bzw. die Einführung eines I-Anteiles (Phasenabsenkung um
90°) die Tendenz zur Instabilität mit sich bringen.

(11.3) Der Regelkreis muß ausreichend gedämpft sein.

Es stellt sich hier die Frage, wie man aus den Frequenzkennlinien des *offenen Regelkreises*
auf die Dämpfung des *geschlossenen Regelkreises* schließen kann. Bei Einhaltung der
Bedingung, daß der Amplitudengang $A_o(\omega)$ in der Umgebung der Amplitudendurchtrittsfrequenz ($0,5\omega_1 < \omega < 5\omega_1$) mit einer Steigung von etwa −20 dB / Dek. abnimmt, kann die
Phasenreserve

$$\psi_r = 180° + \varphi_o(\omega_1),$$

wie sie in Kapitel 9 definiert wurde, als ein geeignetes Maß für die Dämpfung des
geschlossenen Kreises angesehen werden (siehe dazu Abschnitt 11.4: Entwurf auf ein
dominantes Polpaar). Für einen günstigen Einschwingvorgang soll $50° < \psi_r < 70°$ gelten.
Die Phasenreserve sollte jedenfalls nicht unter 40° absinken. Soll der Übergangsvorgang
aperiodisch verlaufen, so muß $\psi_r > 80°$ betragen.

(11.4) Der Regelkreis muß hinreichend schnell sein.

Die Amplitudendurchtrittsfrequenz ω_1 ist, vorausgesetzt, der Abfall der Amplitudenkennlinie beträgt in deren Umgebung 20 dB/Dekade, ein qualitatives Maß für die Schnelligkeit
sowohl des Führungs- als auch des Störverhaltens des Regelkreises. Je größer ω_1, desto
schneller ist der Übergangsvorgang.

Anmerkung: Die Forderungen (11.3) und (11.4) sind ebenfalls gegensätzlich. Macht man
den Regelkreis schneller, indem man ω_1 nach rechts verschiebt, so gelangt
man in den Bereich stark abfallender Phase. Damit nimmt die Phasenreserve ψ_r ab, und der geschlossene Kreis wird weniger stabil oder sogar instabil werden.

Ein Regelkreis, der den obigen Anforderungen entspricht und dessen Führungsübergangsfunktion einen Verlauf wie in Bild 11.2 dargestellt aufweist, besitzt qualitativ einen
Führungsfrequenzgang, der im Bode-Diagramm in Bild 11.3 dargestellt ist.

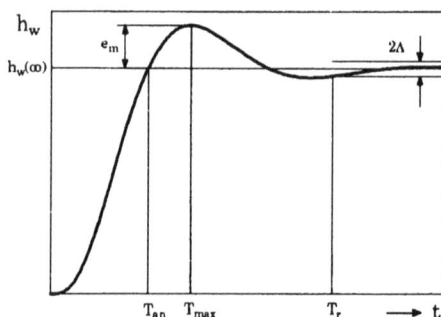

Bild 11.2: Führungsübergangsfunktion   Bild 11.3: Führungsfrequenzgang

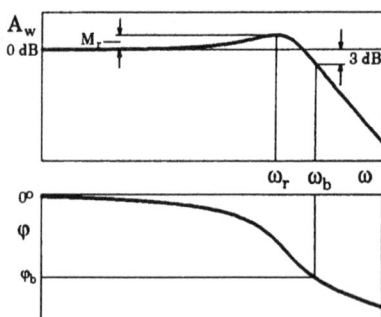

Zur Charakterisierung des geschlossenen Regelkreises durch dessen Führungsfrequenz-gang (Bild 11.3) werden üblicherweise folgende Spezifikationen verwendet: die Resonanz-frequenz ω_r, Amplitudenüberhöhung M_r sowie die sogenannte Bandbreite ω_b.

11.3 Der Entwurfsvorgang

Die Vorgangsweise bei der Behandlung des Entwurfsproblems sollte wie folgt sein:

1) Zeichnen der Frequenzkennlinien des unkompensierten offenen Kreises.

2) Bestimmung eines geeigneten Korrekturgliedes (bzw. geeigneter Korrekturglieder), so daß die an den geschlossenen Kreis gestellten Anforderungen erfüllt werden. Es müssen sowohl die Struktur als auch die Parameter des Korrekturgliedes (der Korrekturglieder) bestimmt werden.

3) Simulation des Regelkreisverhaltens zur Überprüfung der Spezifikationen sowohl für das Führungs- als auch für das Störungsverhalten im Zeitbereich.

Anmerkung: Bei dieser Vorgangsweise handelt es sich im allgemeinen um einen Entwurf durch systematisches Probieren, d.h. um einen Entwurf durch wiederholte Analyse.

Im Schritt 2 der oben angegebenen Vorgangsweise stehen zur Erfüllung der Anforderungen (11.1) bis (11.4) im wesentlichen drei Möglichkeiten offen:

a) *Absenken der Betragskennlinie.* Verwendet werden dazu: P- und PI-Regler bzw. das Lag-Korrekturglied. Durch diese Maßnahme wird zwar einerseits eine größere Pha-senreserve und damit eine größere Dämpfung erzielt, andererseits aber die Amplitu-dendurchtrittsfrequenz zu kleineren Werten hin verschoben, d.h. der Kreis wird lang-samer und die statischen Eigenschaften (Fehler) verschlechtern sich.

b) *Anheben der Phasenkennlinie.* Dazu werden der PD-Regler bzw. das Lead-Korrek-turglied eingesetzt. Man erzielt dadurch bei annähernd konstantem ω_1 eine größere Phasenreserve.

c) *Kombination der Maßnahmen a) und b).* Diese wird durch den Einsatz eines PID-Reglers oder eines Lead-Lag-Korrekturgliedes erreicht. Man hebt dabei die Phasen-kennlinie und senkt die Amplitudenkennlinie in zwei unterschiedlichen Frequenzbe-reichen.

Beispiel 11.1: Betrachten Sie den in Bild 11.4 dargestellten Regelkreis.

Es ist der Regler mit der Übertragungsfunk-tion $G_R(s)$ so zu entwerfen, daß folgende Spe-zifikationen erfüllt werden: Der Geschwindig-keitsfehler nach einer Führungsgrößenände-rung $w(t) = \rho(t)$ soll $e(\infty) = 0{,}05$ sein, und die Phasenreserve soll $\psi_r = 50° \pm 1°$ betragen.

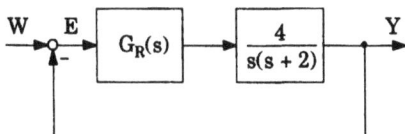

Bild 11.4

Lösung: Da die Strecke globales I-Verhalten besitzt, ist ein Regler mit I-Anteil nicht notwendig, so daß entweder ein P- oder ein PD-Regler verwendet werden kann. Es wird zuerst versucht, mit einem P-Regler die Spezifikationen zu erfüllen. Dazu wird die

Verstärkung K_p bestimmt, die den geforderten Geschwindigkeitsfehler sicherstellt. Dazu muß die folgende Bedingung erfüllt sein:

$$e(\infty) = \lim_{s \to 0} \frac{1}{sG_o(s)} = 0,05, \; d.h.: \lim_{s \to 0} \frac{4K_p}{(s+2)} = 20.$$

Daraus erhält man für die erforderliche Reglerverstärkung $K_p = 10$. Man zeichnet nunmehr die Frequenzkennlinien des offenen Kreises (siehe Bild 11.5)

$$G_o(j\omega) = K_p G_S(j\omega) = \frac{40}{j\omega(j\omega+2)} = \frac{20}{j\omega(1+0,5j\omega)}.$$

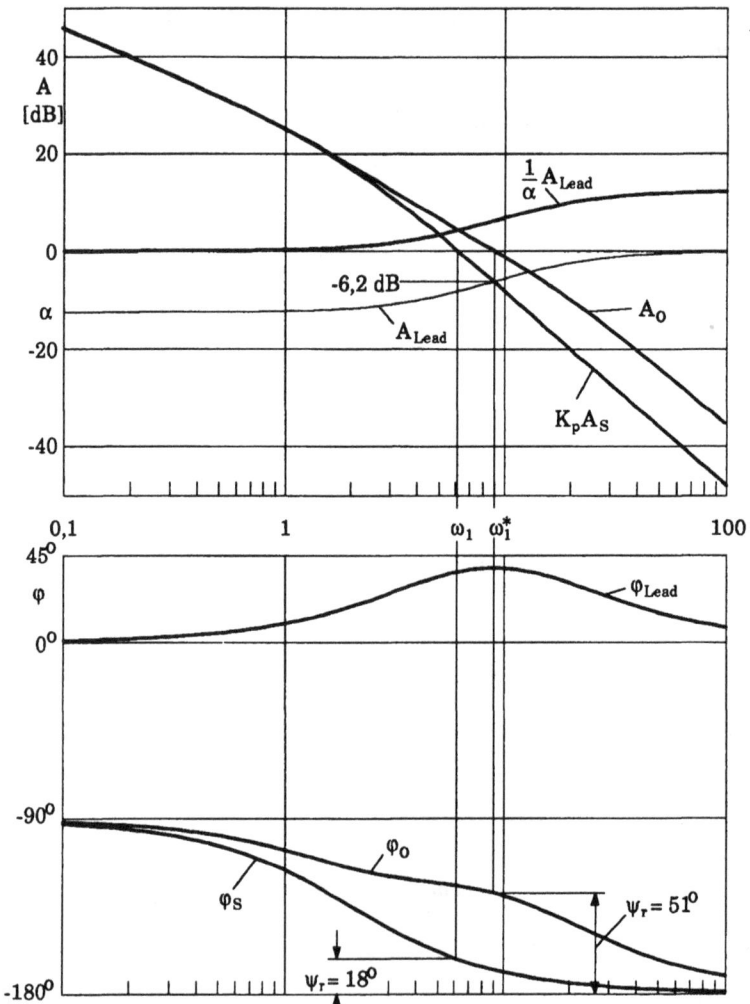

Bild 11.5

Die aus der Phasenkennlinie bei $\omega_1 \approx 6,1 \; s^{-1}$ abgelesene Phasenreserve ist nur $\psi_r \approx 18°$. Dies bedeutet, daß man mit einem P-Regler nicht in der Lage ist, beide Spezifikationen zu erfüllen. Es muß zusätzlich noch für eine Phasenanhebung im entsprechenden Frequenzbereich gesorgt werden. Unter der Annahme, daß die Amplitudendurchtrittsfrequenz ω_1 gleich bleibt, benötigt man also eine Phasenanhebung von $\Delta\varphi = 50° - 18° = 32°$. Diese kann durch einen realen PD-Regler (Lead-Glied) erreicht werden. Ein Lead-Glied würde - siehe dazu Bild 8.9 - zu einer Amplitudenabsenkung im niederfrequenten Bereich führen, damit ω_1 nach links verschieben und folglich den Geschwindigkeitsfehler wieder vergrößern. Man führt daher eine zusätzliche Verstärkung ein:

$$\frac{1}{\alpha}G_{Lead}(s) = \frac{1+Ts}{1+\alpha Ts}.$$

Um eine Phasenreserve von 50° zu erreichen, muß das Lead-Glied zumindest 32° Phasenanhebung beitragen. Da sich die Amplitudendurchtrittsfrequenz durch die Addition der Amplitudenkennlinie A_{Lead}/α von ω_1 nach rechts (zu höheren Frequenzen) verschieben wird, wählt man ein $\varphi_m = 38°$. Damit erhält man mit Gleichung (8.19):

$$\sin\varphi_m = \sin 38° = \frac{1-\alpha}{1+\alpha} = 0,616 \quad \Rightarrow \quad \alpha = 0,24; \quad 20\log\sqrt{\alpha} = 20\log\sqrt{0,24} = -6,2\,dB.$$

Nun ist noch die Zeitkonstante T des Lead-Gliedes zu bestimmen. Aus dem Bode-Diagramm ersieht man, daß die Amplitudenkennlinie K_pA_S genau bei der Kreisfrequenz $\omega_1^* = 9\,s^{-1}$ den Wert $-6,2\,dB$ besitzt. Wählt man diese Frequenz zur neuen Amplitudendurchtrittsfrequenz, d.h. setzt man also $\omega_m = \omega_1^*$, so erhält man für die Zeitkonstante wieder mit (8.19):

$$T = \frac{1}{\omega_m\sqrt{\alpha}} = \frac{1}{9\sqrt{0,24}} = 0,227\,s.$$

Damit erhält man für den resultierenden realen PD-Regler bzw. die Übertragungsfunktion des offenen Kreises:

$$G_R(s) = G_{Lead}(s)\frac{K_p}{\alpha} = 10\frac{1+0,227s}{1+0,0545s}, \quad G_o(s) = \frac{40(1+0,227s)}{s(1+0,0545s)(s+2)}.$$

Die Kennlinien des kompensierten offenen Kreises sind ebenfalls in Bild 11.5 eingezeichnet. Man liest daraus für die Phasenreserve den Wert $\psi_r = 51°$ ab, womit die dynamische Spezifikation erfüllt ist. Der Geschwindigkeitsfehler bleibt unverändert 0,05. Bild 11.6 zeigt die Führungsübergangsfunktion des entworfenen geschlossenen Regelkreises.

Anmerkung: Aufgrund der gewählten Vorgangsweise kann es passieren, daß die erwünschte Phasenreserve im ersten Versuch nicht erreicht wird und man sich unter Umständen in mehreren Schritten an die erwünschte Lösung heranarbeiten muß.

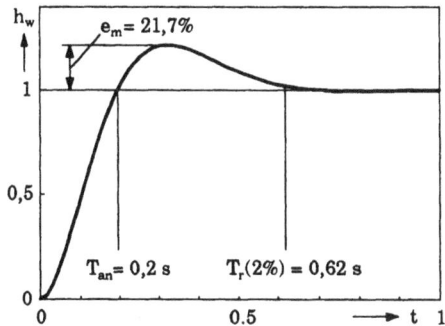

Bild 11.6

Beispiel 11.2: In Bild 11.7 ist das vereinfachte Blockschaltbild einer Drehmaschinenregelung dargestellt. Die Regelgröße y ist darin der Werkzeugvorschub. Es ist der Regler, bestehend aus einem Verstärker K und einem Lag-Korrekturglied, im Bode-Diagramm derart zu entwerfen, daß folgende Spezifikationen erfüllt werden:

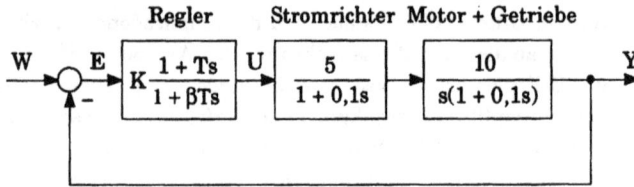

Regler   Stromrichter Motor + Getriebe

$$W \xrightarrow{\quad} \bigcirc \xrightarrow{\;E\;} \boxed{K\dfrac{1+Ts}{1+\beta Ts}} \xrightarrow{\;U\;} \boxed{\dfrac{5}{1+0,1s}} \rightarrow \boxed{\dfrac{10}{s(1+0,1s)}} \xrightarrow{\quad} Y$$

Bild 11.7

1. Der Geschwindigkeitsfehler soll 1% betragen.
2. Eine Phasenreserve $\psi_r = 45° \pm 1°$ ist einzuhalten.

Lösung: Die Verstärkung K wird zur Erfüllung der statischen Spezifikation wie folgt ermittelt: Es ist gefordert:

$$e(\infty) = \lim_{s \to 0} \frac{1}{sG_o(s)} = \lim_{s \to 0} \frac{1}{s\dfrac{50K(1+Ts)}{s(1+\beta Ts)(1+0,1s)^2}} = 0,01 \quad \text{bzw.:} \quad \frac{1}{50K} = 0,01.$$

Damit erhält man für die erforderliche Verstärkung das Ergebnis: K = 2. Das Lag-Glied beeinflußt den Geschwindigkeitsfehler nicht und wird im folgenden zur Erfüllung der dynamischen Spezifikation verwendet, wobei seine betragsabsenkende Eigenschaft ausgenützt wird. Dazu zeichnet man die Frequenzkennlinien der mit K multiplizierten Strecke (siehe Bild 11.8):

$$KG_S(j\omega) = \frac{100}{j\omega(1+0,1j\omega)^2}.$$

Aus dem Bode-Diagramm ersieht man, daß sich bei der Amplituden-durchtrittsfrequenz $\omega_1^* \approx 2 \text{ s}^{-1}$ eine Phasenreserve von $\psi_r^* \approx -37°$ ergibt. Das derart kompensierte System ist also instabil.

Das Lag-Glied mit dem Frequenzgang

$$G_{Lag}(j\omega) = \frac{1+Tj\omega}{1+\beta Tj\omega}$$

muß nunmehr derart eingefügt werden, daß durch seine betragsabsenkende Wirkung genau die geforderte Phasenreserve erzielt wird,

Bild 11.8

die dadurch entstehende Phasenabsenkung jedoch im entscheidenden Frequenzbereich um die Amplitudendurchtrittsfrequenz nur geringfügig wirksam ist.

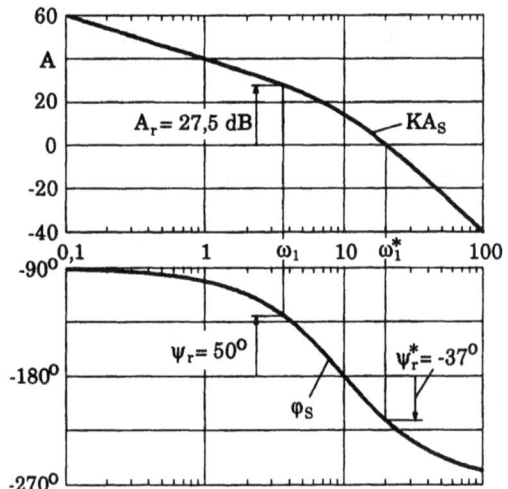

Im Phasendiagramm liest man jene Kreisfrequenz ab, bei der eine Phasenreserve von $\psi_r = 50°$ auftritt. Dies ist bei $\omega \approx 3,6 \text{ s}^{-1}$ der Fall. Obwohl die geforderte Phasenreserve nur 45° beträgt, wird eine Reserve von 5° dazugenommen, um eine etwaige leichte Phasenabsenkung durch das Lag-Glied zu berücksichtigen. Es wird nunmehr die Amplitudendurchtrittsfrequenz des kompensierten Systems mit $\omega_1 = 3,6 \text{ s}^{-1}$ festgelegt. Um dies zu erreichen, muß die Betragskennlinie durch das Lag-Glied bei ω_1 um 27,5 dB abgesenkt werden, was man ebenfalls aus dem Bode-Diagramm abliest. Nachdem die maximal mögliche Betragsabsenkung durch das Lag-Glied $1/\beta$ beträgt (siehe dazu Bild 8.10), wählt man:

$$-20\log\beta = -27,5 \text{ dB} \quad \rightarrow \quad \beta = 23,7.$$

Um sicher zu sein, daß bei der Amplitudendurchtrittsfrequenz nur eine geringe Phasenabsenkung durch das Lag-Glied auftritt, soll dessen Nullstellen-Eckfrequenz $1/T$ um etwa eine Größenordnung kleiner als ω_1 gewählt werden. Man wählt also $1/T = 0,4 \text{ s}^{-1}$. Damit ergibt sich die Übertragungsfunktion des Lag-Gliedes und des offenen Regelkreises zu:

$$G_{Lag}(s) = \frac{1+2,5s}{1+59,2s}, \quad G_o(s) = \frac{100(1+2,5s)}{s(1+59,2s)(1+0,1s)^2}.$$

In Bild 11.9 sind die Frequenzkennlinien der verstärkungskompensierten Strecke, des Lag-Gliedes sowie des offenen Regelkreises dargestellt.

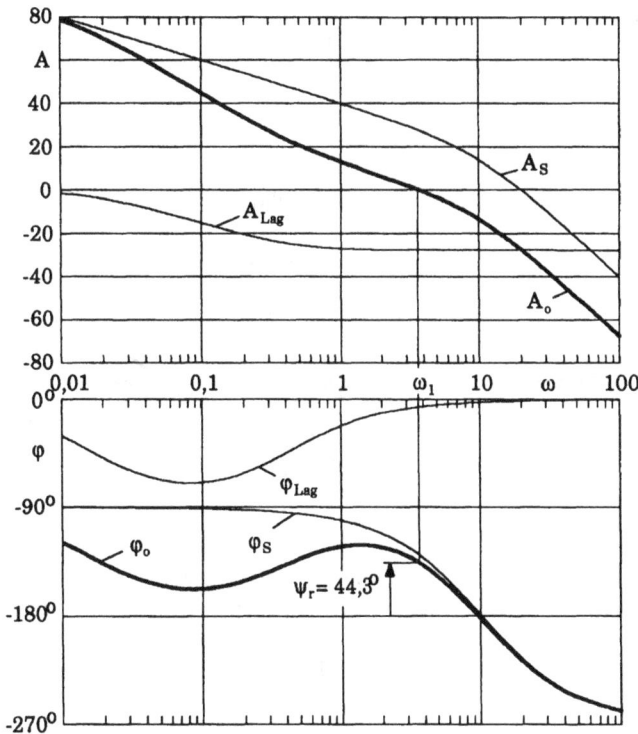

Bild 11.9

Aus dem Bode-Diagramm liest man eine Phasenreserve von $\psi_r = 44,3°$ ab, womit die dynamische Spezifikation ebenfalls erfüllt und der Entwurfsvorgang abgeschlossen ist.

Anmerkung:
An diesem Beispiel ist, obwohl der Entwurf hier in einem Schritt durchgeführt wurde, die Notwendigkeit einer Vorgangsweise nach der "trial and error"-Methode zu erahnen. Es sind unter Umständen mehrere Versuche notwendig, um durch eine geeignete Wahl des Lag-Gliedes zum erwünschten Verhalten des geschlossenen Regelkreises zu gelangen.

11.4 Entwurf auf ein dominantes Polpaar

Bild 11.10 zeigt ein Beispiel für eine typische Pol-Nullstellen-Konfiguration eines geschlossenen Regelkreises. Liegt das sich in der Nähe der Imaginärachse befindende Pol-Nullstellenpaar nahe genug beieinander (Dipol) und haben die restlichen Pole einen hinreichend großen negativen Realteil, d.h. sie sind sehr schnell, dann wird das Übertragungsverhalten des geschlossenen Regelkreises nahezu ausschließlich durch das "dominante" Polpaar $s_{1,2}$ bestimmt. Ein Weg des Reglerentwurfes besteht daher darin, eine Pol-Nullstellen-Konfiguration dieser Art zu spezifizieren. Der geschlossene Regelkreis kann dann mit guter Näherung alleine durch die Pole $s_{1,2}$ beschrieben werden.

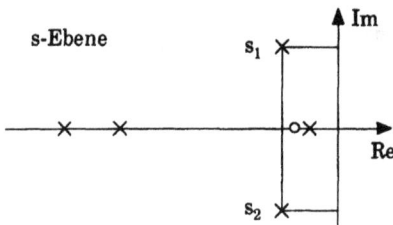

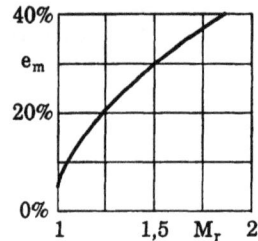

Bild 11.10   Bild 11.11

Die Übertragungsfunktion des geschlossenen Regelkreises dieses PT2-Systems ist

$$G_W(s) = \frac{\omega_n^2}{s^2 + 2\zeta\omega_n s + \omega_n^2} = \frac{1}{1 + 2\zeta Ts + T^2 s^2}, \qquad (11.1)$$

mit den Polen bei

$$s_{1,2} = -\zeta\omega_n \pm j\omega_n\sqrt{1-\zeta^2}. \qquad (11.2)$$

Die Übertragungsfunktion des zugrunde liegenden offenen Regelkreises lautet dann:

$$G_o(s) = \frac{\omega_n^2}{s(s + 2\zeta\omega_n)} = \frac{1}{T^2 s^2 + 2\zeta Ts} = \frac{1}{2\zeta T} \frac{1}{s\left(1 + \frac{T}{2\zeta}s\right)}. \qquad (11.3)$$

Die Zusammenhänge zwischen den dynamischen Spezifikationen im Zeitbereich und den Parametern ζ und ω_n wurden bereits in Kapitel 10 mit den Gleichungen (10.14) bis (10.18) angegeben. Ebenso lassen sich die Beziehungen zwischen den in Bild 11.3 definierten Spezifikationen und dem Dämpfungsgrad ζ bzw. der Kreisfrequenz ω_n angeben, wie dies in Kapitel 6 in den Gleichungen (6.7) und (6.8) für die Resonanzüberhöhung sowie die Resonanzfrequenz getan wurde. Die für den Zusammenhang zwischen der Bandbreite ω_b und ζ bzw. ω_n geltende Beziehung ist etwas komplizierter und wird hier nicht allgemein angegeben. Der sich nach der Eliminierung von ζ aus den Gleichungen (6.7) und (10.16) ergebende Zusammenhang zwischen e_m und M_r ist in Bild 11.11 graphisch dargestellt.

Anzustrebender Verlauf der Frequenzkennlinien

Beim Reglerentwurf in den Frequenzkennlinien geht man vom offenen System aus. Die Grundidee des Entwurfes auf ein dominantes Polpaar ist es, die Amplitudenkennlinie des offenen Regelkreises im entscheidenden Frequenzbereich, nämlich in der Umgebung der Amplitudendurchtrittsfrequenz ω_1, durch Korrekturglieder (Kompensationsglieder, Regler) so zu verändern, daß sie dem Amplitudengang des Frequenzganges

$$G_o(j\omega) = \frac{1}{2\zeta T(j\omega)} \frac{1}{1 + \frac{T}{2\zeta}(j\omega)}$$ (11.4)

entspricht. Bild 11.12 zeigt nochmals die Frequenzkennlinien dieses IT1-Übertragungsgliedes.

Der Bereich niedriger Frequenzen ist für das stationäre Verhalten maßgebend. Hier sollte $A_o(\omega)$ möglichst groß sein. Im hochfrequenten Bereich sollte $A_o(\omega)$ möglichst klein sein. Dieser Bereich hat dann keinen Einfluß. Es muß also gelten:

$$\omega \ll \omega_1: \quad A_o(\omega) \gg 1,$$
$$\omega \gg \omega_1: \quad A_o(\omega) \ll 1.$$

Für das dynamische Verhalten ist im wesentlichen der mittlere Frequenzbereich

$$0,1 < \omega / \omega_1 < 10$$

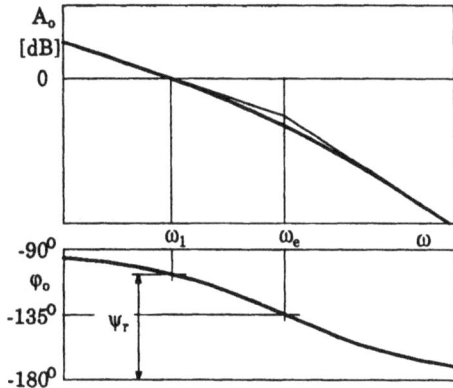

Bild 11.12

entscheidend. Die Neigung der Asymptote sollte in diesem Bereich -20 dB/Dekade betragen. Für ω_1 muß daher gelten:

$$\omega_1 < \omega_e = \frac{2\zeta}{T}.$$ (11.5)

Setzt man $A_o(\omega) = 1$, so erhält man daraus für die Amplitudendurchtrittsfrequenz:

$$\omega_1 = \frac{1}{T}\sqrt{\sqrt{1 + 4\zeta^4} - 2\zeta^2}.$$ (11.6)

Aus der Ungleichung (11.5) ergibt sich somit die Bedingung

$$\sqrt{\sqrt{1 + 4\zeta^4} - 2\zeta^2} < 2\zeta,$$

die für $\zeta > 0,42$ erfüllt wird. Es sollte daher ein Dämpfungsgrad $0,5 < \zeta < 0,7$ gewählt werden. Der Abstand $(\omega_e - \omega_1)$ wird als Knickpunktabstand bezeichnet:

$$\omega_e - \omega_1 = \frac{1}{T}\left[2\zeta - \sqrt{\sqrt{1 + 4\zeta^4} - 2\zeta^2}\right].$$ (11.7)

Er beträgt $(\omega_e - \omega_1) = 0,21 / T$ für $\zeta = 0,5$ und $(\omega_e - \omega_1) = 0,75 / T$ für $\zeta = 0,7$.

Bild 11.13

Für die Phasenreserve erhält man:

$$\psi_r = \left(\frac{\pi}{2} - \arctan\sqrt{\sqrt{\frac{1}{4} + \frac{1}{16\zeta^4}} - \frac{1}{2}}\right)\frac{180°}{\pi}$$ (11.8)

Da die Phasenreserve wie die maximale Überschwingweite nur vom Dämpfungsgrad ζ abhängt, läßt sich einfach ein Zusammenhang zwischen e_m und ψ_r angeben, der in Bild 11.13 graphisch dargestellt ist.

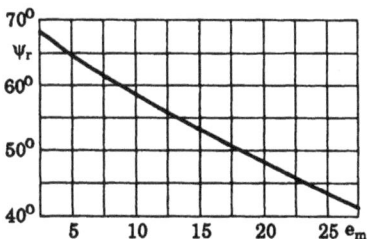

Beispiel 11.3: Betrachtet werde der in Bild 11.14 dargestellte Regelkreis.

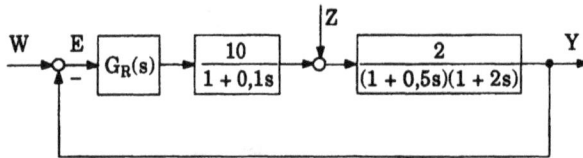

Bild 11.14

Es ist ein geeigneter Regler in Struktur und Parametern in den Frequenzkennlinien derart zu entwerfen, daß folgende Spezifikationen erfüllt werden:

1. Der Positionsfehler nach einem Führungsgrößensprung soll Null sein,
2. Der geschlossene Regelkreis soll ein dominantes Polpaar mit $\zeta = \sqrt{2}/2$ besitzen.

Lösung: Um die erste Spezifikation zu erfüllen, muß der offene Regelkreis I-Verhalten aufweisen. Da die Strecke ein PT3-Glied ist, muß der Regler den I-Anteil beitragen. Es wird daher der einfache PI-Regler mit der Übertragungsfunktion

$$G_R(s) = K_R \frac{1+T_n s}{s}$$

dem PID-Regler vorgezogen. Die Nachstellzeit wird gleich der größten Streckenzeitkonstanten, d.h. $T_n = 2\,s$ gewählt, was einer Kürzung des am weitesten rechts liegenden (langsamsten) Pols durch die Reglernullstelle entspricht. Im Bode-Diagramm in Bild 11.15 sind die Frequenzkennlinien des Reglers mit $K_R = 1$ sowie die der Regelstrecke und des resultierenden offenen Systems dargestellt.

Um ein dominantes Polpaar mit $\zeta = \sqrt{2}/2$ zu erhalten, benötigt man nach Gleichung (11.8) eine Phasenreserve

$$\psi_r = \left(\frac{\pi}{2} - \arctan\sqrt{\sqrt{\frac{1}{4}+\frac{4}{16}}-\frac{1}{2}}\right)\frac{180°}{\pi} = 90° - \arctan(0{,}455)\frac{180°}{\pi} = 65{,}5°.$$

Aus dem Phasengang erhält man für diejenige Kreisfrequenz, bei welcher diese Phasenreserve gegeben ist als $\omega \approx 0{,}74\,s^{-1}$. Dies muß also die Amplitudendurchtrittsfrequenz ω_1 sein. Aus dem Amplitudengang des offenen Kreises $A_o(\omega)$ für $K_R = 1$ liest man ab: $A_o(\omega_1) \approx 28{,}1\,dB$. Um ω_1 zur Amplitudendurchtrittsfrequenz zu machen, muß die Amplitudenkennlinie um 28,1 dB abgesenkt werden, d.h. es muß $K_R = 0{,}0394$ eingestellt werden. Man erhält somit als Ergebnis für den Regler und für den offenen Regelkreis:

$$G_R(s) = 0{,}0394\frac{1+2s}{s}, \quad G_o(s) = \frac{0{,}788}{s(1+0{,}1s)(1+0{,}5s)}.$$

Die endgültige Amplitudenkennlinie $A_o(\omega)$ ist ebenfalls in Bild 11.15 eingezeichnet.

Es ist nun noch die Dominanz des resultierenden komplexen Polpaares zu untersuchen. Die charakteristische Gleichung dieses Regelkreises $Q_o(s) + R_o(s) = 0$ lautet:

$$s^3 + 12s^2 + 20s + 15{,}76 = 0$$

Die Pole des geschlossenen Regelkreises liegen damit bei:

$$s_{1,2} = -0{,}906 \pm j0.8525, \quad s_3 = -10{,}189.$$

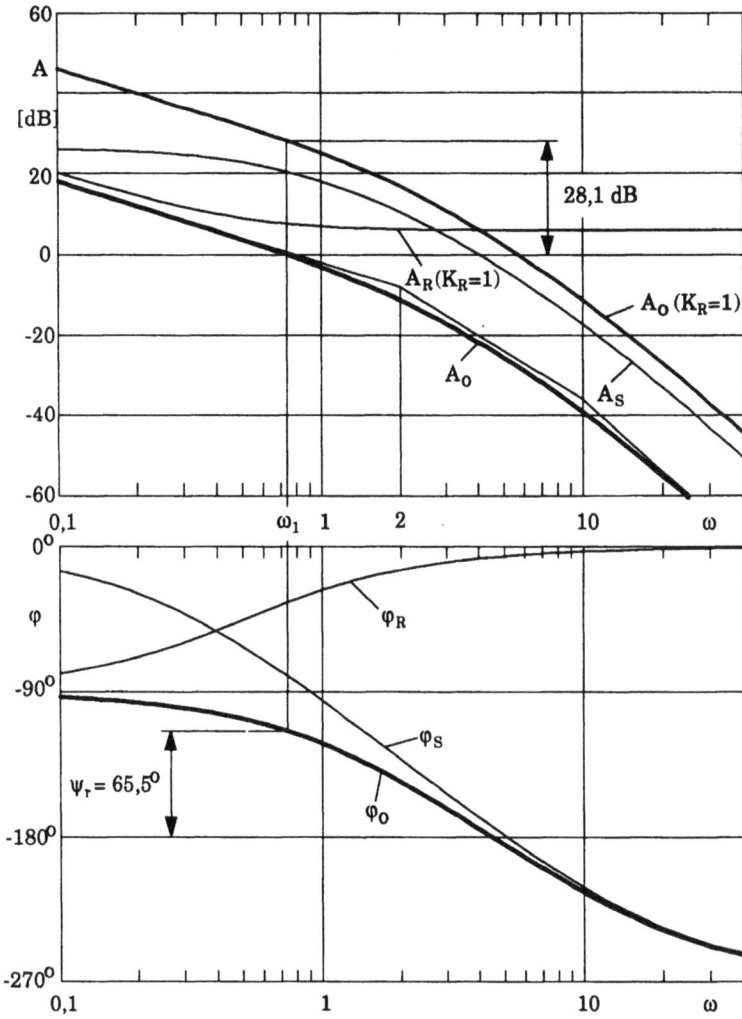

Bild 11.15

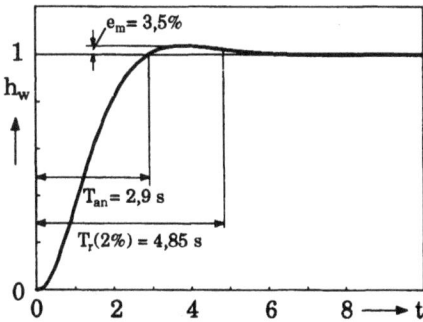

Bild 11.16

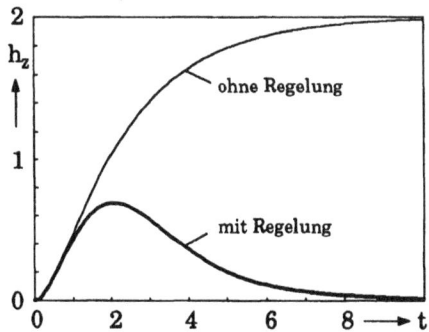

Bild 11.17

Das Polpaar $s_{1,2}$ ist aufgrund seiner Lage dominant, da der Pol s_3 einen betragsmäßig um eine Größenordnung größeren Realteil besitzt. Für den Dämpfungswinkel und den Dämpfungsgrad des dominanten Polpaares erhält man schließlich:

$$\beta = \arctan\left(\frac{0,906}{0,852}\right) = 46,76°; \quad \zeta = \sin(46,76°) = 0,728.$$

Die Übereinstimmung mit dem spezifizierten ζ ist aufgrund des Einflusses des dritten Pols nicht exakt. In den Bildern 11.16 und 11.17 sind die Führungs- und Störübergangsfunktion des geschlossenen Regelkreises dargestellt.

11.5 Aufgaben

Aufgabe 11.1: Gegeben ist die Übertragungsfunktion eines offenen Regelkreises:

$$G_o(s) = \frac{K_p(s+0,2)}{s(s+5)(s^2+0,4s+1)}.$$

Zeichnen Sie für $K_p = 1$ die Frequenzkennlinien. Wie groß muß die Reglerverstärkung K_p gewählt werden, um eine Phasenreserve von 45° zu erreichen? Wie groß ist mit dieser Verstärkung die Amplitudenreserve?

Aufgabe 11.2: Gegeben sind die Übertragungsfunktionen einer Regelstrecke und eines idealen PD-Reglers, die in einem Regelkreis mit Einheitsrückführung verschaltet sind:

$$G_S(s) = \frac{0,1}{s^2(1+0,2s)}, \quad G_R(s) = K_p(1+5s).$$

Zeichnen Sie für $K_p = 1$ die Frequenzkennlinien des offenen Kreises. Bestimmen Sie sodann die Reglerverstärkung so, daß eine Phasenreserve von $\psi_r = 50°$ erreicht wird. Was kann bezüglich der Amplitudenreserve ausgesagt werden?

Aufgabe 11.3: Betrachten Sie den in Bild 11.18 im Blockschaltbild dargestellten Regelkreis. Bestimmen Sie K_p derart, daß ein Geschwindigkeitsfehler von 10% erreicht wird. Zeichnen Sie mit diesem K_p die Frequenzkennlinien des offenen Regelkreises und bestimmen Sie die resultierende Phasenreserve. Ist dieser Entwurf zufriedenstellend?

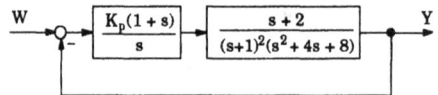

Bild 11.18

Aufgabe 11.4: Betrachten Sie den in Bild 11.19 im Blockschaltbild dargestellten Regelkreis. Wählen Sie die Vorhaltezeit gleich der größten Streckenzeitkonstanten und bestimmen Sie K_p derart, daß eine Amplitudenreserve von $A_r = 4$ gewährleistet ist. Wie groß ist für diese Verstärkung die Phasenreserve?

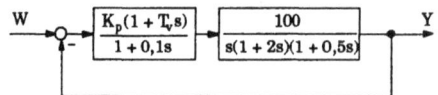

Bild 11.19

Aufgabe 11.5: Gegeben ist der Regelkreis in Bild 11.20.

a) Wählen Sie $T_n = 1$ s und zeichnen Sie das Bode-Diagramm für $K_R = 1$. Bestimmen Sie die Reglerverstärkung K_R derart, daß eine Amplitudenreserve $A_r = 2$ erreicht wird. Wie groß ist die Amplitudendurchtrittsfrequenz und die Phasenreserve?

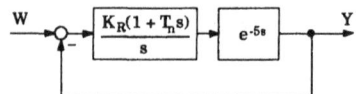

Bild 11.20

b) Wie muß K_R gewählt werden, um mit $T_n = 1$ s eine Phasenreserve von $\psi_r = 60°$ zu erzielen. Welche Folgen hat dieser Entwurf für die Schnelligkeit des Regelkreises?

c) Es werde nunmehr eine Phasenreserve $\psi_r = 60°$ und eine Amplitudendurchtrittsfrequenz $\omega_1 = 0,2$ s^{-1} gefordert. Wie müssen K_R und T_n gewählt werden, um diese Spezifikationen zu erfüllen? Wie groß ist in diesem Auslegungsfall die Amplitudenreserve? Benutzen Sie die Zweiortskurvenmethode.

Aufgabe 11.6: Die Regelstrecke, deren Frequenzkennlinien in Bild 11.21 dargestellt sind, soll mit einem PI-Regler mit der Übertragungsfunktion

$$G_R(s) = \frac{K_R(1+T_n s)}{s}$$

in einem Regelkreis mit Einheitsrückführung geregelt werden. Entwerfen Sie mit Hilfe der Zweiortskurvenmethode im Bode-Diagramm den Regler derart, daß bei der Amplitudendurchtrittsfrequenz $\omega_1 = 2$ s^{-1} die Phasenreserve $\psi_r = 45°$ beträgt.

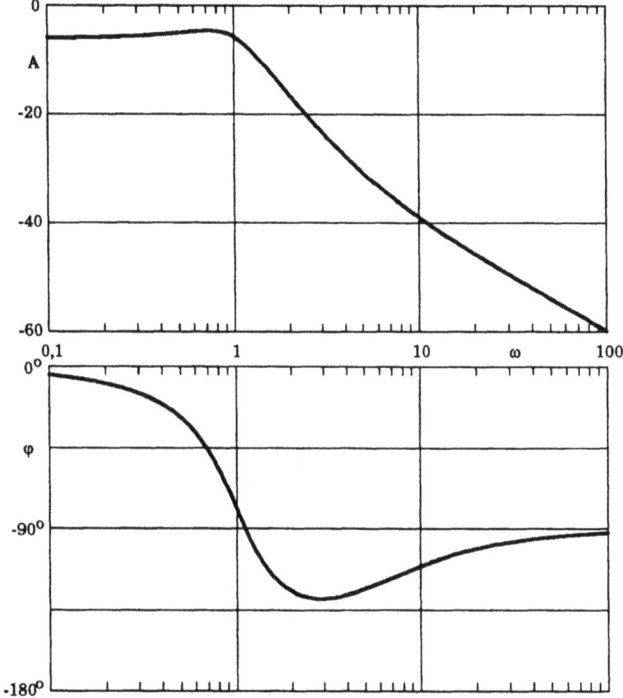

Bild 11.21

Aufgabe 11.7: Betrachten Sie den in Bild 11.22 dargestellten Regelkreis.

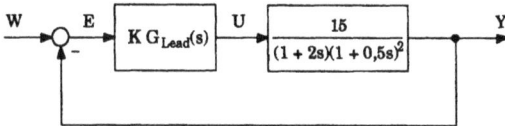

Bild 11.22

Zeichnen Sie die Frequenzkennlinien der Strecke. Entwerfen Sie sodann den Regler bestehend aus einer Verstärkung K und einem Lead-Korrekturglied so, daß die Amplitudendurchtrittsfrequenz erhalten bleibt und eine Phasenreserve $\psi_r = 50° \pm 1°$ erzielt wird.

Aufgabe 11.8: Gegeben ist der in Bild 11.23 im Blockschaltbild dargestellte Regelkreis.

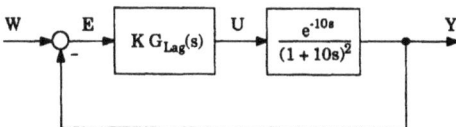

Bild 11.23

Entwerfen Sie den Regler, bestehend aus der Verstärkung K und dem Lag-Korrekturglied, mit Hilfe der Zweiorts-kurvenmethode im Bode-Diagramm so, daß ein Positionsfehler von 5% und eine Phasenreserve von $\psi_r = 45° \pm 2°$ erzielt werden.

Aufgabe 11.9: Betrachten Sie den in Bild 11.24 dargestellten Regelkreis.

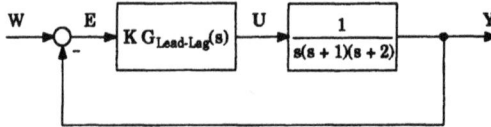

Bild 11.24

Es sind die Verstärkung K und das Lead-Lag-Korrekturglied mit der Übertragungsfunktion

$$G_{LL}(s) = \frac{(1+T_1 s)(1+T_2 s)}{(1+T_1 s/\beta)(1+\beta T_2 s)}$$

so zu entwerfen, daß folgende Spezifikationen erfüllt werden:

1. Geschwindigkeitsfehler = 0,1
2. Phasenreserve $\psi_r = 50° \pm 1°$
3. Amplitudenreserve $A_r > 10\,dB$

Aufgabe 11.10: Betrachten Sie den in Bild 11.25 dargestellten Regelkreis.

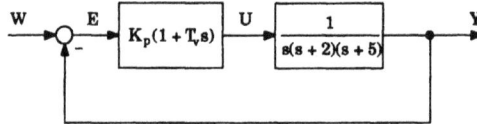

Bild 11.25

Zeichnen Sie die Frequenzkennlinien der Regelstrecke. Entwerfen Sie sodann den idealen PD-Regler derart, daß der geschlossene Regelkreis PT2-Verhalten aufweist und folgende Spezifikationen erfüllt werden:

1. Amplitudendurchtrittsfrequenz $\omega_1 = 2\,s^{-1}$
2. Dämpfungsgrad $\zeta = 0,6$

Bestimmen Sie die resultierende Phasenreserve. (Hinweis: Entwerfen Sie auf das dominante Polpaar).

Lösungen zu den Aufgaben

Kapitel 2

Aufgabe 2.1:
$$a_2 \frac{d^2\theta_2}{dt^2} + a_1 \frac{d\theta_2}{dt} + a_0\theta_2 = b_0 q_{e1} + c_1 \frac{dq_{e2}}{dt} + c_0 q_{e2} + d_0\theta_u,$$
mit $a_2 = R_1 R_2 C_1 C_2$, $a_1 = (R_1 + R_2)C_2 + (R_2 + R_3)R_1 C_1 / R_3$, $a_0 = (R_1 + R_2 + R_3)/R_3$, $b_0 = R_1$, $c_1 = R_1 R_2 C_1$, $c_0 = R_1 + R_2$, $d_0 = a_0$.

Aufgabe 2.2:
$$I_f C_f \frac{dp_2}{dt^2} + C_f (R_f + R) \frac{dp_2}{dt} + p_2 = KN - I_f \frac{dQ_v}{dt} - (R_f + R)Q_v.$$

Aufgabe 2.3: $Jm \dfrac{d^4 y_2}{dt^4} + (Jb + Bm + R^2 bm) \dfrac{d^3 y_2}{dt^3} + (kJ + bB + R^2 km) \dfrac{d^2 y_2}{dt^2} + kB \dfrac{dy_2}{dt} = Rb \dfrac{dM}{dt} + RkM.$

Aufgabe 2.4:
$$bm \frac{d^2 y_a}{dt^2} + (n^2 k_2 + k_1)m \frac{dy_a}{dt} + (n^2 k_2 + k_1) b y_a = k_1 b y_e.$$

Aufgabe 2.5: $A_1 \dfrac{dH_1}{dt} + K_2 H_1 = K_1 h + Q_z$, $\quad A_2 \dfrac{dH_2}{dt} = K_2 H_1(t - T_t) - Q_4$, $\quad T_t = l/v$, nein.

Aufgabe 2.6:
$$a_3 \frac{d^3 S}{dt^3} + a_2 \frac{d^2 S}{dt^2} + a_1 \frac{dS}{dt} + a_0 S = b_0 u - c_2 \frac{d^2 v_z}{dt^2} - c_1 \frac{dv_z}{dt} - c_0 v_z,$$
mit: $a_3 = JL$, $a_2 = BL + JR$, $a_1 = RB + K_1 K_2 N^2 + kr^2 L$, $a_0 = r^2 kR$, $b_0 = K_1 Nkr$, $c_2 = kJL$, $c_1 = k(JR + BL)$, $c_0 = kK_1 K_2 N^2 + BR$.

Aufgabe 2.7:
$$a_3 \frac{d^3 v_1}{dt^3} + a_2 \frac{d^2 v_1}{dt^2} + a_1 \frac{dv_1}{dt} + a_0 v_1 = b_2 \frac{d^2 M}{dt^2} + b_1 \frac{dM}{dt} + b_0 M - c_1 \frac{dF}{dt} - c_0 F,$$
$$a_3 \frac{d^3 F_B}{dt^3} + a_2 \frac{d^2 F_B}{dt^2} + a_1 \frac{dF_B}{dt} + a_0 F_B = d_2 \frac{d^2 M}{dt^2} + d_1 \frac{dM}{dt} + d_0 M - e_2 \frac{d^2 F}{dt^2} - e_1 \frac{dF}{dt} - e_0 F,$$
mit: $a_3 = J_1 J_2$, $a_2 = J_1 B_2 + J_2 B_1 + b(r_1^2 J_2 + r_2^2 J_1)$, $a_1 = B_1 B_2 + b(r_1^2 B_2 + r_2^2 B_1) + k(r_1^2 J_2 + r_2^2 J_1)$, $a_0 = k(r_1^2 B_2 + r_2^2 B_1)$, $b_2 = r_1 J_2$, $b_1 = r_1(B_2 + br_2^2)$, $b_0 = r_1 r_2^2 k$, $c_1 = r_1^2 r_2^2 b$, $c_0 = r_1^2 r_2^2 k$, $d_2 = r_1 b J_2$, $d_1 = r_1(B_2 b + J_2 k)$, $d_0 = r_1 k B_2$, $e_2 = r_2^2 b J_1$, $e_1 = r_2^2 (B_1 b + J_1 k)$, $e_0 = r_2^2 k B_1$.

Aufgabe 2.8:
$$\frac{d^2 u_y}{dt^2} + 4 \frac{du_y}{dt} = 20 u - 8F \quad \text{(in SI – Einheiten)}.$$

Aufgabe 2.9:
$$a_2 \frac{d^2 T_2}{dt^2} + a_1 \frac{dT_2}{dt} + a_0 T_2 = b_0 q + c_1 \frac{dT_u}{dt} + c_0 T_u,$$
mit: $a_2 = R_1 R_2 C_1 C_2$, $a_1 = R_2 C_2 + (R_1 R_2 + R_1 R_3 + R_2 R_3) C_1 / R_3$, $a_0 = (R_2 + R_3)/R_3$, $b_0 = R_2$, $c_0 = (R_2 + R_3)/R_3$, $c_1 = R_1 C_1 (R_2 + R_3)/R_3$.

Aufgabe 2.10:
$$a_2 \frac{d^2 H_2}{dt^2} + a_1 \frac{dH_2}{dt} + a_0 H_2' = b_0 u + c_1 \frac{dQ_z}{dt} + c_0 Q_z,$$
mit: $a_2 = R_1 R_2 C_1 C_2$, $a_1 = R_2 C_2 + (R_1 + R_2)C_1$, $a_0 = 1$, $b_0 = R_2 K / \rho g$, $c_1 = R_1 R_2 C_1 / \rho g$, $c_0 = R_2 / \rho g$.

Kapitel 3

Aufgabe 3.1: Ruhelage: $\ddot{y} = 0$, $\dot{y} = 0 \rightarrow y = 0$, linearisierte Differentialgleichung: $\Delta\ddot{y} + (1-\alpha)\Delta\dot{y} + \Delta y = 0$.

Aufgabe 3.2: Arbeitspunkt: $F_0 = 0{,}08$ N, $y_0 = 2{,}5$ mm, linearisierte Differentialgleichung: $\Delta\ddot{y} = 2000\Delta y - 0{,}05\Delta i$.

Aufgabe 3.3: Ruhelage: $u_0 = y_0$, linearisierte Differentialgleichung: $\Delta\dot{y} = 4Cu_0^3\Delta u - 4Cy_0^3\Delta y$.

Aufgabe 3.4: Arbeitspunkt: $H_0 = R/2$, $K_v h_0 = Q_0$, linearisierte Differentialgleichung: $(3R^2\pi/4)\Delta\dot{H} = K_v \Delta h - \Delta Q$.

Aufgabe 3.5 Arbeitspunkt: $C_0 = 0{,}02$ g/l, linearisierte Diff.-Gl.: $2000 \Delta\dot{C} + 25\Delta C = 5\Delta C_S + 0{,}08\Delta Q_S - 0{,}02\Delta Q_W$.

Aufgabe 3.6: $\Delta G = K_u \Delta u + K_p (\Delta p_v - \Delta p)$ mit $K_u = K\sqrt{p_{v0} - p_0}$, $K_p = Ku_0 / 2\sqrt{p_{v0} - p_0}$.
Linearisierte Differentialgleichung: $V\Delta\dot{p} = RTK_u \Delta u + RTK_p (\Delta p_v - \Delta p) - RT\Delta G_a$.

Aufgabe 3.7:　Nichtlineare Diff.-Gl.: $ml^2\ddot{\phi} + B\dot{\phi} + mgl\sin\phi = ml^2\omega^2\sin\phi\cos\phi,\ y = l(1-\cos\phi)$.

Arbeitspunkt: $\phi_0 = 30°,\ y_0 = l(1 - \sqrt{3}/2),\ \omega_0^2 = 2g/l\sqrt{3}$,

linearisierte Differentialgleichung: $\Delta\ddot{y} + a_1\Delta\dot{y} + a_0\Delta y = b_0\Delta\omega$ mit $a_1 = B/ml^2,\ a_0 = g\sqrt{3}/6l,\ b_0 = \sqrt{gl\sqrt{3}/4}$.

Kapitel 4

Aufgabe 4.1:　　　　　a) $X(s) = \dfrac{5s^2 + 8s + 96}{(s+2)(s^2+16)}$,　b) $X(s) = \dfrac{8 - 2s}{s^2 + 4}$,　c) $X(s) = \dfrac{2 - s^2}{s^2(s+1)}$.

Aufgabe 4.2:　　　　　a) $X(s) = \dfrac{2s + 8}{s^2(s^2 + 4s + 8)}$,　b) $X(s) = \dfrac{0,75 - s^2}{s(s+1)(s+0,5)^2}$.

Aufgabe 4.3:　　　　　a) $X(s) = \dfrac{0,5(1-s)}{s^2 + 6s + 13}$,　b) $X(s) = \dfrac{s^2 + 2s + 2}{(s+2)^3}$.

Aufgabe 4.4: a) $U(s) = \dfrac{2}{\tau s} - \dfrac{2}{\tau^2 s^2}(1 - e^{-\tau s})$,　b) $U(s) = \dfrac{1}{s^2}(1 - 2e^{-s} + e^{-2s})$,　c) $U(s) = \dfrac{1}{s}(1 - 2e^{-s}) + \dfrac{1}{s^2}(1 - e^{-s})$.

Aufgabe 4.5: Nach zweimaliger Anwendung der Regel von de L'Hospital folgt: $\lim\limits_{\tau\to 0}\left[2/\tau s - 2(1 - e^{-\tau s})/\tau^2 s^2\right] = 1$.

Aufgabe 4.6:　a) $x(t) = e^{-t}(\cos 3t + 3\sin 3t) - e^{-2t}$,　b) $x(t) = 1 + e^{-2t}(3 + 2t) - 4e^{-t}$,
　　　　　c) $x(t) = t^2 - 3t + 3{,}5 - 4e^{-t} + 0{,}5e^{-2t}$.

Aufgabe 4.7: $U(s) = \dfrac{\omega}{2\pi}\left(\dfrac{1}{s} - \dfrac{s}{s^2 + \omega^2}\right)\left[1 - \exp(\dfrac{2\pi}{\omega}s)\right]$,　$y(t) = \dfrac{\omega}{2\pi}\left[t - \dfrac{1}{\omega}\sin\omega t\right]$ für $0 \le t \le \dfrac{2\pi}{\omega}$,　$y(t) = 1$ für $t > \dfrac{2\pi}{\omega}$.

　　　　　Da die Gewichtsfunktion des reinen Integrierers die Einheitssprungfunktion $g(t) = \sigma(t)$ ist, muß ω so
　　　　　groß wie möglich $(\omega \to \infty)$ gewählt werden.

Aufgabe 4.8: a) $x(t) = e^{-t} + 3e^{-3t} - 4e^{-4t},\ x(0+) = x(\infty) = 0$,　b) $x(t) = 1 + e^{-2t} - e^{-t}(0{,}5t^2 + 2),\ x(0+) = 0,\ x(\infty) = 1$,
c) $x(t) = 4t - 3 + 4e^{-2t} - e^{-4t},\ x(0+) = 0,\ x(\infty) = \infty$,　d) $x(t) = 2 + 2e^{-6t}, x(0+) = 4,\ x(\infty) = 2$,
e) $x(t) = 1 - e^{-2t}(\sin 2t + \cos 2t),\ x(0+) = 0,\ x(\infty) = 1$,
f) $x(t) = \sin 2t - \cos 2t + e^{-2t},\ x(0+) = 0,\ x(\infty)$ existiert nicht.

Aufgabe 4.9: $y(t) = 2e^{-4t} - 3e^{-3t}$.

Aufgabe 4.10: $y(t) = t - 1 + e^{-t}$ für $0 \le t \le 1$,　$y(t) = e^{-t}$ für $t > 1$.

Aufgabe 4.11:　$y(t) = e^{-2t},\ y(0+) = 1,\ y(\infty) = 0$.

Aufgabe 4.12: $y(t) = e^{-t}(0{,}5 + t + 0{,}5t^2) - 0{,}5(\sin t + \cos t)$.

Aufgabe 4.13: $y(t) = 0$ für $t < 5$,　$y(t) = t - 9 + 4\exp[-0{,}25(t-5)]$ für $5 \le t \le 6$,
　　　　　$y(t) = 1 + 4\exp[-0{,}25(t-5)] - 4\exp[-0{,}25(t-6)]$ für $t > 6$.

Aufgabe 4.14: $y(t) = 0{,}1(1 - te^{-t})$ für $0 \le t \le 1$,　$y(t) = 0{,}1\left[(t-1)e^{-(t-1)} - te^{-t} + e^{-(t-1)}\right]$ für $t > 1$.

Kapitel 5

Aufgabe 5.1: $G(s) = \dfrac{8}{s(s^2 + 2s + 4)}$,　Pole: $p_1 = 0,\ p_{2,3} = -1 \pm j\sqrt{3}$, keine endlichen Nullstellen.

Aufgabe 5.2: $g(t) = 2 - 2e^{-t}\left(\cos\sqrt{3}t + \dfrac{1}{\sqrt{3}}\sin\sqrt{3}t\right)$,　$h(t) = 2t - 1 + e^{-t}\left(\cos\sqrt{3}t - \dfrac{1}{\sqrt{3}}\sin\sqrt{3}t\right)$.

Aufgabe 5.3:

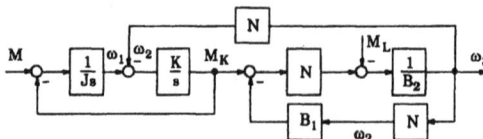

$$G_{SU}(s) = \frac{KN}{J(B_2 + N^2 B_1)s^2 + KN^2 Js + K(B_2 + N^2 B_1)},\quad G_{SZ}(s) = \frac{-(Js^2 + K)}{J(B_2 + N^2 B_1)s^2 + KN^2 Js + K(B_2 + N^2 B_1)}.$$

Aufgabe 5.4:

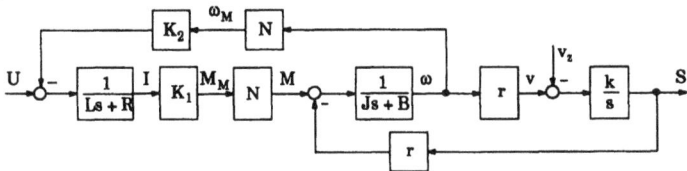

$$G_{SU}(s) = \frac{K_1 Nkr}{JLs^3 + (BL + JR)s^2 + (RB + K_1K_2N^2 + kr^2L)s + r^2kR}, \quad G_{SZ}(s) = \frac{-(kJLs^2 + k(JR + BL)s + kK_1K_2N^2)}{JLs^3 + (BL + JR)s^2 + (RB + K_1K_2N^2 + kr^2L)s + r^2kR}.$$

Aufgabe 5.5:

$$G(s) = \frac{1}{s-1}.$$

Aufgabe 5.6:

$$G_{SU} = \frac{1}{s(s+1)}, \quad G_W(s) = \frac{K_p(1 + T_v s)}{0,1s^3 + 1,1s^2 + (K_p T_v + 1)s + K_p}.$$

Aufgabe 5.7:

$$G_W(s) = \frac{19(1 + 0,5s)}{2s^3 + 6,5s^2 + 5,5s + 20}, \quad G_Z(s) = \frac{(1 + s)(1 + 0,5s)}{2s^3 + 6,5s^2 + 5,5s + 20}.$$

Aufgabe 5.8:

a) $G(s) = \dfrac{1 + G_2G_5 + G_1G_2G_5 + G_2G_3G_4 + G_1G_2G_3}{1 + G_2G_5 + G_1G_2G_5 + G_2G_3G_4}$,
b) $G(s) = \dfrac{G_1G_2G_3 + G_1G_4}{1 + G_1G_2G_5 + G_1G_2G_3 + G_1G_4 + G_2G_3G_6 + G_4G_6}$.

Aufgabe 5.9:

$$G_W(s) = \frac{G_R(s)G_S(s)e^{-Ts}}{1 + G_R(s)G_M(s) + G_R(s)\left[G_S(s)e^{-Ts} - G_M(s)e^{-T_M s}\right]}, \quad G_W(s) = \frac{G_R(s)G_S(s)}{1 + G_R(s)G_S(s)}e^{-Ts}.$$

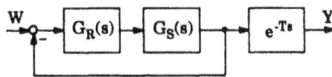

Kapitel 6

Aufgabe 6.1: a) $A(0) = 2, A(\infty) = 0, \varphi(0) = 0°, \varphi(\infty) = -270°$; b) $A(0) = \infty, A(\infty) = 0, \varphi(0) = -90°, \varphi(\infty) = -90°$;

c) $A(0) = \infty, A(\infty) = 0, \varphi(0) = -180°, \varphi(\infty) = -270°$; d) $A(0) = 0,4, A(\infty) = 0, \varphi(0) = 0°, \varphi(\infty) = -180°$;

e) $A(0) = \infty, A(\infty) = 0, \varphi(0) = -90°, \varphi(\infty) = -90°$; f) $A(0) = \infty, A(\infty) = 0, \varphi(0) = -180°, \varphi(\infty) = -180°$;

g) $A(0) = 1,6, A(\infty) = 0, \varphi(0) = 0°, \varphi(\infty) = -90°$; h) $A(0) = 0,1, A(\infty) = 0, \varphi(0) = 0°, \varphi(\infty) = -90°$.

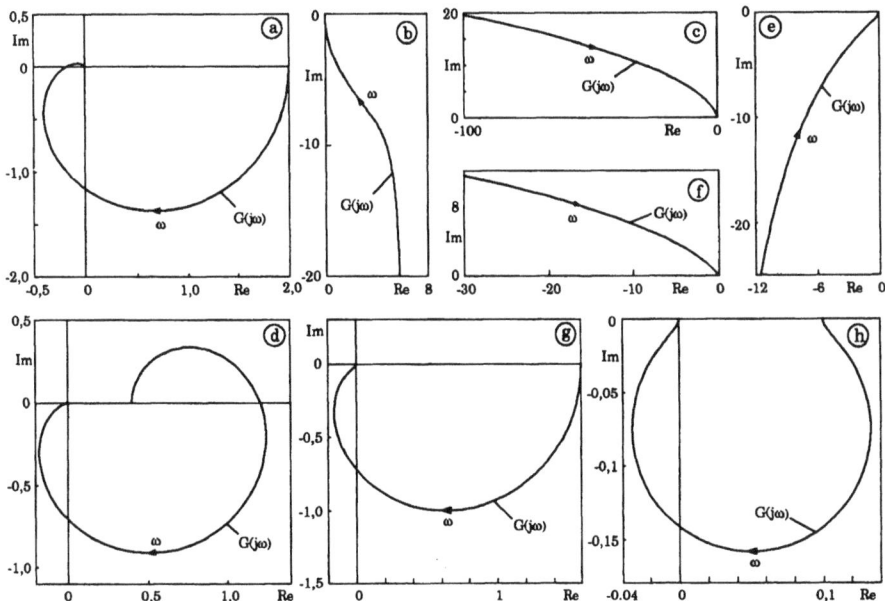

Aufgabe 6.2:

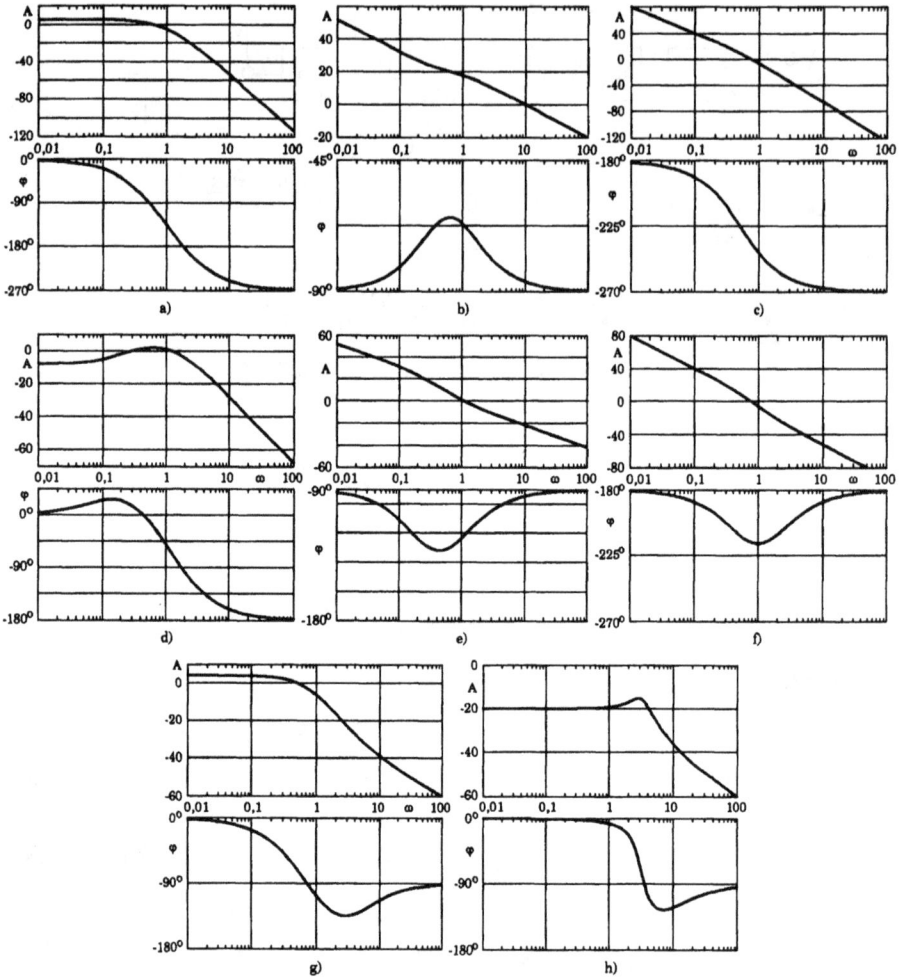

a) b) c)

d) e) f)

g) h)

Aufgabe 6.3:

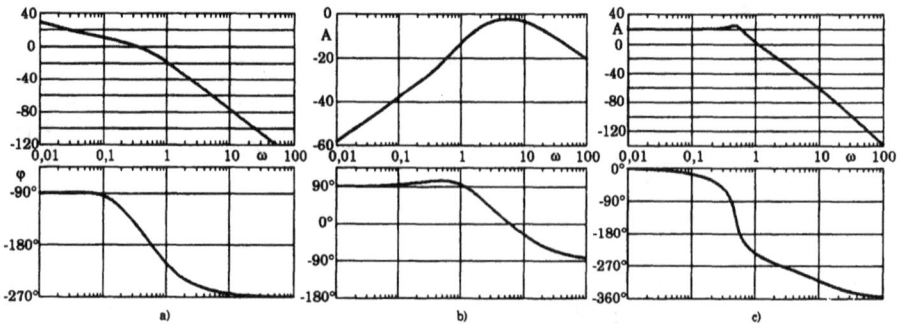

a) b) c)

Aufgabe 6.4:

a) $G(s) = \dfrac{750\,(s+0,2)}{(s+1)(s+5)(s+30)}$,

b) $G(s) = \dfrac{800\,(s+5)}{s(s+2)(s+10)(s+20)}$.

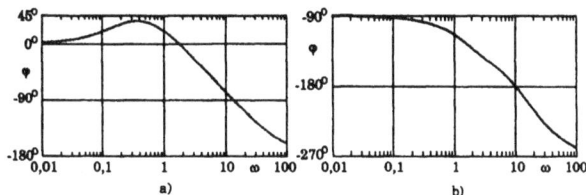

a)　　　　　　　　　b)

Kapitel 7

Aufgabe 7.1: Übergangsfunktionen:

a) $h(t) = 0,8 - 0,5e^{-t} - 0,3e^{-5t}$,

b) $h(t) = 45 - 18\,te^{-t/3} - 43,2e^{-t/3} - 1,8e^{-2t}$,

c) $h(t) = 5e^{-t}(\cos t + 3\sin t)$,

d) $h(t) = 1.177\left[e^{-0,5t} - e^{-0,4t}(\cos\sqrt{0,86}\,t - 0,1078\sin\sqrt{0,86}\,t)\right]$,

e) $h(t) = 4,5 + t + 3,5e^{-2t}$,

f) $h(t) = 16 + 4t - 16e^{-t}$.

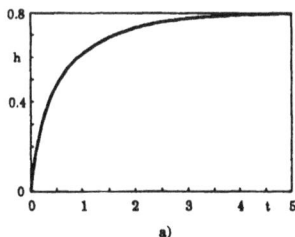

a)

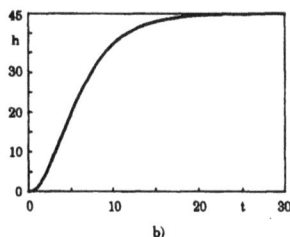

b)

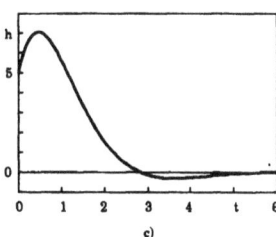

c)

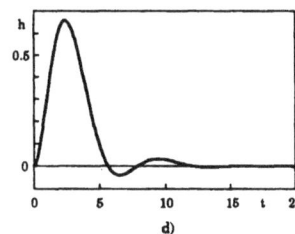

d)

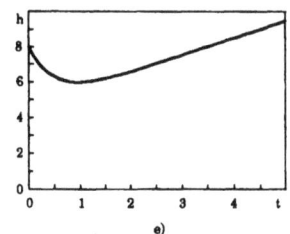

e)

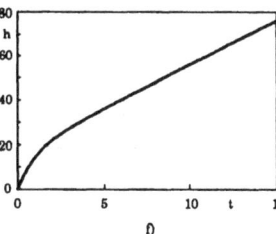

f)

Ortskurven:

a) $A(\omega) = 2\sqrt{\dfrac{\omega^2 + 4}{(\omega^2+1)(\omega^2+25)}}$,　$\varphi(\omega) = \arctan(0,5\omega) - \arctan(\omega) - \arctan(0,2\omega)$,

b) $A(\omega) = \dfrac{10}{(\omega^2 + 1/9)\sqrt{\omega^2 + 4}}$,　$\varphi(\omega) = -2\arctan(3\omega) - \arctan(0,5\omega)$,

c) $A(\omega) = 5\omega\sqrt{\dfrac{\omega^2 + 16}{(2-\omega^2)^2 + 4\omega^2}}$,　$\varphi(\omega) = 90° + \arctan(0,25\omega) - \arctan\left(\dfrac{2\omega}{2-\omega^2}\right)$.

d) $A(\omega) = \dfrac{2\omega}{\sqrt{(1+4\omega^2)\left[(1-\omega^2)^2 + 0,64\omega^2\right]}}$,　$\varphi(\omega) = 90° - \arctan(2\omega) - \arctan\left(\dfrac{0,8\omega}{1-\omega^2}\right)$,

e) $A(\omega) = \dfrac{\sqrt{(1+\omega^2)(1+16\omega^2)}}{\omega\sqrt{1+0,25\omega^2}}$,　$\varphi(\omega) = -90° + \arctan(\omega) + \arctan(4\omega) - \arctan(0,5\omega)$,

f) $A(\omega) = \dfrac{4\sqrt{1+25\omega^2}}{\omega\sqrt{1+\omega^2}}$,　$\varphi(\omega) = -90° + \arctan(5\omega) - \arctan(\omega)$.

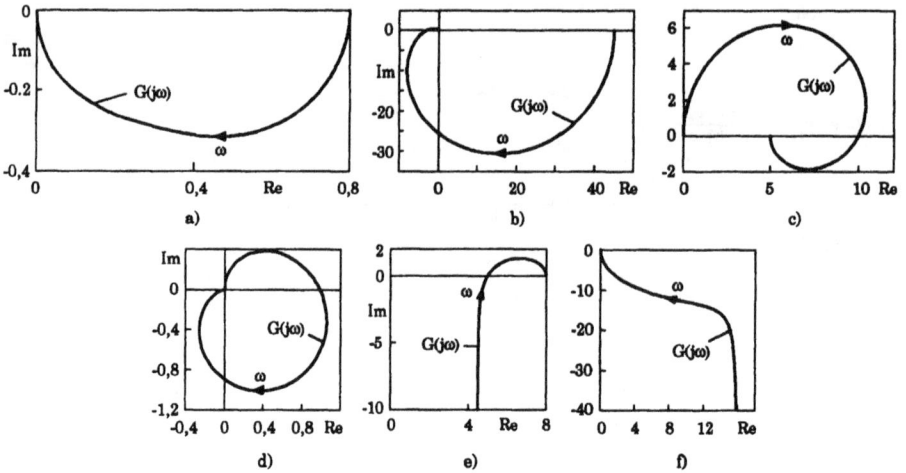

a)

b)

c)

d)

e)

f)

Aufgabe 7.2:

a) $h(t) = \left[2t - 6 + 2e^{-(t-2)}\right]\sigma(t-2)$, $A(\omega) = \dfrac{2}{\omega\sqrt{1+\omega^2}}$, $\varphi(\omega) = -90° - \arctan(\omega) - \dfrac{2\omega}{\pi}180°$,

b) $h(t) = \dfrac{1}{16}\left[1 - e^{-2(t-1)}\left(\cos(2\sqrt{3}(t-1)) - \dfrac{5\sqrt{3}}{3}\sin(2\sqrt{3}(t-1))\right)\right]\sigma(t-1)$, $A(\omega) = \sqrt{\dfrac{1+\omega^2}{(16-\omega^2)^2 + 16\omega^2}}$,

$\varphi(\omega) = \arctan(\omega) - \arctan\left(\dfrac{4\omega}{16-\omega^2}\right) - \dfrac{\omega}{\pi}180°$.

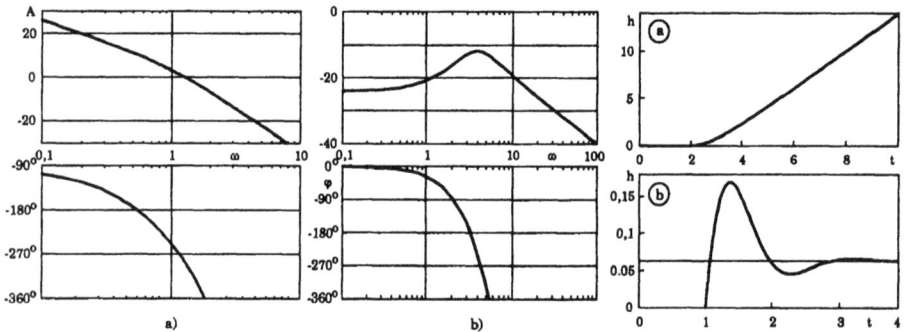

a)

b)

Aufgabe 7.3:

a) $h(t) = 2t - 4 + 4e^{-t}$, $A(\omega) = 2/\omega$, $\varphi(\omega) = -90° - 2\arctan(\omega)$,

b) $h(t) = \dfrac{1}{16}\left[1 - e^{-2t}\left(\cos(2\sqrt{3}t) + \dfrac{5\sqrt{3}}{3}\sin(2\sqrt{3}t)\right)\right]$, $A(\omega) = \sqrt{\dfrac{1+0,25\omega}{(16-\omega^2)^2 + 16\omega^2}}$, $\varphi(\omega) = -\arctan\left(\dfrac{4\omega}{16-\omega^2}\right) - \arctan(0,5\omega)$.

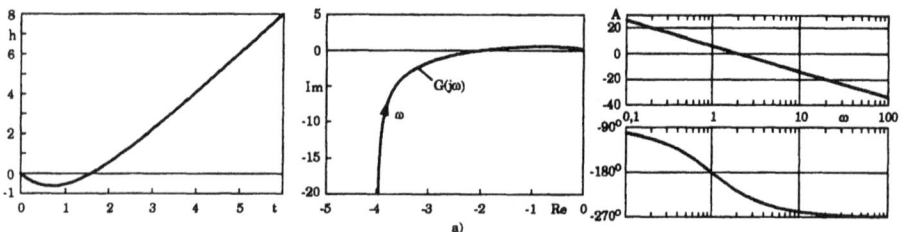

a)

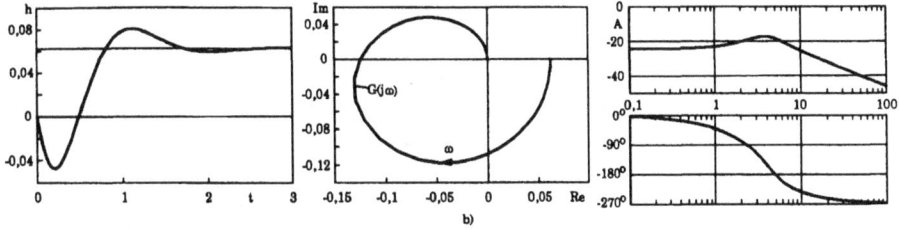

b)

Aufgabe 7.4: a) $G(s) = \dfrac{Ks}{(1+T_1s)(1+T_2s)(1+T_3s)}$, b) $G(s) = \dfrac{K(1+T_1s)}{s(1+T_2s)}$; $T_1 > T_2$, c) $G(s) = \dfrac{K(1+T_1s)}{(1+T_2s)(1+T_3s)}$.

Aufgabe 7.5: a) $G(s) = \dfrac{K(1+T_1s)}{1+2\zeta T_2s + T_2^2 s^2}$, b) $G(s) = \dfrac{K(1+T_1s)}{1+T_2s}$, c) $G(s) = \dfrac{Ks(1+T_1s)}{(1+T_2s)(1+T_3s)}$.

Aufgabe 7.6: a) $G(s) = \dfrac{K}{s(1+T_1s)(1+T_2s)}$, b) $G(s) = \dfrac{K}{(1+T_1s)(1+T_2s)(1+T_3s)}$, c) $G(s) = \dfrac{K(1+T_1s)}{(1+T_2s)(1+T_3s)}$.

Aufgabe 7.7: $G(s) = \dfrac{5}{(1+s)(1+10s)} e^{-4s}$.

Kapitel 8

Aufgabe 8.1: $Z_1(s) = R_1$, $Z_2(s) = \dfrac{1}{Cs} + R_2$ $\rightarrow$ $G_R(s) = -\dfrac{1+R_2Cs}{R_1Cs}$, $K_R = \dfrac{1}{R_1C}$, $T_n = R_2C$,

$C = 25\,\mu F$, $R_1 = 300\,k\Omega$, $R_2 = 12\,k\Omega$.

Aufgabe 8.2: $Z_1(s) = \dfrac{1}{C_1s} + R$, $Z_2(s) = \dfrac{1}{C_2s} + R$ $\rightarrow$ $G_R(s) = -\dfrac{C_1}{C_2}\dfrac{1+RC_2s}{1+RC_1s}$, $K_p = \dfrac{C_1}{C_2}$, $T_v = RC_2$, $T = RC_1$.

Aufgabe 8.3: $u(k) = u(k-1) + d_0e(k) + d_1e(k-1)$, $d_0 = K_p\left(1 + \dfrac{T_A}{2T_n}\right)$, $d_1 = K_p\left(\dfrac{T_A}{2T_n} - 1\right)$.

Aufgabe 8.4: $u(k) = c_1u(k-1) + d_0e(k) + d_1e(k-1)$, $c_1 = \dfrac{T}{T_A + T}$, $d_0 = K_p\dfrac{T_A + T_v}{T_A + T}$, $d_1 = \dfrac{-K_pT_v}{T_A + T}$.

Kapitel 9

Aufgabe 9.1: a) $6 < K_p < 10$, b) $0 < K_p < 54$.

Aufgabe 9.2:

a) $0 < K_p < 0{,}5$, $T_n > \dfrac{K_p}{K_p + 1}$,

b) $K_p > 0$, $T_n > \dfrac{K_p}{4K_p + 16}$.

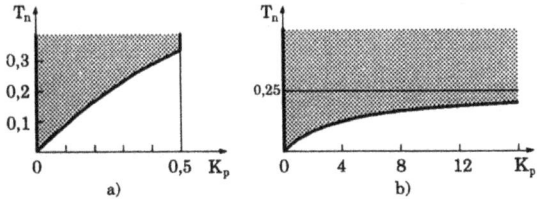

a)

b)

Aufgabe 9.3:

Für: $-K_pT_v < -1$: $U = -1 \rightarrow N = -1 + 1 = 0$,

und für: $-K_pT_v > -1$: $U = 1 \rightarrow N = 1 + 1 = 2$,

d.h. der geschlossene Kreis ist asymptotisch stabil für:
$K_pT_n > 1$.

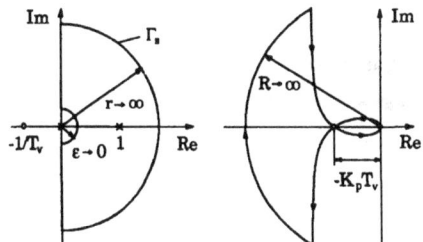

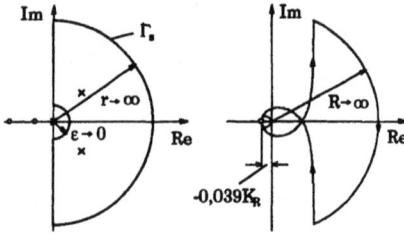

Aufgabe 9.4:

Für: $-0,039 K_R > -1$: $U = 0 \to N = 0 + 2 = 2$,

und für: $-0,039 K_R < -1$: $U = -2 \to N = -2 + 2 = 0$,

d.h. der geschlossene Regelkreis ist asymptotisch stabil für: $K_R > 25,66$.

charakteristische Gleichung:

$$s^3 + (0,125 K_R - 2)s^2 + (0,75 K_R + 2)s + K_R = 0.$$

Die Hurwitz-Matrix bzw. die Determinante H_2 lauten:

$$H = \begin{bmatrix} (0,125 K_R - 2) & 1 & 0 \\ K_R & (0,75 K_R + 2) & (0,125 K_R - 2) \\ 0 & 0 & K_R \end{bmatrix} > 0 \to H_2 = 0,09375 K_R^2 - 2,25 K_R - 4 > 0 \to K_R > 25,66.$$

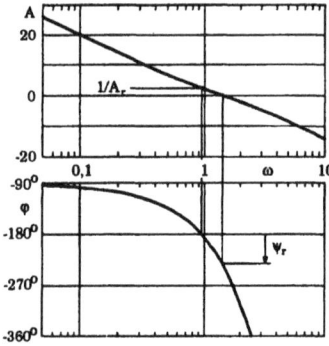

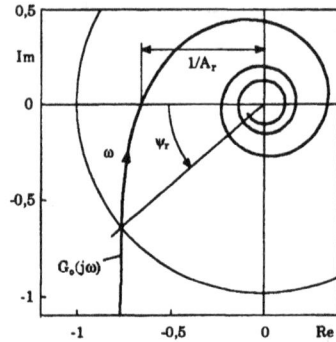

zu Aufgabe 9.5   zu Aufgabe 9.6

Aufgabe 9.5: $\omega_1 = 1,4\ s^{-1}$, $\psi_r = -52,6°$, $\omega_2 = 0,95\ s^{-1}$, $A_r = 0,76$ → der geschlossene Kreis ist instabil.

Aufgabe 9.6: $\omega_1 = 0,55\ s^{-1}$, $\psi_r = 40,4°$, $\omega_2 = 0,95\ s^{-1}$, $A_r = 1,52$ → der geschlossene Kreis ist stabil.

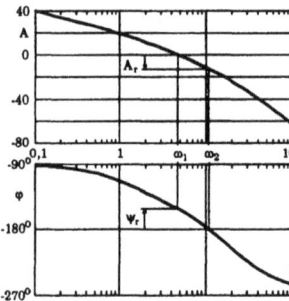

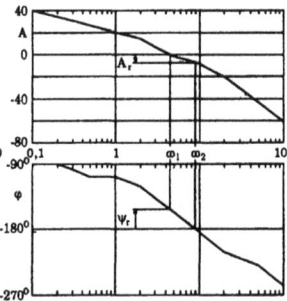

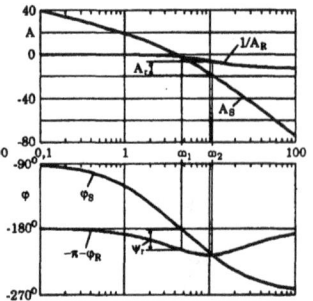

zu Aufgabe 9.7   zu Aufgabe 9.8

Aufgabe 9.7: $\omega_1 = 4,7\ s^{-1}$, $\psi_r = 27,8°$, $\omega_2 = 10,8\ s^{-1}$, $A_r = 4,2$. Die durch asymptotische Näherung erzielte Lösung ist akzeptabel.

Aufgabe 9.8: Siehe Aufgabe 9.7.

Aufgabe 9.9: $\omega_1 = 0,8\ s^{-1}$, $\psi_r = 52,2°$, A_r nicht definiert.

Aufgabe 9.10:

Bedingungen für die geforderte absolute Stabilitätsgüte:

$$T_n < \frac{1}{K_R}, \quad T_n > \frac{K_R - 1}{3 K_R}, \quad T_n < \frac{K_R - 1}{K_R}.$$

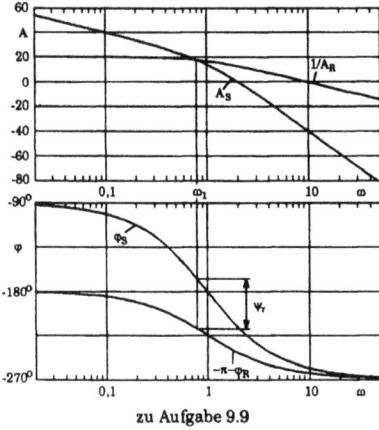

zu Aufgabe 9.10

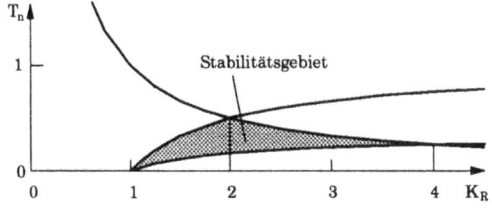

zu Aufgabe 9.9

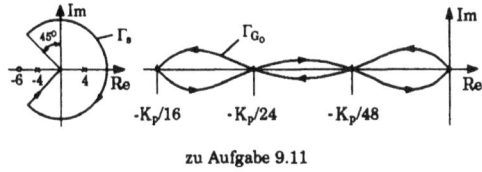

zu Aufgabe 9.11

Aufgabe 9.11: Die relative Stabilitätsgüte ist für $16 < K_p < 24$ und $K_p > 48$ erfüllt.

Aufgabe 9.12: $\zeta > 0,5$ ist erfüllt für: $K_p < 4$.

Kapitel 10

Aufgabe 10.1: Positionsfehler: a) $e(\infty) = 1/7$, b) $e(\infty) = 0$, c) $e(\infty) = 0$.
Geschwindigkeitsfehler: a) $e(\infty) = \infty$, b) $e(\infty) = 1/5$, c) $e(\infty) = 1/K_R$.

Aufgabe 10.2: $G_Z(s) = \dfrac{4}{s^2 + (1 + 10K)s + 10K_p}$, $K_p = 10$, $K = 0,9 \rightarrow G_Z(s) = \dfrac{4}{s^2 + 10s + 100}$.

$G_W(s) = \dfrac{100}{s^2 + 10s + 100}$, $e(\infty) = 0$, $T_{an} = 0,24$ s, $e_m = 16,3\%$, $T_r(2\%) = 0,81$ s.

Aufgabe 10.3: $G_W(s) = \dfrac{0,1K_1}{s^2 + 0,1(1 + K_1 K_2)s + 0,1K_1}$, $G_Z(s) = \dfrac{s(1 + 10s)}{s^2 + 0,1(1 + K_1 K_2)s + 0,1K_1}$.

$\zeta = 0,6$, $\omega_n = 1/3 \rightarrow K_1 = 10/9$, $K_2 = 2,7$, $T_{an} = 8,3$ Mo., $e(\infty) = 0$.

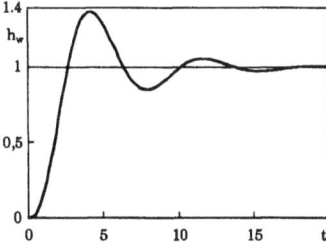

zu Aufgabe 10.4

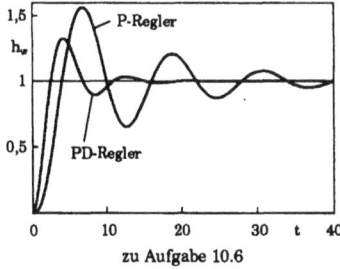

zu Aufgabe 10.6

Aufgabe 10.4: System ist asymptotisch stabil für $0 < K_p < 6$, $K_{popt.} = 1,92$.

Aufgabe 10.5: System ist asymptotisch stabil für: $0 < K_p < 18$, $T_n > \dfrac{16K_p}{36 + 16K_p - K_p^2}$.

Optimale Reglerparameter: $K_{popt.} = \dfrac{34}{3}$, $T_{nopt.} = 4,08$.

Aufgabe 10.6: P-Regler: $K_{popt.} = 0,75$; PD-Regler: $K_{popt.} = 1,2$, $T_{vopt.} = 1,07$ s.

Aufgabe 10.7:

Mit $K_p = 1$ erhält man aus dem Bode-Diagramm von $G_o(j\omega)$:

$$\omega_2 = \omega_{krit.} = 0.2975 \ s^{-1} \quad und \quad A_o(\omega_2) = -27 \ dB.$$

Damit folgt für die $T_{krit.}$ und $K_{pkrit.}$:

$$T_{krit.} = \frac{2\pi}{\omega_{krit.}} = 21 \ s, \quad K_{pkrit.} = 22,4.$$

PI-Regler:
$$G_R(s) = \frac{10(1+17,85s)}{17,85s},$$
$$A_r = 4,7 \ dB = 1,7, \quad \psi_r = 40,8°.$$

PID-Regler:
$$G_R(s) = \frac{13,4(1+10,5s+351,75s^2)}{10,5s},$$
$$A_r = 6,6 \ dB = 2,1, \quad \psi_r = 42,5°.$$

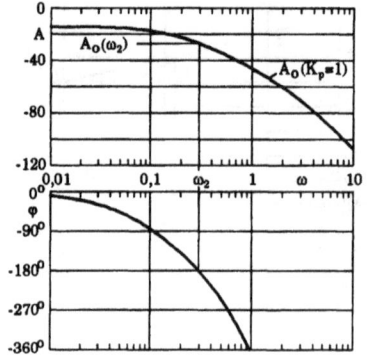

Aufgabe 10.8: $K_S = 25$, $T_u = 8,2 \ s$, $T_a = 18 \ s$.

Führungsverhalten (aperiodisch):
$$G_R(s) = \frac{0,031(1+21,6s)}{21,6s}, \qquad G_R(s) = \frac{0,053(1+18s+73,8s^2)}{18s}.$$

Führungsverhalten (20% Überschw.):
$$G_R(s) = \frac{0,053(1+18s)}{18s}, \qquad G_R(s) = \frac{0,083(1+24,3s+93,6s^2)}{24,3s}.$$

Störungsverhalten (aperiodisch):
$$G_R(s) = \frac{0,053(1+72s)}{72s}, \qquad G_R(s) = \frac{0,083(1+19,7s+67,7s^2)}{19,7s}.$$

Störungsverhalten (20% Überschw.):
$$G_R(s) = \frac{0,061(1+41,4s)}{41,4s}, \qquad G_R(s) = \frac{0,105(1+18,9s+64,3s^2)}{18,9s}.$$

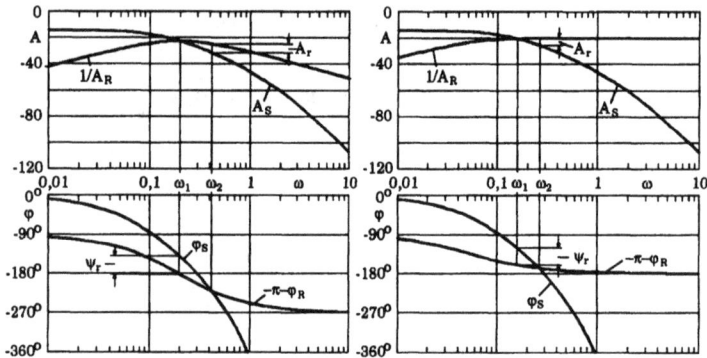

zu Aufgabe 10.7

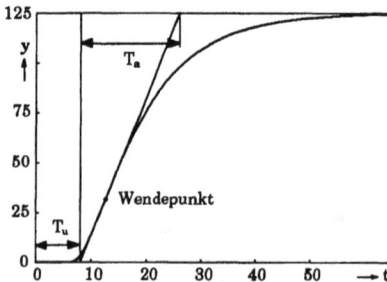

zu Aufgabe 10.8

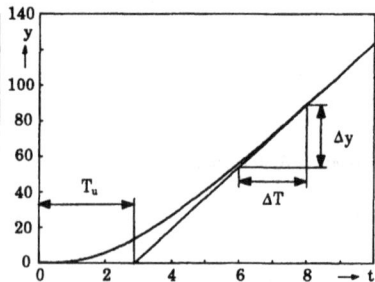

zu Aufgabe 10.9

Aufgabe 10.9: $T_u = 2,85 \ s$, $\Delta T = 2 \ s$, $\Delta y = 34,3$ $\rightarrow$ $T_i = 0,58 \ s$.

$$G_R(s) = 0,102(1+1,425s).$$

Kapitel 11

Aufgabe 11.1: Aus dem Bode-Diagramm für $K_p = 1$ erhält man bei jener Frequenz ω_1, bei der die Phasenreserve 45° beträgt: $A_o(\omega_1) \approx -7,5\,dB$. Es muß demnach eine Verstärkung $K_p \approx 7,5\,dB \approx 2,37$ gewählt werden. Die Amplitudenreserve beträgt: $A_r \approx 17,7 - 7,5 = 10,2\,dB \approx 3,26$.

Aufgabe 11.2: Aus dem Bode-Diagramm für $K_p = 1$ erhält man bei jener Frequenz ω_1, bei der die Phasenreserve 50° beträgt: $A_o(\omega_1) \approx -19,5\,dB$. Es muß demnach eine Verstärkung $K_p \approx 19,5\,dB \approx 9,2$ gewählt werden. Die Amplitudenreserve ist für diesen Regelkreis nicht definiert.

Aufgabe 11.3: Um den geforderten Geschwindigkeitsfehler zu erreichen, benötigt man: $K_p = 40$. Damit folgt: $A_r \approx -7\,dB \approx 0,45$ und $\psi_r \approx -27°$, d.h. der geschlossene Regelkreis ist instabil.

Aufgabe 11.4: Mit $T_v = 2\,s$ und $K_p = 1$ erhält man $A_r \approx -18,5\,dB$, d.h. einen instabilen Regelkreis. Um eine Amplitudenreserve $A_r = 4 \approx 12\,dB$ zu erreichen, muß die Amplitudenkennlinie um 30,5 dB abgesenkt werden. Man wählt dazu $K_p = -30,5\,dB \approx 0,03$. Die resultierende Phasenreserve ist $\psi_r \approx 32,3°$.

Aufgabe 11.5: a) Um ein $A_r = 2 \approx 6\,dB$ zu erzielen, muß $K_R = -14,8\,dB \approx 0,18$ gewählt werden.

b) $K_R = -18\,dB \approx 0,126$. Da $\omega_1^* < \omega_1$ ist, wird der geschlossene Regelkreis langsamer.

c) Mit Hilfe der Zweiortskurvenmethode erhält man:
$K_R \approx -6,75\,dB \approx 0,46$, $1/T_n \approx 0,39 \rightarrow T_n \approx 2,56\,s$, $A_r \approx 4,7\,dB \approx 1,72$.

Aufgabe 11.6: $1/K_R \approx -16,5\,dB \rightarrow K_R = 16,5\,dB \approx 6,7$, $1/T_n \approx 0,35 \rightarrow T_n \approx 2,85\,s$.

Aufgabe 11.7: $\alpha = 0,0935$, $T = 1,211\,s$, $\rightarrow$ $G_R(s) = K\,G_{Lead}(s) = \sqrt{\alpha}\,\dfrac{1+Ts}{1+\alpha Ts} = 0,306\,\dfrac{1+1,211s}{1+0,113s}$.

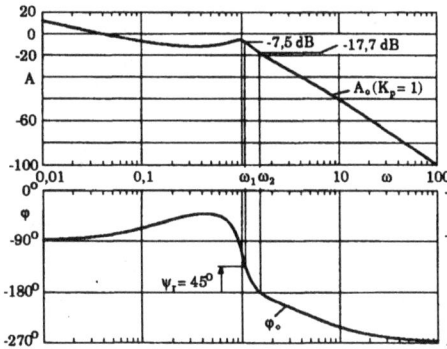

zu Aufgabe 11.1

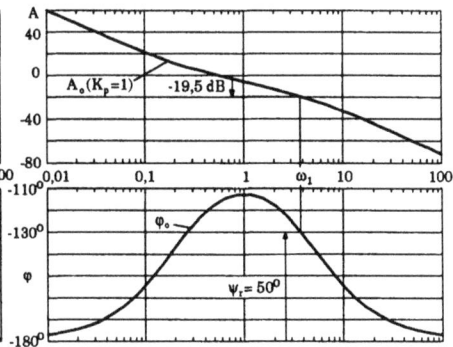

zu Aufgabe 11.2

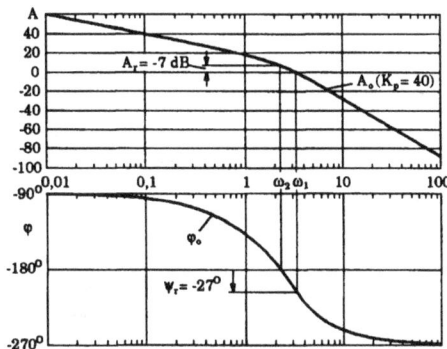

zu Aufgabe 11.3

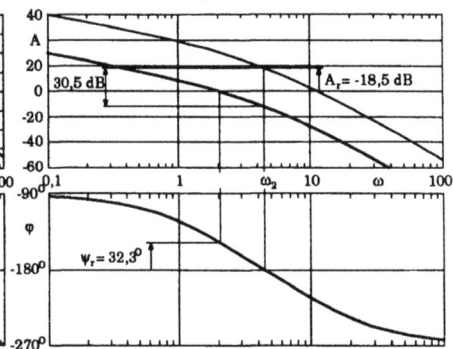

zu Aufgabe 11.4

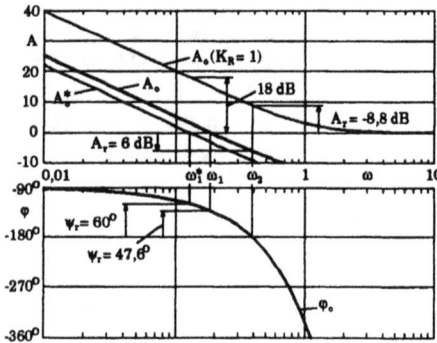

zu Aufgabe 11.5 a) und b)

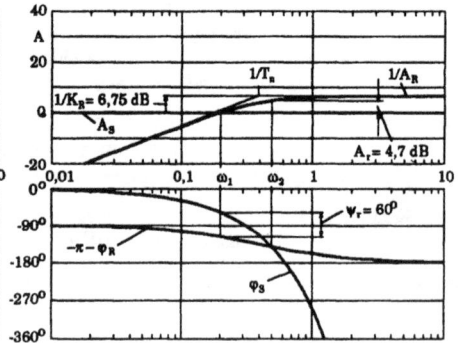

zu Aufgabe 11.5 c)

Aufgabe 11.8: $K G_{Lag}(s) = 19 \dfrac{1+117s}{1+1310s}$, $\psi_r \approx 45°$, $A_r \approx 3,6\,dB \approx 1,5$.

Aufgabe 11.9: $K = 20$, $\beta = 10$, $T_1 = 2,13\,s$, $T_2 = 6,67\,s$ $\rightarrow$ $K G_{LL}(s) = 20 \dfrac{(1+2,13s)(1+6,67s)}{(1+0,213s)(1+66,7s)}$,

$\psi_r \approx 49,5°$, $A_r \approx 12,1\,dB \approx 4$.

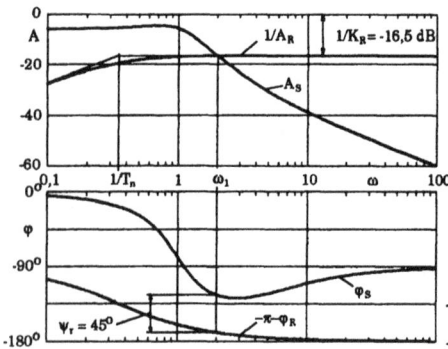

zu Aufgabe 11.6

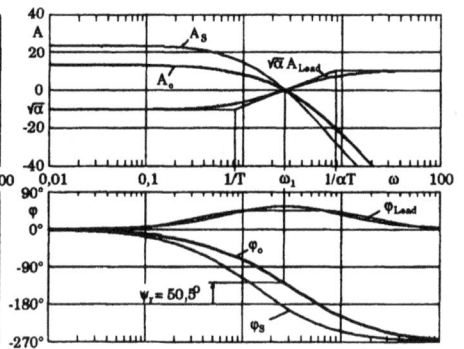

zu Aufgabe 11.7

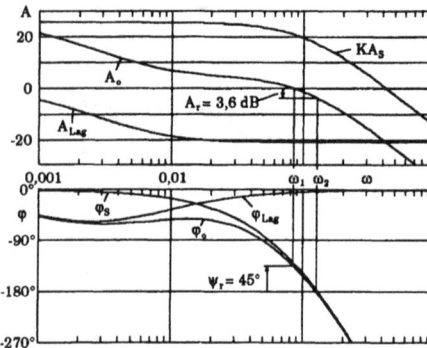

zu Aufgabe 11.8

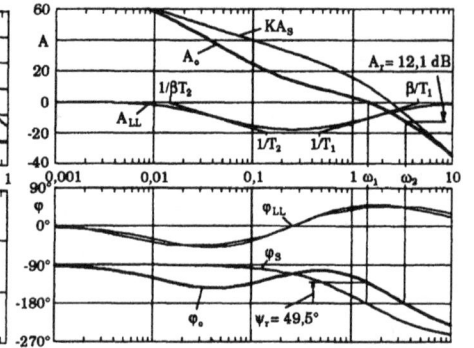

zu Aufgabe 11.9

Aufgabe 11.10: $G_R(s) = 21,76\,(1+0,5s)$, $\psi_r \approx 68°$, A_r ist nicht definiert.

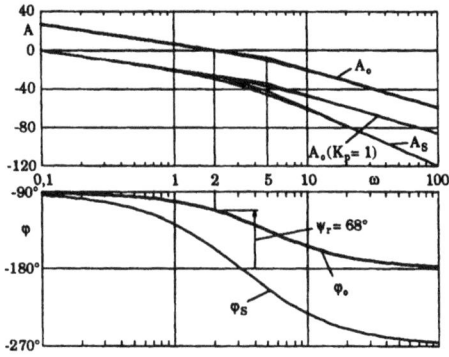

zu Aufgabe 11.10

Literatur

Modellierung dynamischer Systeme

Cannon, R.H.: Dynamics of Physical Systems. McGraw-Hill, New York, 1967.

Close, C.M., Frederick, D.K.: Modeling and Analysis of Dynamic Systems. Houghton Mifflin, Boston, 1978.

Cochin, I.: Analysis and Design of Dynamic Systems. Harper & Row, New York, 1980.

Karnopp, D., Rosenberg, R.: System Dynamics: A Unified Approach. John Wiley & Sons, New York, 1975.

Ogata, K.: System Dynamics. Prentice Hall, Englewood Cliffs, 1978.

Wellstead, P.E.: Physical System Modelling. Academic Press, London-New York, 1979.

Regelungstechnik - Lehrbücher

Böttiger, A.: Regelungstechnik - Einführung für Ingenieure und Naturwissenschaftler. R. Oldenbourg Verlag, München-Wien, 2. Aufl., 1992.

Dickmanns, E.D.: Systemanalyse und Regelkreissynthese. B.G. Teubner, Stuttgart, 1985.

Cremer, M.: Regelungstechnik. Springer-Verlag, Berlin-Heidelberg-New York, 1988.

Dorf, R.C.: Modern Control Systems. Addison-Wesley, Reading, Mass., 3rd Ed., 1980.

Ebel, T.: Regelungstechnik. Teubner Studienskripten Nr. 57, Stuttgart, 1984.

Föllinger, O.: Regelungstechnik - Einführung in ihre Methoden und ihre Anwendung. Hüthig-Verlag, Heidelberg, 4. Aufl., 1984.

Föllinger, O.: Laplace- und Fourier-Transformation. Hüthig-Verlag, Berlin, 1982.

Franklin, G.F., Powell, J.D., Emami-Naeini, A.: Feedback Control of Dynamic Systems. Addison-Wesley, Reading, Mass., 2nd Ed., 1991.

Geering, H.P.: Meß- und Regelungstechnik. Springer-Verlag, Berlin-Heidelberg-New York, 2. Aufl., 1990.

Hostetter, G.H., Savant, C.J., Stefani, R.T.: Design of Feedback Control Systems. Holt, Rinehart and Winston, New York, 1982.

Kuo, B.C.: Automatic Control Systems. Prentice Hall, Englewood Cliffs, N.J., 4th Ed., 1982.

Leonhard, W.: Einführung in die Regelungstechnik. Vieweg-Verlag, Braunschweig, 1981.

Merz, L., Jaschek, H.: Grundkurs der Regelungstechnik. R. Oldenbourg Verlag, München-Wien, 12. Aufl., 1993.

Ogata, K.: Modern Control Engineering. Prentice Hall, Englewood Cliffs, N.J., 2nd Ed., 1990.

Oppelt, W.: Kleines Handbuch technischer Regelvorgänge: Verlag Chemie, Weinheim, 1972.

Raven, F.H.: Automatic Control Engineering. McGraw-Hill, New York, 3rd Ed., 1978.

Samal, E.: Grundriß der praktischen Regelungstechnik. R. Oldenbourg Verlag, München-Wien, 17. Aufl., 1991.

Seborg, D.E., Edgar, T.F., Mellichamp, D.A.: Process Dynamics and Control. John Wiley & Sons, New York, 1989.

Schlitt, H.: Regelungstechnik in der Verfahrenstechnik und Chemie. Vogel-Verlag, Würzburg, 1978.

Schmidt, G.: Grundlagen der Regelungstechnik. Springer-Verlag, Berlin-Heidelberg-New York, 1982.

Shearer, J.L., Kulakowski, B.T.: Dynamic Modeling and Control of Engineering Systems. Mcmillan Publishing Company, New York, 1990.

Takahashi, Y., Rabins, M.J., Auslander, P.M.: Control and Dynamic Systems. Addison-Wesley, Reading, Mass., 1980.

Unbehauen, H.: Regelungstechnik I. Vieweg-Verlag, Braunschweig, 1982.

Van de Vegte, J.: Feedback Control Systems. Prentice Hall, Englewood Cliffs, N.J., 1986.

Weinmann, A.: Regelungen, Band 1: Lineare und linearisierte Systeme. Springer-Verlag, Wien-New York, 1983.

Normen

DIN 19221 Formelzeichen der Regelungs- und Steuerungstechnik.

DIN 19225 Benennung und Einteilung von Reglern.

DIN 19226 Regelungs- und Steuerungstechnik, Teil 1 bis 5.

Sachverzeichnis

Hanns Peter Jörgl

Repetitorium
Regelungstechnik

Band 2

X und 155 Seiten, brosch., mit 214 Abbildungen, 7 Tabellen,
72 Beispielen und 66 Aufgaben

Repetitorium Regelungstechnik Band 2 baut auf die im ersten Band behandelten Grundlagen der konventionellen Regelung von Eingrößensystemen auf.

Aus dem Inhalt:
- Wurzelortskurven
- Verbesserung des Regelverhaltens durch Erweiterung der Regelungsstruktur
  — Störgrößenaufschaltung
  — Kaskadenregelung
- Systemanalyse und Reglerentwurf im Zustandsraum
  — Zustandsraumdarstellung
  — Steuerbarkeit und Beobachtbarkeit
  — Regelung durch Zustandsvektorrückführung
  — Zustandsschätzung durch Beobachter
- Analyse und Entwurf nichtlinearer Regelsysteme
  — Phasenebene
  — Beschreibungsfunktion
- Grundlagen der digitalen Regelung
  — Differenzengleichungen
  — z-Transformation
- Entwurf digitaler Regelungen

Für Studenten und Praktiker bietet dieses Repetitorium
— viele Aufgaben und Lösungen
— Konzentration auf den Kernstoff
— straffe Darstellung des Wesentlichen
— Merksätze
— durchgerechnete Beispiele.

Unentbehrlich für Prüfungsvorbereitungen sowie in jeder Situation, wo wesentliche Kenntnisse rasch aktiviert werden sollen.

R. Oldenbourg Verlag Wien München